环境分析与监测

李亮　董怡华　李茹　编著

化学工业出版社

·北京·

内容简介

《环境分析与监测》是作者参考国内外相关标准、规范以及结合多年从事生态环境监测教学和工作的实践经验编写而成。共分十章，分别对水和废水监测、大气污染监测、固体废物监测、土壤污染监测、生物污染监测、噪声监测、核和电磁辐射监测及环境污染自动监测的基本理论和原理、基本技术和方法进行了系统阐述，对环境监测的质量保证措施进行了详细介绍。

本书可作为高等院校本科生、研究生的教材或参考书，也可供从事环境监测、环境工程、生态保护的工程技术人员、科研人员以及有关管理人员使用。

图书在版编目（CIP）数据

环境分析与监测 / 李亮，董怡华，李茹编著. — 北京：化学工业出版社，2024.1
ISBN 978-7-122-44191-1

Ⅰ.①环… Ⅱ.①李… ②董… ③李… Ⅲ.①环境分析化学②环境监测 Ⅳ.①X132②X8

中国国家版本馆 CIP 数据核字（2023）第 180264 号

责任编辑：赵卫娟　　　　　文字编辑：郭丽芹
责任校对：王　静　　　　　装帧设计：王晓宇

出版发行：化学工业出版社（北京市东城区青年湖南街13号　邮政编码100011）
印　　装：北京虎彩文化传播有限公司
787mm×1092mm　1/16　印张18¼　字数436千字　2024年1月北京第1版第1次印刷

购书咨询：010-64518888　　　售后服务：010-64518899
网　　址：http://www.cip.com.cn
凡购买本书，如有缺损质量问题，本社销售中心负责调换。

定　　价：98.00元　　　　　　　　　　　　　　　　版权所有　违者必究

前　言

生态环境监测是生态环境保护的基础,是生态文明建设的重要支撑。"十四五"期间是我国开启全面建设社会主义现代化国家新征程、谱写美丽中国建设新篇章的重要时期,加快生态环境监测现代化建设是打好污染防治攻坚战、推动减污降碳协同增效、持续改善生态环境质量的重要保障和重要组成部分。

生态环境监测不仅能够为及时、准确、全面地反映生态环境质量现状和发展趋势提供技术保证,而且能为加强生态环境管理和规划、生态环境保护、环境污染治理及生态修复提供科学依据。能够掌握生态环境监测的基本理论,较全面、综合地了解生态环境监测技术,对从事生态环境管理、搞好生态环境保护是大有裨益的。

本书作为本科和研究生教材,是作者参考、吸收国内外有关资料并结合自身多年从事生态环境监测教学和工作的实践经验编著而成,主要对生态环境监测的基本理论和原理、基本监测技术和方法进行了阐述,力求做到内容具有科学性和系统性。本书共分为十章,其中第一到第四章和第十章由李亮执笔,第五到第八章由董怡华执笔,第九章由李茹执笔。

在本书编著中,参考了一些单位和个人的著作和资料,在此谨向他们表示衷心的感谢。由于作者水平有限,书中不妥之处敬请批评指正。

编著者

2023 年 8 月

目 录

第一章 绪 论 ... 001

第一节 环境问题与环境监测 ... 001
一、环境问题 ... 001
二、环境分析与环境监测 ... 002
三、环境监测的一般过程 ... 002

第二节 环境监测的目的与分类 ... 003
一、环境监测的目的 ... 003
二、环境监测的分类 ... 003

第三节 环境监测的特点与监测技术 ... 007
一、环境监测对象的特点 ... 007
二、环境监测的特点 ... 007
三、环境监测技术 ... 008

第四节 环境标准 ... 010
一、环境标准的定义 ... 010
二、环境标准的作用 ... 011
三、环境标准的分类和分级 ... 011
四、水质标准 ... 012
五、大气标准 ... 019
六、土壤环境质量标准与固体废物控制标准 ... 032
七、未列入标准的物质最高允许浓度的估算 ... 033

复习与思考题 ... 033

第二章 水和废水污染监测 ... 035

第一节 概述 ... 035
一、水资源与水质污染 ... 035
二、水质监测的对象和目的 ... 036
三、监测项目 ... 037
四、水质监测分析方法 ... 039

第二节 水质监测方案的制订 ... 040
一、地表水质 ... 041
二、地下水质 ... 045
三、水污染源 ... 048

第三节 水样的采集、运输和保存 ... 049
一、水样的类型 ... 049
二、地表水样的采集 ... 049
三、地下水样的采集 ... 051
四、采集水样注意事项 ... 051
五、水样的运输和保存 ... 052
六、水样的过滤或离心分离 ... 055

第四节 水样的预处理 ... 055
一、水样的消解 ... 055
二、富集与分离 ... 057

第五节 物理指标的检验 ... 059
一、水温 ... 059
二、颜色 ... 060
三、臭和味 ... 062
四、浑浊度 ... 063
五、残渣 ... 064
六、电导率 ... 064

第六节 无机化合物的测定 ... 065

　　　　一、金属化合物的测定......065
　　　　二、非金属无机物的测定......074

　第七节　有机化合物的测定......083
　　　　一、化学需氧量（COD）的测定......084
　　　　二、高锰酸盐指数（OC）的测定......086
　　　　三、生化需氧量（BOD）的测定......087
　　　　四、总有机碳（TOC）的测定......090
　　　　五、总需氧量（TOD）的测定......090
　　　　六、挥发酚的测定......091
　　　　七、油类的测定......092
　　　　八、其他有机污染物的测定......094

　第八节　底质和活性污泥性质测定......094
　　　　一、底质性质的测定......094
　　　　二、活性污泥性质的测定......096

　复习与思考题......098

第三章　大气污染监测......099

　第一节　大气污染基本知识......099
　　　　一、大气污染......099
　　　　二、大气污染物......100

　第二节　大气污染监测方案的制订......104
　　　　一、大气污染监测的目的......104
　　　　二、大气污染监测的准备工作......105
　　　　三、大气监测采样点的布置......108
　　　　四、采样时间和频率......110
　　　　五、采样方法和仪器......111

　第三节　气态污染物的测定......118
　　　　一、二氧化硫的测定......118

　　　　二、氮氧化物的测定 121

　　　　三、一氧化碳的测定 122

　　　　四、光化学氧化剂和臭氧的测定 124

　第四节　颗粒物的测定 125

　　　　一、总悬浮颗粒物（TSP）的测定 126

　　　　二、降尘的测定 126

　　　　三、可吸入颗粒物和细颗粒物的测定 128

　第五节　污染源监测 129

　　　　一、固定污染源监测 129

　　　　二、移动污染源监测 136

　第六节　大气污染生物学监测 138

　　　　一、植物受害过程和植物监测依据 139

　　　　二、大气污染的指示植物 139

　　　　三、植物监测方法 140

　第七节　标准气样及其配制 141

　　　　一、标准参考物质 141

　　　　二、标准气体的配制 143

　复习与思考题 148

第四章　固体废物监测 150

　第一节　固体废物的定义和分类 150

　第二节　固体废物样品的采集和制备 152

　　　　一、样品的采集 152

　　　　二、样品的制备 156

　　　　三、样品水分的测定 156

　第三节　危险特性的测定方法 156

　　　　一、急性毒性试验 156

二、易燃性试验 157

　　三、腐蚀性试验 157

　　四、反应性试验 157

　　五、浸出毒性试验 158

复习与思考题 159

第五章　土壤污染监测 161

第一节　概述 161

　　一、土壤的组成 161

　　二、土壤背景值 161

　　三、土壤污染的特点 162

　　四、土壤污染源和主要污染物质 163

　　五、土壤环境质量标准 164

第二节　土壤污染物的测定 165

　　一、土壤的监测目的 165

　　二、土壤的监测项目 166

　　三、土壤样品的采集 166

　　四、土壤样品的制备 168

　　五、样品的预处理 168

　　六、土壤污染物的测定 170

复习与思考题 171

第六章　生物污染监测 172

第一节　污染物在生物体内的分布 172

　　一、植物对污染物的吸收及在体内分布 172

　　二、动物对污染物的吸收及在体内分布 173

第二节　生物样品的采集、制备和预处理 174

　　一、生物样品采集 174

　　二、生物样品的制备 176

三、生物样品的预处理 177

第三节　生物污染监测方法 179

　　　一、光谱分析法 179

　　　二、色谱分析法 179

　　　三、极谱测定技术 180

　　　四、测定实例 180

第七章　噪声监测 183

第一节　噪声的声学特征与量度 183

　　　一、声音的产生和传播 183

　　　二、声压 183

　　　三、声压级 184

　　　四、声强级和声功率级 184

　　　五、声级的叠加 184

第二节　噪声的评价方法 186

　　　一、响度与响度级 186

　　　二、计权声级 187

　　　三、噪声频谱分析 188

　　　四、噪声标准 189

第三节　噪声测试仪器 189

　　　一、声级计 189

　　　二、噪声频谱分析仪和自动记录仪 190

　　　三、录音机 191

第四节　噪声监测方法 191

　　　一、城市环境噪声监测方法 192

　　　二、城市环境噪声长期监测 193

　　　三、城市环境中扰民噪声源的调查测试 194

　　　四、工业企业噪声监测 194

　　　五、机动车辆噪声测量 195

复习与思考题 197

第八章　核和电磁辐射监测 198

　　第一节　概述 198

　　　　一、核辐射的基础知识 198

　　　　二、电磁辐射的基础知识 201

　　第二节　核辐射与电磁辐射防护标准 203

　　　　一、核辐射相关标准 203

　　　　二、电场、磁场、电磁场（1Hz～300GHz）的公众暴露控制限值 205

　　第三节　放射性和电磁辐射监测 205

　　　　一、放射性监测的目的、任务 205

　　　　二、放射性化学分析的特点 206

　　　　三、放射化学分离方法 207

　　　　四、放射性样品的采集 207

　　　　五、监测仪器 210

　　　　六、环境中常见放射性核素的监测 211

　　复习与思考题 213

第九章　环境污染自动监测 214

　　第一节　空气污染连续自动监测系统 214

　　　　一、空气污染连续自动监测系统的组成及功能 214

　　　　二、子站布设及监测项目 215

　　　　三、子站内的仪器设备 215

　　　　四、空气污染连续自动监测仪器 216

　　　　五、气象观测 228

　　第二节　地表水水质自动监测系统 228

　　　　一、地表水水质自动监测系统的组成与功能 228

　　　　二、水质自动监测站的布设及装备 228

　　　　三、监测项目与监测方法 230
　　　　四、水质连续自动监测仪器 231
　　　　五、水质监测船 238
　第三节　污染源连续自动监测系统 239
　　　　一、水污染源连续自动监测系统 239
　　　　二、烟气连续排放监测系统（CEMS） 240
　第四节　遥感监测 245
　　　　一、摄影遥感 245
　　　　二、红外扫描遥感 246
　　　　三、相关光谱遥感 247
　　　　四、激光雷达遥感 249
　　　　五、微波辐射遥感 250
　复习与思考题 250

第十章　环境监测质量保证 252

　第一节　质量保证的意义和内容 252
　第二节　环境监测实验室基础 253
　第三节　监测数据的统计处理和结果表达 256
　　　　一、基本概念及名词解释 256
　　　　二、监测数据的统计处理 261
　　　　三、监测结果表达 264
　第四节　实验室质量保证 264
　　　　一、实验室内部质量控制 264
　　　　二、实验室间质量控制 269
　第五节　标准分析方法与分析方法标准化 270
　　　　一、名词解释 270
　　　　二、标准分析方法 270

            三、分析方法标准化 271

            四、监测实验室间的协作试验 271

    第六节 环境标准物质 274

            一、名词解释 274

            二、环境样品的特性 274

            三、环境标准物质的特性 275

            四、标准物质的分类 275

            五、我国的标准物质 275

            六、环境标准物质在环境监测中的作用 276

            七、标准物质的制备 277

    复习与思考题 277

附录 主要公式及临界值表 278

第一章

绪　　论

第一节
环境问题与环境监测

一、环境问题

环境是指围绕着人类所构成的空间中可以影响人类生存与发展的各种自然因素与社会因素的总体。

人类在生活和生产过程中都要直接或间接地与环境发生着这样或那样的联系：一方面人类要不断地从环境中获取物质和能量；另一方面又不断地向环境排放物质和能量。人类从环境中获取物质和能量的方式，主要表现为人类开发各种自然资源。一旦这种活动过度，超过了自然资源再生的能力，其必然结果是环境质量的恶化，从而引发一系列的环境问题。

环境问题是指由于人类活动或自然因素引起环境质量下降，对人类及其他生物的正常生存与发展所造成的种种影响和破坏。环境质量是环境系统客观存在的一种本质属性，并能用定性和定量的方法加以描述，可用于衡量环境遭到污染或破坏的程度。

环境问题可分为两类，即第一环境问题和第二环境问题。第一环境问题又称为原生环境问题，是由自然环境本身发展、演变而引起的。例如：由太阳辐射变化引起的，包括台风、干旱、暴雨等；由地球势能和动力作用产生的，包括火山爆发、地震、泥石流等。其特点为不由人类所控制、局部性强、影响时间短。第二环境问题又称为次生环境问题，是由人为因素引起的，包括环境污染和生态破坏。例如，乱砍滥伐引起森林植被的破坏；过度放牧引起的草原退化；大面积开垦草原引起的沙漠化；乱采滥捕使珍稀物种灭绝；植被破坏引起的水土流失；空气污染造成的温室效应、臭氧层破坏；污染水源引起的人体致癌、致畸等。其特点为影响因素复杂、影响范围大、时间长、破坏力大。

二、环境分析与环境监测

(一) 环境分析

环境分析是以基本化学物质为单位对污染物进行定性、定量的分析,研究污染物质的性质、来源、含量及其分布状态的过程。环境分析所测定的项目为人类因生产活动而排放到环境中的各种污染物质,包括大气、水体、土壤和生物中的各种污染物质,主要是化学污染物质。其特点为不连续操作、局部的、短时间的、单个污染物质的。因此,测定的结果只能反映某一时刻、某一局部地点的污染情况。

然而,判断环境质量,仅对某一污染物进行某一地点、某一时刻的分析测定是不够的,必须对各种有关污染因素、环境因素在一定范围内进行测定,分析其综合数据,才能对环境质量作出正确的评价,由此发展出了一门新的学科——环境监测。

(二) 环境监测

环境监测是测定各种代表环境质量的标志数据(包括化学、物理因素,如噪声、辐射、放射性等),确定环境质量(或污染程度)及其变化趋势的过程。环境监测是环境专业的一个重要学科,"监测"一词,可以理解为监视、测定、监控。广义上是指一定时期内对污染因子进行反复测定,追踪污染物种类、浓度的变化;狭义上是指对污染物进行定期测定,判断是否达到环境标准或评价环境管理和控制环境系统的效果。

由此可见,环境分析与环境监测是两个既有联系又互相区别的重要概念。环境分析是环境监测的基础,环境监测是在环境分析的基础上发展起来的,环境监测比环境分析包括的范围更广泛。

三、环境监测的一般过程

环境监测的过程一般为:现场调查→监测方案制订→优化布点→样品采集→运送保存→分析测试→数据处理→综合评价等。

从信息技术角度看,环境监测是环境信息的捕获→传递→解析→综合的过程。只有在对监测信息进行解析、综合的基础上,才能全面、客观、准确地揭示监测数据的内涵,对环境质量及其变化作出正确的评价。

环境监测是环境工程中的重要基础学科,也是一门理论、实践并重的应用学科,只有通过实践才能掌握、应用和提高。

第二节 环境监测的目的与分类

一、环境监测的目的

环境监测的目的是准确、及时、全面地反映环境质量现状及发展趋势，为环境管理、污染源控制、环境规划等提供科学依据。具体可归纳为：

① 根据环境质量标准，评价环境质量；

② 根据污染特点、分布情况和环境条件，追踪寻找污染源，为实现监督管理、控制污染提供依据；

③ 收集环境本底数据，积累长期监测资料，为研究环境容量、实施总量控制和目标管理、预测预报环境质量提供数据；

④ 为保障人类健康、保护环境，合理使用自然资源，制订环境法规、标准、规划等。

二、环境监测的分类

环境监测可按监测介质和监测目的进行分类。

（一）按监测介质分类

环境监测以监测介质（环境要素）为对象，分为大气污染监测、水质污染监测、土壤和固体废弃物监测、生物污染监测、生态监测、物理污染监测等。

(1) 大气污染监测

大气污染监测是监测和检测大气中的污染物及其含量，目前已认识的大气污染物约100多种，这些污染物以气态和气溶胶态两种形式存在于大气中。气态污染物的监测项目主要有SO_2、NO_2、CO、O_3、总氧化剂、卤化氢以及碳氢化合物等。气溶胶态污染物的监测项目包括总悬浮颗粒物（TSP）、可吸入颗粒物（PM_{10}）、自然降尘量及尘粒的化学组成（如重金属和多环芳烃）等。此外，局部地区还可根据具体情况增加某些特有的监测项目（如酸雨和氟化物的监测）。

大气污染的浓度与气象条件有着密切的关系，在监测大气污染的同时还需测定风向、风速、气温、气压等气象参数。

(2) 水质污染监测

水质污染的监测对象包括未被污染和已受污染的天然水（江、河、湖、海、地下水）、各种各样的工业废水和生活污水等。主要监测项目大体可分为两类：一类是反映水质污染的综合指标，如温度、色度、浊度、pH值、电导率、悬浮物、溶解氧（DO）、化学需氧量（COD）

和生化需氧量（BOD_5）等；另一类是一些有毒物质，如酚、氰、砷、铅、铬、镉、汞、镍和有机农药、苯并[a]芘等。除上述监测项目外，还应测定水体的流速和流量。

(3) 土壤和固体废弃物监测

土壤污染主要是由两方面因素引起的：一是工业废弃物，主要是废水和废渣浸出液污染；另一方面是化肥和农药污染。土壤污染的主要监测项目是土壤、作物中有害的重金属（如铬、铅、镉、汞）及残留的有机农药等。固体废弃物包括工业、农业废物和生活垃圾，主要监测项目是固体废弃物的危险特性和生活垃圾特性。

(4) 生物污染监测

地球上的生物，无论是动物还是植物，都是从大气、水体、土壤、阳光中直接或间接地吸取各自所需的营养。在它们吸取营养的同时，某些有害的污染物也会进入生物体内，有些毒物在不同的生物体中还会被富集，从而使动植物生长和繁殖受到损害，甚至死亡。环境污染物通过生物的富集和食物链的传递，最终危害人体健康。生物污染监测是对生物体内环境污染物的监测，监测项目有重金属元素、有机农药及其他有毒的无机和有机化合物等。

(5) 生态监测

生态监测通过监测生物群落、生物种群的变化，观测与评价生态系统对自然变化及人为变化所作出的反应，是对各类生态系统结构和功能的时空格局的度量。生态监测是比生物监测更复杂、更综合的一种监测技术，是利用生命系统（无论哪一层次）进行环境监测的技术。

(5) 物理污染监测

包括噪声、振动、电磁辐射、放射性、热辐射等物理能量的环境污染监测。噪声、振动、电磁辐射、放射性对人体的损害与化学污染物质不同，当环境中的这些物理量超过其阈值时会直接危害人的身心健康，尤其是放射性物质所放射的α射线、β射线和γ射线对人体伤害更大。所以物理因素的污染监测也是环境监测的重要内容，其主要监测项目是环境中各种物理量的水平。

(二) 按监测目的分类

按监测目的分类，可分为监视性监测、特定目的性监测、研究性监测和环境优先监测。

1. 监视性监测

监视性监测又称常规监测或例行监测。监视性监测是对环境要素的污染状况及污染物的变化趋势进行长期跟踪监测，从而为污染控制效果的评价、环境标准实施和环境改善情况的判断提供依据。所积累的环境质量监测数据，是确定一定区域内环境污染状况及发展趋势的重要基础。监视性监测包括环境质量监测和污染源监督监测两方面的工作。

(1) 环境质量监测

① 大气环境质量监测　对大气环境中的主要污染物进行定期或连续的监测，积累大气环境质量的基础数据。据此定期编报环境空气质量状况的评价报告，为研究大气质量的变化规律及发展趋势，做好大气污染预测、预报提供依据。

② 水环境质量监测　对江河、湖泊、水库以及海域的水体（包括底泥、水生生物）进行定期定位的常年性监测，适时地对地表水（或海水）质量现状及其污染趋势作出评价，为水

域环境管理提供可靠的数据和资料。

③ 环境噪声监测　对各功能区噪声、道路交通噪声、区域环境噪声进行经常性的定期监测。及时、准确地掌握噪声现状，分析其变化趋势和规律，为城镇噪声管理和治理提供系统的监测资料。

(2) 污染源监督监测

污染源监督监测是定期定点的、常规性的监督监测，监视和检测主要污染源排放污染物的时间、空间变化。内容包括：主要生产、生活设施排放的各种废水的监测；生产工艺废气监测；各种锅炉、窑炉排放的烟气和粉尘的监测；机动车辆尾气监测；噪声、热、电磁波、放射性污染的监测等。

污染源监督监测旨在掌握污染源排向环境的污染物种类、浓度、数量。分析和判断污染物在时间、空间上的分布、迁移、稀释、转化、自净规律，掌握污染物造成的影响和污染水平，确定污染控制和防治对策，为环境管理提供长期的、定期的技术支持和技术服务。

2. 特定目的性监测

特定目的性监测又叫应急监测或特例监测，是不定期、不定点的监测。这类监测除一般的地面固定监测外，还有流动监测、低空航测、卫星遥感监测等形式。特定目的性监测是为完成某项特定任务而进行的应急性的监测，包括如下几方面。

(1) 污染事故监测

对各种污染事故进行现场追踪监测。摸清事故的污染程度和范围，造成危害的大小等。如油船石油进出事故造成的海洋污染、核动力厂泄漏事故对周围空间的污染危害、工业污染源各类突发性的污染事故等均属此类。

(2) 纠纷仲裁监测

主要是解决执行环境法规过程中所发生的矛盾和纠纷而必须进行的监测，如排污收费、数据仲裁监测、处理污染事故纠纷时向司法部门提供的仲裁监测等。

(3) 考核验证监测

主要是为环境管理制度和措施实施考核验证而进行的监测。如排污许可、目标责任制、企业上等级的环保指标的考核，建设项目"三同时"竣工验收监测、治理项目竣工验收监测等。

(4) 咨询服务监测

向社会各部门各单位提供科研、生产、技术咨询，环境评价，资源开发保护等所需而进行的监测。

3. 研究性监测

研究性监测又称为科研监测，属于高层次、高水平、技术比较复杂的一种监测。

(1) 标准方法、标准样品研制监测

为制订、统一监测分析方法和研制环境标准物质（包括标准水样，标准气，土尘、植物等各种标准物质）所进行的监测。

(2) 污染规律研究监测

主要是研究确定污染物从污染源到受体的运动过程。监测研究环境中需要注意的污染物质及它们对人、其他生物和其他物体的影响。

（3）背景调查监测

专项调查监测某环境的原始背景值，监测环境中污染物质的本底含量。

（4）综合评价研究监测

针对某个环境工程、建设项目的开发影响评价进行的综合性监测。

研究性监测往往需要多个部门、多个学科协作完成。

4. 环境优先监测

有毒化学污染物的监测和控制，无疑是环境监测的重点。由于有毒污染物为数众多，人们不可能对每一种化学品都进行监测和控制，这就必须确定一个筛选原则。对众多有毒污染物进行分级排队，从中筛选出潜在危害性大、在环境中出现频率高的污染物作为监测和控制对象，这一筛选过程就是数学上的优先过程，经过优先选择的污染物称为环境优先污染物，简称为优先污染物。

对优先污染物进行的监测称为优先监测。

早期人们控制污染的对象主要是一些进入环境数量大（或浓度高）、毒性强的物质，如重金属等，其毒性多以急性毒性反映，并且数据容易获得。而有机污染物则由于种类多、含量低、分析水平有限，故以综合指标COD、BOD、总有机碳（TOC）等来反映。但随着生产和科学技术的发展，人们逐渐认识到一批有毒污染物（其中绝大部分是有机物），可在极低的浓度下在生物体内积累，对人体健康和环境造成严重的甚至不可逆的影响。许多痕量有毒有机物对综合指标COD、BOD、TOC等影响甚小，但对环境的危害很大，此时，综合指标已不能反映有机污染状况。这些就是需要优先控制的污染物，它们具有如下特点：难以降解，在环境中有一定残留水平，出现频率高，具有生物积累性，具有致癌、致畸、致突变（"三致"）性质，毒性较大。

值得指出的是，在一定阶段，由于受各种因素限制，优先的有毒污染物控制名单只能反映当时的生产与科学技术发展状况，随着生产的发展和科学技术的进步，有毒污染物名单会经常发生变化。

（1）优先污染物的确定原则

环境监测的对象繁多，工作量大，受人力、仪器设备和经费等各种条件的限制，只能有选择地进行监测。选择优先污染物一般要考虑的原则是：

① 根据化学物质的污染程度，选择毒性大、扩散范围广、危害程度严重的污染物；

② 已有可靠的分析方法，并能保证获得准确数据的污染物。

（2）优先监测的原则

符合上述原则的污染物，在不能同时进行监测时，需按以下原则进行优先监测。

① 污染影响范围大的优先　例如燃煤污染、汽车尾气污染是全世界范围内的污染问题，因此二氧化硫、氮氧化物、一氧化碳、臭氧、颗粒物及其所含组分应优先监测。

② 污染问题严重的优先　例如在环境中的含量已接近或超过规定标准，且污染趋势仍在上升，具有潜在危险的污染物应优先监测。

③ 样品具有广泛代表性的优先　例如采集和分析河流底泥样品，比经常监测个别水样更为经济有效；又如监测树干上的地衣群落的组成和数量以了解某一地区硫氧化和光化学烟雾的情况，比监测个别大气项目更具有代表性。

第三节
环境监测的特点与监测技术

一、环境监测对象的特点

（1）结构复杂，项目繁多

环境体系是动态平衡体系，环境样品组分复杂而且可以随时发生变化，即使是样品中同一元素也可能有不同的赋存形式（物理结合形态、化学结合形态），要逐一地测定样品中每一形态，是一个繁重的任务，实际上往往不可行。

对此，美国环境保护局曾在1976年确定了优先污染物计129种，中国于1989年选定了第一批优先污染物68种。主要包括卤代烃、苯系物、氯代苯类、多氯联苯类、酚类、硝基苯类、苯胺类、多环芳烃、邻苯二甲酸酯类、农药、丙烯腈、亚硝胺类、氰化物、重金属及其化合物等。

（2）待测物质的含量低

虽然实际环境的体系庞大，但很多污染物只要有少量排入环境就会对人类或其他生物造成危害，所以滞留在环境中的污染物通常是微量的、低浓度的，样品中的量值通常为毫克、微克、纳克数量级，所以对环境样品测定时一般都需要进行预处理，使其中对象组分经富集后达到分析检出限值以上的浓度或量值。富集的方法有过滤、蒸发、吸附等。

（3）有害性

环境污染物，特别是那些化学污染物大多是有害物质，对人和生物会产生即时的或潜在的危险。主要表现为毒性、致癌性、致畸性、致突变性、腐蚀性等，如汞、氰化物具有剧毒，苯、铅及其化合物具有强毒性。因此，在进行环境监测时要十分注意安全防护。

（4）不确定性

由于环境因素十分复杂，致使大多数污染物的环境行为变化多端。例如，燃煤烟气中的二氧化硫、一氧化碳以及工业生产排放的铍尘、铅尘，当以分子状态或气溶胶状态高度分散在大气中，能够扩散到很远的地方，甚至在极地也可以找到它们的足迹。

二、环境监测的特点

就其对象、手段、时间和空间的多变性、污染组分的复杂性等，环境监测的特点可归纳为以下三点。

1. 环境监测的综合性

环境监测的综合性表现在以下几个方面：

① 监测手段包括化学、物理、生物、物理化学、生物化学及生物物理等一切可以表征环

境质量的方法。

② 监测对象包括空气、水体（江、河、湖、海及地下水）、土壤、固体废物、生物等客体，只有对这些客体进行综合分析，才能确切描述环境质量状况。

③ 对监测数据进行统计处理、综合分析时，需涉及该地区的自然和社会各个方面的情况，因此，必须综合考虑才能正确阐明数据的内涵。

2. 环境监测的连续性

由于环境污染具有时空性等特点，因此，只有坚持长期测定，才能从大量的数据中揭示其变化规律，预测其变化趋势，数据越多，预测的准确度就越高。因此，监测网络、监测点位的选择一定要有科学性，而且一旦监测点位的代表性得到确认，必须长期坚持监测。

3. 环境监测的追踪性

环境监测包括监测目的的确定、监测计划的制订、采样、样品运送和保存、实验室测定、数据整理等过程，是一个复杂而又有联系的系统，任何一步的差错都将影响最终数据的质量。特别是区域性的大型监测，由于参加人员众多、实验室和仪器的不同，必然会导致技术和管理水平差异。为使监测结果具有一定的准确性，并使数据具有可比性、代表性和完整性，需有一个量值追踪体系予以监督。为此，需要建立环境监测的质量保证体系。

三、环境监测技术

1. 化学分析法

化学分析法是以化学反应为基础的分析方法，分为重量分析法和容量分析法（滴定分析法）两种。

（1）重量分析法

重量分析法是用适当方法先将试样中的待测组分与其他组分分离，转化为一定的称量形式，用称量的方法测定该组分的含量。重量分析法主要用于环境空气中总悬浮颗粒物、PM_{10}、降尘、烟尘、生产性粉尘以及废水中悬浮固体、残渣、油类等项目的测定。

（2）容量分析法

容量分析法是将一种已知准确浓度的溶液（标准溶液），滴加到含有被测物质的溶液中，根据化学计量定量反应完全时消耗标准溶液的体积和浓度，计算出被测组分的含量。根据化学反应类型的不同，容量分析法分为酸碱滴定法、配位滴定法、沉淀滴定法和氧化还原滴定法4种。容量分析法主要用于水中酸碱度、氨氮、化学需氧量、生化需氧量、溶解氧、S^{2-}、$Cr(VI)$、氰化物、氯化物、硬度、酚及废气中铅的测定。

2. 仪器分析法

仪器分析法是利用被测物质的物理或物理化学性质来进行分析的方法。例如，利用物质的光学性质、电化学性质进行分析。由于这类分析方法一般需要使用精密仪器，因此称为仪器分析法。

(1) 光谱法

光谱法是根据物质发射、吸收辐射能,通过测定辐射能的变化,确定物质的组成和结构的分析方法。光谱法主要有以下几种:

① 可见和紫外吸收分光光度法。可见和紫外吸收分光光度法是根据具有某种颜色的溶液对特定波长的单色光(可见光或紫外光)具有选择性吸收,且溶液对该波长光的吸收能力(吸光度)与溶液的色泽深浅(待测物质的含量)成正比,即符合朗伯-比尔定律。在环境监测中可用可见和紫外吸收分光光度法测定许多污染物。如砷、铬、镉、铅、汞、锌、铜、酚、硒、氟化物、硫化物、氰化物、二氧化硫、二氧化氯等。尽管近年来各种新的分析方法不断出现,但可见和紫外吸收分光光度法仍与原子吸收分光光度法、气相色谱法和电化学分析法并称为环境监测中的 4 大主要分析方法。

② 原子吸收分光光度法(AAS)。原子吸收分光光度法是利用处于基态待测物质原子的蒸气,对光源辐射出的特征谱线具有选择性吸收,其光强减弱的程度与待测物质的含量符合朗伯-比尔定律。该法能满足微量分析和痕量分析的要求,在环境空气、水、土壤、固体废物的监测中被广泛应用。到目前为止可以测定 70 多种元素,如工业废水和地表水中的镉、汞、砷、铅、锰、钴、铬、铜、锌、铁、铝、锶、钒、镁等,大气粉尘中的钒、铍、镉、铅、锰、汞、锌、铜等,土壤中的钾、钠、镁、铁、锌、铍等。

③ 原子发射光谱法(AES)。原子发射光谱法是根据气态原子受激发时发射出该元素原子所固有的特征辐射光谱,根据测定的波长谱线和谱线的强度对元素进行定性和定量分析的一种方法。由于近年来等离子体新光源的应用,使等离子体发射光谱法(ICP-AES)发展很快,已用于清洁水、废水、底质、生物样品中多元素的同时测定。

④ 原子荧光光谱法(AFS)。原子荧光光谱法是根据气态原子吸收辐射能,从基态跃迁至激发态,再返回基态时产生紫外、可见荧光,通过测量荧光强度对待测元素进行定性、定量分析的一种方法。原子荧光分析对锌、镉、镁等具有很高的灵敏度。

⑤ 红外吸收光谱法(IR)。红外吸收光谱法是以物质对红外区域辐射的选择性吸收,对物质进行定性、定量分析的方法。应用该原理已制成了 CO、CO_2、油类等专用监测仪器。

⑥ 分子荧光光谱法。分子荧光光谱法是根据物质的分子吸收紫外、可见光后所发射的荧光进行定性、定量分析的方法。通过测量荧光强度可以对许多痕量有机和无机组分进行定量测定。在环境分析中主要用于强致癌物质——苯并[a]芘、硒、铵、油类、沥青烟的测定。

(2) 电化学分析方法

电化学分析方法利用物质的电化学性质,通过电极作为转换器,将被测物质的浓度转化成电化学参数(电导、电流、电位等)再加以测量的分析方法。

① 电导分析法。电导分析法是通过测量溶液的电导(电阻)来确定被测物质含量的办法,如水质监测中电导率的测定。

② 电位分析法。电位分析法是将指示电极和参比电极与试液组成化学电池,通过测定电池电动势(或指示电极电位),利用能斯特公式直接求出待测物质浓(活)度。电位分析已广泛应用于水质中 pH 值、氟化物、氰化物、氨氮、溶解氧等项目的测定。

③ 库仑分析法。库仑分析法是通过测定电解过程中消耗的电量(库仑数),求出被测物质含量的分析方法。可用于测定空气中二氧化硫、氮氧化物以及水质中化学需氧量和生化需氧量。

④ 伏安和极谱法。伏安和极谱法是用微电极电解被测物质的溶液，根据所得到的电流-电压（或电极电位）极化曲线来测定物质含量的方法。可用于测定水质中铜、锌、铅等重金属离子。

（3）色谱分析法

色谱分析法是一种多组分混合物的分离、分析方法。根据混合物在互不相溶的两相（固定相与流动相）中分配系数的不同，利用混合物中的各组分在两相中溶解-挥发、吸附-脱附性能的差异，达到分离的目的。

① 气相色谱（GC）分析。气相色谱是采用气体作为流动相的色谱法。环境监测中常用于苯、多氯联苯、多环芳烃、酚类、有机氯农药、有机磷农药等有机污染物的分析。

② 液相色谱（LC）分析。液相色谱是采用液体作为流动相的色谱法。可用于高沸点、难气化、热不稳定的物质的分析，如多环芳烃、农药、苯并[a]芘等。

③ 离子色谱（IC）分析。离子色谱分析是近年来发展起来的新技术。它是离子交换分离、洗提液消除干扰、电导法进行监测的联合分离分析方法。此法可用于大气、水等领域中多种物质的测定。一次进样可同时测定多种成分：阴离子如 F^-、Cl^-、Br^-、NO_2^-、SO_4^{2-}、$H_2PO_4^-$；阳离子如 K^+、Na^+、NH_4^+、Ca^{2+}、Mg^{2+}等。

3. 生物监测技术

生物监测技术是利用生物个体、种群或群落对环境污染及其随时间变化所产生的反应来显示环境污染状况。例如，根据指示植物叶片上出现的伤害症状，可对大气污染作出定性和定量的判断；利用水生生物受到污染物毒害所产生的生理机能（如鱼的血脂活力）变化，测试水质污染状况等。这是一种最直接也是一种综合的方法。生物监测包括生物体内污染物含量的测定；观察生物在环境中受伤害症状；生物的生理生化反应；生物群落结构和种类变化等技术。

第四节 环境标准

一、环境标准的定义

环境标准就是为了保护人群健康，防治环境污染，合理利用资源，促进经济发展，依据环境保护法和有关政策，对环境中有害成分含量及排放源所规定的限量阈值和技术规范。可理解为依据法律政策对环境中污染物排放所进行的限值及相关技术规范。环境标准是我国环境保护法体系中一个独立的、特殊的、极重要的组成部分。

二、环境标准的作用

环境标准的作用具体表现为以下几点:

① 环境标准既是环境保护和有关工作的目标,又是环境保护的手段,它是制订环境保护规划和计划的重要依据。

② 环境标准是判断环境质量和衡量环境工作优劣的准绳。

③ 环境标准是执法的依据,环境问题的诉讼、排污费的收取、污染治理的目标等执法依据都是环境标准。

④ 环境标准是组织现代化生产的重要手段和条件,通过实施标准可以制止任意排污,促使企业对污染进行治理和管理;采用先进的无污染、少污染的工艺,实现资源和能源的综合利用。

总之,环境标准是环境管理的技术基础。

三、环境标准的分类和分级

中国环境标准体系分为:国家环境保护标准、地方环境保护标准和国家环境保护行业标准。

(一)国家环境保护标准

国家环境保护标准包括:国家环境质量标准、国家污染物排放标准、国家环境监测方法标准、国家环境标准样品标准和国家环境基础标准五类。

1. 国家环境质量标准

国家环境质量标准目的是保护人类健康,维持生态良性平衡和保障社会物质财富,并考虑技术条件,对环境有害物质和因素所作的限制性规定。它是制订环境政策目标和环境管理工作的依据,也是制订污染物的控制标准的依据,是评价我国各地环境质量的标尺和准绳。

2. 国家污染物排放标准

为实现环境质量目标,结合经济技术条件和环境特点,对排入环境的有害物质或有害因素所作的控制规定。控制标准是实现环境质量目标的手段,作用在于直接控制污染源,以达到防止环境污染的目的。

3. 国家环境监测方法标准

为监测环境质量和污染物排放、规范采样、样品处理、分析测试、数据处理等所作的统一规定,包括对分析方法、测定方法、采样方法、实验方法、检验方法等所作的统一规定。环境中常见的是分析方法、测定方法和采样方法。

4. 国家环境标准样品标准

为保证环境监测数据的准确、可靠,对用于量值传递或质量控制的材料、实物样品研制标准物质，形成标准样品。标准样品在环境管理中起着甄别的作用：可用来评价分析仪器，鉴别其灵敏度；验证分析方法；评价分析者的技术，使操作技术规范化。

5. 国家环境基础标准

在环境保护工作范围内，对有指导意义的符号、指南、导则、图形、技术性术语、代号、量纲、单位，以及信息编码等所作的统一规定，是制定其他环境标准的基础及技术依据。所以环境基础标准要积极采用国际标准和国外先进标准，逐步做到与国际标准基本一致。

除上述环境标准外，在环境保护工作中，对需要统一的技术要求也制定了一些标准，包括：执行各项环境管理制度、检验技术、环境区划、规划的技术要求、规范、导则等。如环保仪器、设备标准等，它是为了保证污染治理设备的效率和监测数据的可靠性和可比性，对环保仪器、设备的技术要求所作的规定。

（二）地方环境保护标准

制定地方环境保护标准是对国家环境保护标准的补充和完善。但应注意，拥有地方环境保护标准制定权限的单位为省、自治区、直辖市人民政府。地方环境保护标准包括：地方环境质量标准和地方污染物排放标准。环境标准样品标准、环境基础标准等不指定相应的地方标准；地方标准通常增加国家标准中未作规定的污染项目；或制定"严于"国家污染物排放标准的污染物浓度限值。所以，在执行方面，地方环境保护标准优于国家环境保护标准。

近年来为控制环境质量的恶化趋势，一些地方已将总量控制指标纳入地方环境保护标准。

（三）国家环境保护行业标准

污染物排放标准分为综合排放标准和行业排放标准。各类行业的生产特点不同，排放污染物的种类、强度、方式差别很大。例如：冶金行业废水以重金属污染物为主，有机化工废水以有机污染物为主，而印染废水，色度是其特征污染物。行业排放标准是针对特定行业生产工艺、产污、排污状况和污染控制技术评估，污染控制成本分析，并参考国外排放法规和典型污染源达标案例等综合情况后制定的污染排放控制标准；而综合排放标准适用于没有行业排放标准的所有领域。显然行业排放标准是根据行业的污染情况所制定的，它更具有可操作性。根据技术、人力和经济可能性，应该逐步、大幅度增加行业排放标准，逐步缩小综合排放标准的适用面。

综合排放标准与行业排放标准不交叉执行，行业排放标准优先执行。即有行业排放标准的部门执行行业排放标准，没有行业排放标准的部门执行综合排放标准。

四、水质标准

水是人类重要资源及一切生物生存的基本物质之一，水体污染是环境污染中最主要的方面之一。目前我国已经颁布的水质标准主要有以下几种。

水环境质量标准：《地表水环境质量标准》（GB 3838—2002）、《海水水质标准》（GB 3097—

1997)、《生活饮用水卫生标准》（GB 5749—2022）、《渔业水质标准》（GB 11607—89）、《农田灌溉水质标准》（GB 5084—2021）等。

污染物排放标准：《污水综合排放标准》（GB 8978—1996）、《医疗机构水污染物排放标准》（GB 18466—2005）和一批行业水污染物排放标准，例如《制浆造纸工业水污染物排放标准》（GB 3544—2008）、《制糖工业水污染物排放标准》（GB 21909—2008）、《电子工业水污染物排放标准》（GB 39731—2020）、《钢铁工业水污染物排放标准》（GB 13456—2012）等。

（一）《地表水环境质量标准》（GB 3838—2002）

标准适用于中国领域内江河、湖泊、水库、运河、渠道等具有使用功能的地表水水域。具有特定功能的水域，执行相应的专业用水水质标准。其目的是保障人体健康、维护生态平衡、保护水资源、控制水污染以及改善地表水质量和促进生产。依据地表水水域环境功能和保护目标，按功能高低依次划分为五类：

Ⅰ类：主要适用于源头水、国家自然保护区。

Ⅱ类：主要适用于集中式生活饮用水地表水源地一级保护区、珍稀水生生物栖息地、鱼虾类产卵场、仔稚幼鱼的索饵场等。

Ⅲ类：主要适用于集中式生活饮用水地表水源地二级保护区、鱼虾类越冬场、洄游通道、水产养殖区等渔业水域及游泳区。

Ⅳ类：主要适用于一般工业用水区及人体非直接接触的娱乐用水区。

Ⅴ类：主要适用于农业用水区及一般景观要求水域。

对应地表水上述五类水域功能，将地表水环境质量标准基本项目标准值分为五类，不同功能类别分别执行相应类别的标准值。水域功能类别高的标准值严于水域功能类别低的标准值。同一水域兼有多类使用功能的，执行最高功能类别对应的标准值。实现水域功能与达到功能类别标准为同一含义。

《地表水环境质量标准》中的相关项目标准限值见表1.1～表1.3。

表1.1 地表水环境质量标准基本项目标准限值　　　　　　　　　单位：mg/L

序号	项目	标准值 分类	Ⅰ类	Ⅱ类	Ⅲ类	Ⅳ类	Ⅴ类
1	水温/℃		人为造成的环境水温变化应限制在：周平均最大温升≤1　周平均最大温降≤2				
2	pH值		6～9				
3	溶解氧	≥	饱和率90%（或7.5）	6	5	3	2
4	高锰酸盐指数	≤	2	4	6	10	15
5	化学需氧量（COD）	≤	15	15	20	30	40
6	五日生化需氧量（BOD$_5$）	≤	3	3	4	6	10
7	氨氮（NH$_3$-N）	≤	0.15	0.5	1.0	1.5	2.0

续表

序号	项目 \ 标准值分类		Ⅰ类	Ⅱ类	Ⅲ类	Ⅳ类	Ⅴ类
8	总磷（以P计）	≤	0.02（湖、库0.01）	0.1（湖、库0.025）	0.2（湖、库0.05）	0.3（湖、库0.1）	0.4（湖、库0.2）
9	总氮（湖、库，以N计）	≤	0.2	0.5	1.0	1.5	2.0
10	铜	≤	0.01	1.0	1.0	1.0	1.0
11	锌	≤	0.05	1.0	1.0	2.0	2.0
12	氟化物（以F⁻计）	≤	1.0	1.0	1.0	1.5	1.5
13	硒	≤	0.01	0.01	0.01	0.02	0.02
14	砷	≤	0.05	0.05	0.05	0.1	0.1
15	汞	≤	0.00005	0.00005	0.0001	0.001	0.001
16	镉	≤	0.001	0.005	0.005	0.005	0.01
17	铬（六价）	≤	0.01	0.05	0.05	0.05	0.1
18	铅	≤	0.01	0.01	0.05	0.05	0.1
19	氰化物	≤	0.005	0.05	0.2	0.2	0.2
20	挥发酚	≤	0.002	0.002	0.005	0.01	0.1
21	石油类	≤	0.05	0.05	0.05	0.5	1.0
22	阴离子表面活性剂	≤	0.2	0.2	0.2	0.3	0.3
23	硫化物	≤	0.05	0.1	0.2	0.5	1.0
24	粪大肠菌群/（个/L）	≤	200	2000	10000	20000	40000

表 1.1 中水温属于感官性指标，pH 值、五日生化需氧量、高锰酸盐指数和化学需氧量是保证水质自净的指标，总磷和氨氮是防止封闭水浴富营养化的指标，粪大肠菌群是细菌学指标，其他属于化学、毒理学指标。

表 1.2　集中式生活饮用水地表水源地补充项目标准限值　　　　单位：mg/L

序号	项目	标准值
1	硫酸盐（以SO_4^{2-}计）	250
2	氯化物（以Cl⁻计）	250
3	硝酸盐（以N计）	10
4	铁	0.3
5	锰	0.1

表 1.3　集中式生活饮用水地表水源地特定项目标准限值　　　　单位：mg/L

序号	项目	标准值	序号	项目	标准值
1	三氯甲烷	0.06	5	1,2-二氯乙烷	0.03
2	四氯化碳	0.002	6	环氧氯丙烷	0.02
3	三溴甲烷	0.1	7	氯乙烯	0.005
4	二氯甲烷	0.02	8	1,1-二氯乙烯	0.03

续表

序号	项目	标准值	序号	项目	标准值
9	1,2-二氯乙烯	0.05	45	水合肼	0.01
10	三氯乙烯	0.07	46	四乙基铅	0.0001
11	四氯乙烯	0.04	47	吡啶	0.2
12	氯丁二烯	0.002	48	松节油	0.2
13	六氯丁二烯	0.0006	49	苦味酸	0.5
14	苯乙烯	0.02	50	丁基黄原酸	0.005
15	甲醛	0.9	51	活性氯	0.01
16	乙醛	0.05	52	滴滴涕	0.001
17	丙烯醛	0.1	53	林丹	0.002
18	三氯乙醛	0.01	54	环氧七氯	0.0002
19	苯	0.01	55	对硫磷	0.003
20	甲苯	0.7	56	甲基对硫磷	0.002
21	乙苯	0.3	57	马拉硫磷	0.05
22	二甲苯①	0.5	58	乐果	0.08
23	异丙苯	0.25	59	敌敌畏	0.05
24	氯苯	0.3	60	敌百虫	0.05
25	1,2-二氯苯	1.0	61	内吸磷	0.03
26	1,4-二氯苯	0.3	62	百菌清	0.01
27	三氯苯②	0.02	63	甲萘威	0.05
28	四氯苯③	0.02	64	溴氰菊酯	0.02
29	六氯苯	0.05	65	阿特拉津	0.003
30	硝基苯	0.017	66	苯并[a]芘	2.8×10^{-6}
31	二硝基苯④	0.5	67	甲基汞	1.0×10^{-6}
32	2,4-二硝基甲苯	0.0003	68	多氯联苯⑥	2.0×10^{-6}
33	2,4,6-三硝基甲苯	0.5	69	微囊藻毒素-LR	0.001
34	硝基氯苯⑤	0.05	70	黄磷	0.003
35	2,4-二硝基氯苯	0.5	71	钼	0.07
36	2,4-二氯苯酚	0.093	72	钴	1.0
37	2,4,6-三氯苯酚	0.2	73	铍	0.002
38	五氯酚	0.009	74	硼	0.5
39	苯胺	0.1	75	锑	0.005
40	联苯胺	0.0002	76	镍	0.02
41	丙烯酰胺	0.0005	77	钡	0.7
42	丙烯腈	0.1	78	钒	0.05
43	邻苯二甲酸二丁酯	0.003	79	钛	0.1
44	邻苯二甲酸二(2-乙基己基)酯	0.008	80	铊	0.0001

① 二甲苯：指对二甲苯、间二甲苯、邻二甲苯。
② 三氯苯：指1,2,3-三氯苯、1,2,4-三氯苯、1,3,5-三氯苯。
③ 四氯苯：指1,2,3,4-四氯苯、1,2,3,5-四氯苯、1,2,4,5-四氯苯。
④ 二硝基苯：对二硝基苯、间二硝基苯、邻二硝基苯。
⑤ 硝基氯苯：对硝基氯苯、间硝基氯苯、邻硝基氯苯。
⑥ 多氯联苯：PCB-1016、PCB-1221、PCB1232、PCB1242、PCB-1248、PCB-1254、PCB-1260。

(二)《污水综合排放标准》(GB 8978—1996)

《污水综合排放标准》是为了保证环境水体质量,对排放污水的一切企、事业单位所作的规定。按地表水域使用功能要求和污水排放去向,分别执行一、二、三级标准,对于保护区禁止新建排污口的情况,已有的排污口应按水体功能要求,实行污染物总量控制。

标准将排放的污染物按其性质及控制方式分为两类。

第一类污染物,不分行业和污水排放方式,也不分受纳水体的功能类别,一律在车间或车间处理设施排放口采样,其最高允许排放浓度的限值必须符合表1.4的规定。第一类污染物是指能在环境或动物、植物体内积累,对人体健康产生长远不良影响的污染物质。

第二类污染物,指长远影响小于第一类污染物的污染物质,在排污单位的排放口采样。对第二类污染物区分1997年12月31日及以前和1998年1月1日及以后建设的单位分别执行不同的标准;1998年1月1日及以后建设的单位其最高允许排放浓度的限值按表1.5的规定执行,同时有29个行业的行业标准纳入此标准(最高允许排水量、最高允许排放的限值)。

表1.4 第一类污染物最高允许排放浓度　　　　　　　　　　单位:mg/L

序号	污染物	最高允许排放浓度
1	总汞	0.05
2	烷基汞	不得检出
3	总镉	0.1
4	总铬	1.5
5	六价铬	0.5
6	总砷	0.5
7	总铅	1.0
8	总镍	1.0
9	苯并[a]芘	0.00003
10	总铍	0.005
11	总银	0.5
12	总α放射性	1Bq/L
13	总β放射性	10Bq/L

表1.5 第二类污染物最高允许排放浓度

(1998年1月1日及以后建设的单位)　　　　　　　　　　单位:mg/L

序号	污染物	适用范围	一级标准	二级标准	三级标准
1	pH	一切排污单位	6~9	6~9	6~9
2	色度(稀释倍数)	一切排污单位	50	80	—
3	悬浮物(SS)	采矿、选矿、选煤工业	70	300	
		脉金选矿	70	400	
		边远地区砂金选矿	70	800	
		城镇二级污水处理厂	20	30	—
		其他排污单位	70	150	400

续表

序号	污染物	适用范围	一级标准	二级标准	三级标准
4	五日生化需氧量（BOD$_5$）	甘蔗制糖、苎麻脱胶、湿法纤维板工业、染料、洗毛工业	20	60	600
		甜菜制糖、酒精、味精、皮革、化纤浆粕工业	20	100	600
		城镇二级污水处理厂	20	30	—
		其他排污单位	20	30	300
5	化学需氧量（COD）	甜菜制糖、合成脂肪酸、湿法纤维板、染料、洗毛、有机磷农药工业	100	200	1000
		味精、酒精、医药原料药、生物制药、苎麻脱胶、皮革、化纤浆粕工业	100	300	1000
		石油化工工业（包括石油炼制）	100	120	500
		城镇二级污水处理厂	60	120	—
		其他排污单位	100	150	500
6	石油类	一切排污单位	5	10	20
7	动植物油	一切排污单位	10	15	100
8	挥发酚	一切排污单位	0.5	0.5	2.0
9	总氰化合物	一切排污单位	0.5	0.5	1.0
10	硫化物	一切排污单位	0.5	0.5	1.0
11	氨氮	医药原料药、染料、石油化工工业	15	50	—
		其他排污单位	15	25	—
12	氟化物	黄磷工业	10	15	20
		低氟地区（水体含氟量<0.5mg/L）	10	20	30
		其他排污单位	10	10	20
13	磷酸盐（以P计）	一切排污单位	0.5	1.0	—
14	甲醛	一切排污单位	1.0	2.0	5.0
15	苯胺类	一切排污单位	1.0	2.0	5.0
16	硝基苯类	一切排污单位	2.0	3.0	5.0
17	阴离子表面活性剂（LAS）	一切排污单位	5.0	10	20
18	总铜	一切排污单位	0.5	1.0	2.0
19	总锌	一切排污单位	2.0	5.0	5.0
20	总锰	合成脂肪酸工业	2.0	5.0	5.0
		其他排污单位	2.0	2.0	5.0
21	彩色显影剂	电影洗片	1.0	2.0	3.0
22	显影剂及氧化物总量	电影洗片	3.0	6.0	6.0
23	元素磷	一切排污单位	0.1	0.1	0.3
24	有机磷农药（以P计）	一切排污单位	不得检出	0.5	0.5
25	乐果	一切排污单位	不得检出	1.0	2.0
26	对硫磷	一切排污单位	不得检出	1.0	2.0
27	甲基对硫磷	一切排污单位	不得检出	1.0	2.0

续表

序号	污染物	适用范围	一级标准	二级标准	三级标准
28	马拉硫磷	一切排污单位	不得检出	5.0	10
29	五氯酚及五氯酚钠（以五氯酚计）	一切排污单位	5.0	8.0	10
30	可吸附有机卤化物（AOX）（以Cl计）	一切排污单位	1.0	5.0	8.0
31	三氯甲烷	一切排污单位	0.3	0.6	1.0
32	四氯化碳	一切排污单位	0.03	0.06	0.5
33	三氯乙烯	一切排污单位	0.3	0.6	1.0
34	四氯乙烯	一切排污单位	0.1	0.2	0.5
35	苯	一切排污单位	0.1	0.2	0.5
36	甲苯	一切排污单位	0.1	0.2	0.5
37	乙苯	一切排污单位	0.4	0.6	1.0
38	邻二甲苯	一切排污单位	0.4	0.6	1.0
39	对二甲苯	一切排污单位	0.4	0.6	1.0
40	间二甲苯	一切排污单位	0.4	0.6	1.0
41	氯苯	一切排污单位	0.2	0.4	1.0
42	邻二氯苯	一切排污单位	0.4	0.6	1.0
43	对二氯苯	一切排污单位	0.4	0.6	1.0
44	对硝基苯	一切排污单位	0.5	1.0	5.0
45	2,4-二硝基氯苯	一切排污单位	0.5	1.0	5.0
46	苯酚	一切排污单位	0.3	0.4	1.0
47	间甲苯	一切排污单位	0.1	0.2	0.5
48	2,4-二氯酚	一切排污单位	0.6	0.8	1.0
49	2,4,6-三氯酚	一切排污单位	0.6	0.8	1.0
50	邻苯二甲酸二丁酯	一切排污单位	0.2	0.4	2.0
51	邻苯二甲酸二辛酯	一切排污单位	0.3	0.6	2.0
52	丙烯腈	一切排污单位	2.0	5.0	5.0
53	总硒	一切排污单位	0.1	0.2	0.5
54	粪大肠菌群数	医院[①]、兽医院及医疗机构含病原体污水	500个/L	1000个/L	5000个/L
		传染病、结核病医院污水	100个/L	500个/L	1000个/L
55	总余氯（采用氯化消毒的医院污水）	医院[①]、兽医院及医疗机构含病原体污水	<0.5[②]	>3（接触时间≥1h）	>2（接触时间≥1h）
		传染病、结核病医院污水	<0.5[②]	>6.5（接触时间≥1.5h）	>5（接触时间≥1.5h）
56	总有机碳（TOC）	合成脂肪酸工业	20	40	—
		苎麻脱胶工业	20	60	—
		其他排污单位	20	30	—

① 指50个床位以上的医院。
② 加氯消毒后需进行脱氯处理，达到本标准。
注：其他排污单位是指除在该控制项目中所列行业以外的一切排污单位。

五、大气标准

我国已颁布的大气标准主要有：《环境空气质量标准》（GB 3095—2012）、《室内空气质量标准》（GB/T 18883—2022）、《火电厂大气污染物排放标准》（GB 13223—2011）、《饮食业油烟排放标准（试行）》（GB 18483—2001）、《锅炉大气污染物排放标准》（GB 13271—2014）、《工业炉窑大气污染物排放标准》（GB 9078—1996）、《挥发性有机物无组织排放控制标准》（GB 37822—2019）、《加油站大气污染物排放标准》（GB 20952—2020）、《铸造工业大气污染物排放标准》（GB 39726—2020），以及其他一些行业排放标准中有关气体污染物排放限值。

（一）《环境空气质量标准》（GB 3095—2012）

《环境空气质量标准》的制定目的是为改善环境空气质量，防止生态破坏，创造清洁适宜的环境，保护人体健康。

环境空气功能区分为两类：一类区为自然保护区、风景名胜区和其他需要特殊保护的区域；二类区为居住区、商业交通居民混合区、文化区、工业区和农村地区。

标准规定了一类区执行一级标准，二类区执行二级标准。标准还规定了监测分析方法。各项污染物的浓度限值见表1.6。

表1.6 各项污染物的浓度限值

序号	项目类别	污染物名称	取值时间	浓度限值/($\mu g/m^3$)	
				一级标准	二级标准
1	基本项目	二氧化硫（SO_2）	年平均 24h平均 1h平均	20 50 150	60 150 500
2		二氧化氮（NO_2）	年平均 24h平均 1h平均	40 80 200	40 80 200
3		一氧化碳（CO）	24h平均 1h平均	$4mg/m^3$ $10mg/m^3$	$4mg/m^3$ $10mg/m^3$
4		臭氧（O_3）	日最大8h平均 1h平均	100 160	160 200
5		颗粒物（粒径≤10μm）	年平均 24h平均	40 50	70 150
6		颗粒物（粒径≤2.5μm）	年平均 日平均	15 35	35 75
7	其他项目	总悬浮颗粒物（TSP）	年平均 24h平均	80 120	200 300
8		氮氧化物（NO_x）	年平均 日平均 1h平均	50 100 250	50 100 250

续表

序号	项目类别	污染物名称	取值时间	浓度限值/($\mu g/m^3$)	
				一级标准	二级标准
9	其他项目	铅（Pb）	年平均 季平均	0.5 1.0	
10		苯并[a]芘（B[a]P）	年平均 24h 平均	0.001 0.0025	

（二）《大气污染物综合排放标准》（GB 16297—1996）

该标准规定了 33 种大气污染物的排放限值，同时规定了标准执行中的各种要求。该标准适用于现有污染源大气污染物排放管理，以及建设项目的环境影响评价、设计、环境保护设施竣工验收及其投产后的大气污染物排放管理。

无组织排放是指大气污染物不经过排气筒的无规则排放。低矮排气筒的排放属有组织排放，但在一定条件下也可造成与无组织排放相同的后果。因此，在执行"无组织排放监控浓度限值"指标时，由低矮排气筒造成的监控点污染物浓度增加不予扣除。

无组织排放监控浓度限值指监控点的污染物浓度在任何 1h 的平均值不得超过限值。

该标准设置下列三项指标：

① 通过排气筒排放的污染物最高允许排放浓度。

② 通过排气筒排放的污染物，按排气筒高度规定的最高允许排放速率。

任何一个排气筒必须同时遵守上述两项指标，超过其中任何一项均为超标排放。

③ 以无组织方式排放的污染物，规定无组织排放的监控点及相应的监控浓度限值。

该标准规定的最高允许排放速率，现有污染源分为一、二级（表 1.7），新污染源为二级（表 1.8）。按污染源所在的环境空气质量功能区类别，执行相应级别的排放速率标准，即：

位于一类区的污染源执行一级标准（一类区禁止新、扩建污染源，一类区现有污染源改建时执行现有污染源的一级标准）；

位于二类区的污染源执行二级标准。

表 1.7 现有污染源大气污染物排放限值

序号	污染物	最高允许排放浓度/(mg/m^3)	最高允许排放速率/(kg/h)			无组织排放监控浓度限值	
			排气筒高度/m	一级	二级	监控点	浓度/(mg/m^3)
1	二氧化硫	1200 （硫、二氧化硫、硫酸和其他含硫化合物生产） 700 （硫、二氧化硫、硫酸和其他含硫化合物使用）	15 20 30 40 50 60 70 80 90 100	1.6 2.6 8.8 15 23 33 47 63 82 100	3.0 5.1 17 30 45 64 91 120 160 200	无组织排放源上风向设参照点，下风向设监控点①	0.50 （监控点与参照点浓度差值）

续表

序号	污染物	最高允许排放浓度/(mg/m³)	最高允许排放速率/(kg/h)			无组织排放监控浓度限值	
			排气筒高度/m	一级	二级	监控点	浓度/(mg/m³)
2	氮氧化物	1700（硝酸、氮肥和火炸药生产）	15	0.47	0.91	无组织排放源上风向设参照点，下风向设监控点	0.15（监控点与参照点浓度差值）
			20	0.77	1.5		
			30	2.6	5.1		
		420（硝酸使用和其他）	40	4.6	8.9		
			50	7.0	14		
			60	9.9	19		
			70	14	27		
			80	19	37		
			90	24	47		
			100	31	61		
3	颗粒物	22（炭黑尘、染料尘）	15	禁排	0.60	周界外浓度最高点②	肉眼不可见
			20		1.0		
			30		4.0		
			40		6.8		
		80③（玻璃棉尘、石英粉尘、矿渣棉尘）	15	禁排	2.2	无组织排放源上风向设参照点，下风向设监控点	2.0（监控点与参照点浓度差值）
			20		3.7		
			30		14		
			40		25		
		150（其他）	15	2.1	4.1	无组织排放源上风向设参照点，下风向设监控点	5.0（监控点与参照点浓度差值）
			20	3.5	6.9		
			30	14	27		
			40	24	46		
			50	36	70		
			60	51	100		
4	氯化氢	150	15	禁排	0.30	周界外浓度最高点	0.25
			20		0.51		
			30		1.7		
			40		3.0		
			50		4.5		
			60		6.4		
			70		9.1		
			80		12		
5	铬酸雾	0.080	15	禁排	0.009	周界外浓度最高点	0.0075
			20		0.015		
			30		0.051		
			40		0.089		
			50		0.14		
			60		0.19		

续表

序号	污染物	最高允许排放浓度/(mg/m³)	最高允许排放速率/(kg/h)			无组织排放监控浓度限值	
			排气筒高度/m	一级	二级	监控点	浓度/(mg/m³)
6	硫酸雾	1000（火炸药厂） 70（其他）	15 20 30 40 50 60 70 80	禁排	1.8 3.1 10 18 27 39 55 74	周界外浓度最高点	1.5
7	氟化物	100（普钙工业） 11（其他）	15 20 30 40 50 60 70 80	禁排	0.12 0.20 0.69 1.2 1.8 2.6 3.6 4.9	无组织排放源上风向设参照点，下风向设监控点	20μg/m³（监控点与参照点浓度差值）
8	氯气[④]	85	25 30 40 50 60 70 80	禁排	0.60 1.0 3.4 5.9 9.1 13 18	周界外浓度最高点	0.50
9	铅及其化合物	0.90	15 20 30 40 50 60 70 80 90 100	禁排	0.005 0.007 0.031 0.055 0.085 0.12 0.17 0.23 0.31 0.39	周界外浓度最高点	0.0075
10	汞及其化合物	0.015	15 20 30 40 50 60	禁排	1.8×10^{-3} 3.1×10^{-3} 10×10^{-3} 18×10^{-3} 27×10^{-3} 39×10^{-3}	周界外浓度最高点	0.0015

续表

序号	污染物	最高允许排放浓度/(mg/m³)	最高允许排放速率/(kg/h)			无组织排放监控浓度限值	
			排气筒高度/m	一级	二级	监控点	浓度/(mg/m³)
11	镉及其化合物	1.0	15 20 30 40 50 60 70 80	禁排	0.060 0.10 0.34 0.59 0.91 1.3 1.8 2.5	周界外浓度最高点	0.050
12	铍及其化合物	0.015	15 20 30 40 50 60 70 80	禁排	1.3×10^{-3} 2.2×10^{-3} 7.3×10^{-3} 13×10^{-3} 19×10^{-3} 27×10^{-3} 39×10^{-3} 52×10^{-3}	周界外浓度最高点	0.0010
13	镍及其化合物	5.0	15 20 30 40 50 60 70 80	禁排	0.18 0.31 1.0 1.8 2.7 3.9 5.5 7.4	周界外浓度最高点	0.050
14	锡及其化合物	10	15 20 30 40 50 60 70 80	禁排	0.36 0.61 2.1 3.5 5.4 7.7 11 15	周界外浓度最高点	0.30
15	苯	17	15 20 30 40	禁排	0.60 1.0 3.3 6.0	周界外浓度最高点	0.50
16	甲苯	60	15 20 30 40	禁排	3.6 6.1 21 36	周界外浓度最高点	3.0

续表

序号	污染物	最高允许排放浓度/(mg/m³)	最高允许排放速率/(kg/h)			无组织排放监控浓度限值	
			排气筒高度/m	一级	二级	监控点	浓度/(mg/m³)
17	二甲苯	90	15 20 30 40	禁排	1.2 2.0 6.9 12	周界外浓度最高点	1.5
18	酚类	115	15 20 30 40 50 60	禁排	0.12 0.20 0.68 1.2 1.8 2.6	周界外浓度最高点	0.10
19	甲醛	30	15 20 30 40 50 60	禁排	0.30 0.51 1.7 3.0 4.5 6.4	周界外浓度最高点	0.25
20	乙醛	150	15 20 30 40 50 60	禁排	0.060 0.10 0.34 0.59 0.91 1.3	周界外浓度最高点	0.050
21	丙烯腈	26	15 20 30 40 50 60	禁排	0.91 1.5 5.1 8.9 14 19	周界外浓度最高点	0.75
22	丙烯醛	20	15 20 30 40 50 60	禁排	0.61 1.0 3.4 5.9 9.1 13	周界外浓度最高点	0.50
23	氰化氢①	2.3	25 30 40 50 60 70 80	禁排	0.18 0.31 1.0 1.8 2.7 3.9 5.5	周界外浓度最高点	0.030

续表

序号	污染物	最高允许排放浓度/(mg/m³)	最高允许排放速率/(kg/h)			无组织排放监控浓度限值	
			排气筒高度/m	一级	二级	监控点	浓度/(mg/m³)
24	甲醇	220	15 20 30 40 50 60	禁排	6.1 10 34 59 91 130	周界外浓度最高点	15
25	苯胺类	25	15 20 30 40 50 60	禁排	0.61 1.0 3.4 5.9 9.1 13	周界外浓度最高点	0.50
26	氯苯类	85	15 20 30 40 50 60 70 80 90 100	禁排	0.67 1.0 2.9 5.0 7.7 11 15 21 27 34	周界外浓度最高点	0.50
27	硝基苯类	20	15 20 30 40 50 60	禁排	0.060 0.10 0.34 0.59 0.91 1.3	周界外浓度最高点	0.050
28	氯乙烯	65	15 20 30 40 50 60	禁排	0.91 1.5 5.0 8.9 14 19	周界外浓度最高点	0.75
29	苯并[a]芘	0.50×10^{-3} （沥青、碳素制品生产和加工）	15 20 30 40 50 60	禁排	0.06×10^{-3} 0.10×10^{-3} 0.34×10^{-3} 0.59×10^{-3} 0.90×10^{-3} 1.3×10^{-3}	周界外浓度最高点	0.01 (μg/m³)

续表

序号	污染物	最高允许排放浓度/(mg/m³)	最高允许排放速率/(kg/h) 排气筒高度/m	最高允许排放速率/(kg/h) 一级	最高允许排放速率/(kg/h) 二级	无组织排放监控浓度限值 监控点	无组织排放监控浓度限值 浓度/(mg/m³)
30	光气⑥	5.0	25 30 40 50	禁排	0.12 0.20 0.69 1.2	周界外浓度最高点	0.10
31	沥青烟	280 (吹制沥青) 80 (熔炼、浸涂) 150 (建筑搅拌)	15 20 30 40 50 60 70 80	0.11 0.19 0.82 1.4 2.2 3.0 4.5 6.2	0.22 0.36 1.6 2.8 4.3 5.9 8.7 12	生产设备不得有明显的无组织排放存在	
32	石棉尘	2 根纤维/cm³ 或 20mg/m³	15 20 30 40 50	禁排	0.65 1.1 4.2 7.2 11	生产设备不得有明显的无组织排放存在	
33	非甲烷总烃	150 (使用溶剂汽油或其他混合烃类物质)	15 20 30 40	6.3 10 35 61	12 20 63 120	周界外浓度最高点	5.0

① 一般应于无组织排放源上风向 2~50m 范围内设参照点，排放源下风向 2~50m 范围内设监控点。
② 周界外浓度最高点一般应设于排放源下风向的单位周界外 10m 范围内。如预计无组织排放的最大落地浓度点越出 10m 范围，可将监控点移至该预计浓度最高点。
③ 均指含游离二氧化硅 10% 以上的各种尘。
④ 排放氯气的排气筒不得低于 25m。
⑤ 排放氰化氢的排气筒不得低于 25m。
⑥ 排放光气的排气筒不得低于 25m。

表 1.8　新污染源大气污染物排放限值

序号	污染物	最高允许排放浓度/(mg/m³)	最高允许排放速率/(kg/h) 排气筒高度/m	最高允许排放速率/(kg/h) 二级	无组织排放监控浓度限值 监控点	无组织排放监控浓度限值 浓度/(mg/m³)
1	二氧化硫	960 (硫、二氧化硫、硫酸和其他含硫化合物生产) 550 (硫、二氧化硫、硫酸和其他含硫化合物使用)	15 20 30 40 50 60 70 80 90 100	2.6 4.3 15 25 39 55 77 110 130 170	周界外浓度最高点①	0.40

续表

序号	污染物	最高允许排放浓度 /（mg/m³）	最高允许排放速率/（kg/h）		无组织排放监控浓度限值	
			排气筒高度/m	二级	监控点	浓度/（mg/m³）
2	氮氧化物	1400（硝酸、氮肥和火炸药生产）	15	0.77	周界外浓度最高点	0.12
			20	1.3		
			30	4.4		
		240（硝酸使用和其他）	40	7.5		
			50	12		
			60	16		
			70	23		
			80	31		
			90	40		
			100	52		
3	颗粒物	18（炭黑尘、染料尘）	15	0.15	周界外浓度最高点	肉眼不可见
			20	0.85		
			30	3.4		
			40	5.8		
		60②（玻璃棉尘、石英粉尘、矿渣棉尘）	15	1.9	周界外浓度最高点	1.0
			20	3.1		
			30	12		
			40	21		
		120（其他）	15	3.5	周界外浓度最高点	1.0
			20	5.9		
			30	23		
			40	39		
			50	60		
			60	85		
4	氯化氢	100	15	0.26	周界外浓度最高点	0.20
			20	0.43		
			30	1.4		
			40	2.6		
			50	3.8		
			60	5.4		
			70	7.7		
			80	10		
5	铬酸雾	0.070	15	0.008	周界外浓度最高点	0.0060
			20	0.013		
			30	0.043		
			40	0.076		
			50	0.12		
			60	0.16		

续表

序号	污染物	最高允许排放浓度 /(mg/m³)	最高允许排放速率/(kg/h)		无组织排放监控浓度限值	
			排气筒高度/m	二级	监控点	浓度/(mg/m³)
6	硫酸雾	430（火炸药厂） 45（其他）	15 20 30 40 50 60 70 80	1.5 2.6 8.8 15 23 33 46 63	周界外浓度最高点	1.2
7	氟化物	90（普钙工业） 9.0（其他）	15 20 30 40 50 60 70 80	0.10 0.17 0.59 1.0 1.5 2.2 3.1 4.2	周界外浓度最高点	20μg/m³
8	氯气[③]	65	25 30 40 50 60 70 80	0.52 0.87 2.9 5.0 7.7 11 15	周界外浓度最高点	0.40
9	铅及其化合物	0.70	15 20 30 40 50 60 70 80 90 100	0.004 0.006 0.027 0.047 0.072 0.10 0.15 0.20 0.26 0.33	周界外浓度最高点	0.0060
10	汞及其化合物	0.012	15 20 30 40 50 60	1.5×10^{-3} 2.6×10^{-3} 7.8×10^{-3} 15×10^{-3} 23×10^{-3} 33×10^{-3}	周界外浓度最高点	0.0012

续表

序号	污染物	最高允许排放浓度 /(mg/m³)	最高允许排放速率/(kg/h)		无组织排放监控浓度限值	
			排气筒高度/m	二级	监控点	浓度/(mg/m³)
11	镉及其化合物	0.85	15 20 30 40 50 60 70 80	0.050 0.090 0.29 0.50 0.77 1.1 1.5 2.1	周界外浓度最高点	0.040
12	铍及其化合物	0.012	15 20 30 40 50 60 70 80	1.1×10^{-3} 1.8×10^{-3} 6.2×10^{-3} 11×10^{-3} 16×10^{-3} 23×10^{-3} 33×10^{-3} 44×10^{-3}	周界外浓度最高点	0.0008
13	镍及其化合物	4.3	15 20 30 40 50 60 70 80	0.15 0.26 0.88 1.5 2.3 3.3 4.6 6.3	周界外浓度最高点	0.040
14	锡及其化合物	8.5	15 20 30 40 50 60 70 80	0.31 0.52 1.8 3.0 4.6 6.6 9.3 13	周界外浓度最高点	0.24
15	苯	12	15 20 30 40	0.50 0.90 2.9 5.6	周界外浓度最高点	0.40
16	甲苯	40	15 20 30 40	3.1 5.2 18 30	周界外浓度最高点	2.4

续表

序号	污染物	最高允许排放浓度 /(mg/m³)	最高允许排放速率/(kg/h)		无组织排放监控浓度限值	
			排气筒高度/m	二级	监控点	浓度/(mg/m³)
17	二甲苯	70	15 20 30 40	1.0 1.7 5.9 10	周界外浓度最高点	1.2
18	酚类	100	15 20 30 40 50 60	0.10 0.17 0.58 1.0 1.5 2.2	周界外浓度最高点	0.080
19	甲醛	25	15 20 30 40 50 60	0.26 0.43 1.4 2.6 3.8 5.4	周界外浓度最高点	0.20
20	乙醛	125	15 20 30 40 50 60	0.050 0.090 0.29 0.50 0.77 1.1	周界外浓度最高点	0.040
21	丙烯腈	22	15 20 30 40 50 60	0.77 1.3 4.4 7.5 12 16	周界外浓度最高点	0.60
22	丙烯醛	16	15 20 30 40 50 60	0.52 0.87 2.9 5.0 7.7 11	周界外浓度最高点	0.40
23	氰化氢[④]	1.9	25 30 40 50 60 70 80	0.15 0.26 0.88 1.5 2.3 3.3 4.6	周界外浓度最高点	0.024

续表

序号	污染物	最高允许排放浓度 /(mg/m³)	最高允许排放速率/(kg/h)		无组织排放监控浓度限值	
			排气筒高度/m	二级	监控点	浓度/(mg/m³)
24	甲醇	190	15 20 30 40 50 60	5.1 8.6 29 50 77 100	周界外浓度最高点	12
25	苯胺类	20	15 20 30 40 50 60	0.52 0.87 2.9 5.0 7.7 11	周界外浓度最高点	0.40
26	氯苯类	60	15 20 30 40 50 60 70 80 90 100	0.52 0.87 2.5 4.3 6.6 9.3 13 18 23 29	周界外浓度最高点	0.40
27	硝基苯类	16	15 20 30 40 50 60	0.050 0.090 0.29 0.50 0.77 1.1	周界外浓度最高点	0.040
28	氯乙烯	36	15 20 30 40 50 60	0.77 1.3 4.4 7.5 12 16	周界外浓度最高点	0.60
29	苯并[a]芘	0.30×10^{-3} （沥青及碳素制品生产和加工）	15 20 30 40 50 60	0.050×10^{-3} 0.085×10^{-3} 0.29×10^{-3} 0.50×10^{-3} 0.77×10^{-3} 1.1×10^{-3}	周界外浓度最高点	0.008 （μg/m³）

续表

序号	污染物	最高允许排放浓度 /(mg/m³)	最高允许排放速率/(kg/h)		无组织排放监控浓度限值	
			排气筒高度/m	二级	监控点	浓度/(mg/m³)
30	光气⑤	3.0	25 30 40 50	0.10 0.17 0.59 1.0	周界外浓度最高点	0.080
31	沥青烟	140 (吹制沥青) 40 (熔炼、浸涂) 75 (建筑搅拌)	15 20 30 40 50 60 70 80	0.18 0.30 1.3 2.3 3.6 5.6 7.4 10	生产设备不得有明显的无组织排放存在	
32	石棉尘	1 根纤维/cm³ 或 10mg/m³	15 20 30 40 50	0.55 0.93 3.6 6.2 9.4	生产设备不得有明显的无组织排放存在	
33	非甲烷总烃	120 (使用溶剂汽油或其他混合烃类物质)	15 20 30 40	10 17 53 100	周界外浓度最高点	4.0

① 周界外浓度最高点一般应设置于无组织排放源下风向的单位周界外 10m 范围内，若预计无组织排放的最大落地浓度点越出 10m 范围，可将监控点移至该预计浓度最高点。
② 均指含游离二氧化硅超过 10% 的各种尘。
③ 排放氯气的排气筒不得低于 25m。
④ 排放氰化氢的排气筒不得低于 25m。
⑤ 排放光气的排气筒不得低于 25m。

六、土壤环境质量标准与固体废物控制标准

为防止农用污泥、建材农用粉煤灰、农药、农用城镇垃圾及有色金属、建材工业固体废物等对土壤、农作物、地表水、地下水的污染，保障农牧渔业生产和人体健康，我国制定了有关土壤环境质量和固体废物的控制标准。其中主要的标准有《土壤环境质量 农用地土壤污染风险管控标准（试行）》（GB 15618—2018）、《土壤环境质量 建设用地土壤污染风险管控标准（试行）》（GB 36600—2018）、《医疗废物处理处置污染控制标准》（GB 39707—2020）、《危险废物焚烧污染控制标准》（GB 18484—2020）、《一般工业固体废物贮存和填埋污染控制标准》（GB 18599—2020）等。

七、未列入标准的物质最高允许浓度的估算

化学物质众多,并不断从实验室合成出来。从生态学和保护人类健康来看,新的物质不应任意向环境排放,但要对所有物质制定在环境中(水体和空气等)的排放标准是不可能的。对于那些未列入标准但已证明有害,且在局部范围(例如工厂生产车间)排放量和浓度又比较大的物质,其最高允许排放浓度,通常可由当地环保部门会同有关工矿企业按下列途径予以处理。

(一) 参考国外标准

工业发达国家由于环境污染而发生严重社会问题较早,因而研究和制定标准也早,并且一般也比较齐全,所以如能在已有的标准中查到,可作为参考。

(二) 从公式估算

如果在其他国家标准中查不到,则可根据该物质毒理性质数据、物理常数和分子结构特性等,用公式进行估算。这类公式和研究资料很多,应该指出,同一物质用各种公式计算的结果可能相差很大,各公式均有限制条件,而且标准的制定与科学性、现实性等诸多因素有关,所以用公式计算的结果只能作为参考。

(三) 直接做毒理试验再估算

当一种物质无任何资料可借鉴,或某种生产废水的残渣成分复杂,难以查清其结构和组成,但又必须知道其毒性大小和控制排放浓度,则可直接做毒性试验,求出半致死浓度(LC_{50})或半致死量(LD_{50})等,再按有关公式估算。对于组成复杂又难以查明其组成的废水、废渣可选用综合指标(如 COD)作为考核指标。

 复习与思考题

1. 什么是环境问题?环境问题分几类?
2. 环境分析与环境监测有何区别?
3. 试述环境监测的一般过程。
4. 环境监测的对象具有哪些特点?
5. 试述环境监测的发展过程。
6. 什么是环境优先污染物?什么是优先监测?优先污染物的确定原则?优先监测的确定原则?
7. 试分析我国环境标准体系的特点。
8. 既然有了国家污染物排放标准,为什么还允许制定和执行地方污染物排放标准?
9. 有一个印染厂(化纤产品的比例小于30%)位于一条河旁边,河道流量为 $1.5m^3/s$(枯

水期），该厂下游 5km 处是居民饮用水源，兼作渔业水源。该厂废水排入河道后经过 3km 的流动即可与河水完全混合。印染厂每天排放经过生化处理的废水 1380m³/d，水质如下：

pH=7.5，BOD_5=80mg/L，COD=240mg/L，ρ（氰化物）=0.2mg/L，ρ（挥发酚）=0.5mg/L，ρ（硫化物）=0.8mg/L，ρ（苯胺）=1.0mg/L，SS=100mg/L，色度=150 度。

印染厂上游水质如下：

pH=7.3，水温<33℃，水面无明显泡沫、油膜及漂浮物，天然色度<15 度，臭和浊度均为一级，DO=5.5mg/L，BOD_5=2.6mg/L，COD=5.5mg/L，ρ（挥发酚）=0.004mg/L，ρ（氰化物）=0.02mg/L，ρ（As）=0.005mg/L，ρ（总 Hg）=0.0001mg/L，ρ（总 Cd）=0.005mg/L，ρ（Cu）=0.008mg/L，ρ[Cr（Ⅵ）]=0.015mg/L，ρ（Pb）=0.04mg/L，ρ（石油类）=0.2mg/L，ρ（硫化物）=0.01mg/L，大肠菌群浓度=800 个/L。

厂区位置如下图所示：

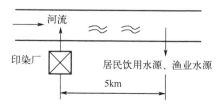

问：① 该河流属国家《地表水环境质量标准》中的第几类？

② 该厂排放的废水是否达到排放标准？

③ 如不考虑水体自净，在下游 3km 处废水和河水混合后的水质是否满足《渔业水质标准》？如不符合，则废水处理上应采取什么措施？

第二章
水和废水污染监测

第一节 概　述

一、水资源与水质污染

(一) 水资源现状

水是人类社会的宝贵资源。据估计，地球上的总水量大约为 $1.37 \times 10^{18} m^3$，其中 97.3% 的水是含盐量约 35000mg/L 的海水，既不能直接饮用也不能用于灌溉，只有通过处理后才能利用；地球上约 2% 的水以冰状存在于南、北极的冰河中，0.3% 的水存在于空气中，只有 0.1% 的水存在于江河和湖泊。地表水占地球总水量的 0.6%，但大约一半的地表水存在于深度高于 800m 的地下蓄水层中。存在于江河与湖泊的淡水和浅层地表水大约 $5 \times 10^{15} m^3$，而地球上约 80 亿人口依靠这些淡水资源生存和发展。

目前，水资源严重缺乏构成的水危机已威胁到世界上的绝大多数国家，使各国的经济、社会和科技发展都面临着严峻考验。因人口急剧增长，全球人均资源拥有量近几年减少了 25%。我国多年平均水资源总量高达 $2.8 \times 10^{12} m^3$，其中地表水资源总量 $2.7 \times 10^{12} m^3$，地下水 $0.1 \times 10^{12} m^3$。尽管水资源总量大，但水资源问题也不容乐观。人均占有淡水资源量仅 $2000 m^3$，约为世界平均水平的 1/4，属于贫水国家。因此，根据我国水资源现状，如何合理、节约用水，控制水体污染，保护水资源已是迫在眉睫的问题。

(二) 水质污染

1. 水体自净

当污染物进入水体后，首先被稀释，随后进行一系列复杂的物理、化学变化和生物转化，如挥发、絮凝、水解、络合、氧化还原及微生物降解等，使污染物浓度降低，该过程称为水体自净。自净能力决定着水体的环境容量（洁净水体所能承载的最大污染物量）。

水体自净机制有三种：

① 物理净化。物理净化是由于水体的稀释、混合、扩散、沉积、冲刷、再悬浮等作用而使污染物浓度降低的过程。

② 化学净化。化学净化是由于化学吸附、化学沉淀、氧化还原、水解等过程而使污染物浓度降低的过程。

③ 生物净化。生物净化是由于水生生物特别是微生物的降解作用使污染物浓度降低的过程。

水体自净的三种机制往往是同时发生的，并相互交织在一起，哪一方面起主导作用，取决于污染物性质和水体的水文学和生物学特征。

2. 水体污染

当进入水体中的污染物含量超过了水体的自净能力，就会导致水体的物理、化学及生物特性的改变和水质的恶化，从而影响水的有效利用，危害人类健康，对动植物产生不良影响的这种现象称为水体污染。与自然过程相比，人类活动是造成水体污染的主要原因。

水体污染一般分为化学型污染、物理型污染和生物型污染三种类型。化学型污染系指随废水及其他废弃物排入水体的，由酸、碱、有机和无机污染物造成的水体污染。物理型污染包括色度和浊度物质污染、悬浮固体污染、热污染和放射型污染。生物型污染是由将生活污水、医院污水等排入水体，随之引入某些病原微生物造成的污染。

污染物进入水体以后，会造成一系列的危害，其中包括：

① 对环境的危害：导致生物的减少或灭绝，造成各类环境资源的价值降低，破坏生态平衡。

② 对生产的危害：被污染的水由于达不到工业生产或农业灌溉的要求，而导致减产。

③ 对人的危害：人如果饮用污染水，会引起急性和慢性中毒、癌变、传染病及其他一些奇异病症；污染的水引起的感官恶化，会给人的生活造成不便，情绪受到影响。

为此，要对水体进行水质监测，得到长期积累的监测数据后，对水质有一定的认知，之后采取一系列的处理、控制措施。

二、水质监测的对象和目的

水质监测可分为环境水体监测和水污染源监测。环境水体包括地表水（江、河、湖、库、海水）和地下水；水污染源包括工业废水、生活污水和医院污水等。对它们进行监测的目的可概括为以下几个方面：

① 对进入江、河、湖、库、海洋等地表水体的污染物质及渗透到地下水中的污染物质进行经常性的监测，以掌握水质现状及其发展趋势；

② 对生产过程、生活设施及其他排放源排放的各类废水进行监视性监测，掌握废水排放量及其污染物浓度和排放总量，为污染源管理和排污收费提供依据；

③ 对水环境污染事故进行应急监测，为分析判断事故原因、危害及制定对策提供依据；

④ 为国家政府部门制定环境保护法规、标准和规划，全面开展环境保护管理工作提供有

关数据和资料；

⑤ 为开展水环境质量评价、预测预报及进行环境科学研究提供基础数据和技术手段；

⑥ 对环境污染纠纷进行仲裁监测，为判断纠纷原因提供科学依据。

三、监测项目

监测项目要根据水体被污染情况、水体功能、废（污）水中所含污染物质及客观条件等因素确定。根据实际情况，选择环境中排放量大、危害严重、影响范围广、已建立可靠的分析方法保证获得准确的数据，并能对数据作出解释和判断的项目。根据该原则，发达国家相继提出优先监测污染物。例如，美国环境保护局（EPA）提出了 129 种优先监测污染物；我国环境监测总站提出了 68 种水环境优先监测污染物黑名单。

下面介绍我国各类水质标准（或技术规范）中要求控制的监测项目。

（一）地表水监测项目

1. 江、河、湖、库、渠

《地表水环境质量标准》（GB 3838—2002）及《地表水和污水监测技术规范》（HJ/T 91—2002）中，为满足地表水各类使用功能和生态环境质量要求，将监测项目分为基本项目和选测项目。

基本项目包括：水温、pH、溶解氧、高锰酸盐指数、化学需氧量、五日生化需氧量、氨氮、总氮、总磷、铜、锌、硒、砷、汞、镉、铅、铬（六价）、氟化物、氰化物、硫化物、挥发酚、石油类、阴离子表面活性剂、粪大肠菌群。集中式生活饮用水地表水源地增加硫酸盐、氯化物、硝酸盐、铁、锰。

选测项目因地表水类型不同而有差别。河流、湖泊为：总有机碳、甲基汞、硝酸盐（湖、库）、亚硝酸盐（湖、库），其他项目根据纳污情况由各级相关环境保护主管部门确定。集中式生活饮用水地表水源地选测项目包括：三氯甲烷、四氯化碳、三溴甲烷、二氯甲烷、1,2-二氯乙烷、环氧氯丙烷、氯乙烯、1,1-二氯乙烯、1,2-二氯乙烯、三氯乙烯、四氯乙烯、氯丁二烯、六氯丁二烯、苯乙烯、甲醛、乙醛、丙烯醛、三氯乙醛、苯、甲苯、乙苯、二甲苯、异丙苯、氯苯、1,2-二氯苯、1,4-二氯苯、三氯苯、四氯苯、六氯苯、硝基苯、二硝基苯、2,4-二硝基甲苯、2,4,6-三硝基甲苯、硝基氯苯、2,4-二硝基氯苯、2,4-二氯酚、2,4,6-三氯酚、五氯酚、苯胺、联苯胺、丙烯酰胺、丙烯腈、邻苯二甲酸二丁酯、邻苯二甲酸二（2-乙基己基）酯、水合肼、四乙基铅、吡啶、松节油、苦味酸、丁基黄原酸、活性氯、滴滴涕、林丹、环氧七氯、对硫磷、甲基对硫磷、马拉硫磷、乐果、敌敌畏、敌百虫、内吸磷、百菌清、甲萘威、溴氰菊酯、阿特拉津、苯并[a]芘、甲基汞、多氯联苯、微囊藻、毒素-LR、黄磷、钼、钴、铍、硼、锑、镍、钡、钒、钛、铊。

2. 海水监测项目

我国《海水水质标准》（GB 3097—1997）按照海域的不同使用功能和保护目标，将水质分为四类，其监测项目主要为：水温、漂浮物、悬浮物、色、臭、味、pH、溶解氧、化学需氧量、五日生化需氧量、汞、镉、铅、铬（六价）、总铬、铜、锌、硒、砷、镍、氰化物、硫化物、活性磷酸盐、无机氮、非离子态氨、挥发酚、石油类、六六六、滴滴涕、马拉硫磷、甲基对硫磷、苯并[a]芘、阴离子表面活性剂、大肠菌群、粪大肠菌群、病原体、放射性核素（^{60}Co、^{90}Sr、^{106}Rn、^{134}Cs、^{137}Cs）。

（二）地下水监测项目

根据我国地下水水质情况、人体健康基准值和地下水质量保护目标，《地下水质量标准》（GB/T 14848—2017）和《地下水环境监测技术规范》（HJ 164—2020）中，将地下水质量分为五类，水质监测项目共计93项，其中要求控制的常规监测项目39项和非常规监测项目54项。

常规指标包括感官性状及一般化学指标20项，即色（度）、臭和味、浑浊度、肉眼可见物、pH、总硬度、溶解固体物、硫酸盐、氯化物、铁、锰、铜、锌、铝、挥发性酚类、阴离子表面活性剂、耗氧量、氨氮、硫化物、钠；微生物指标2项，即总大肠菌群和菌落总数；毒理学指标15项，即亚硝酸盐、硝酸盐、氰化物、氟化物、碘化物、汞、砷、硒、镉、铬（六价）、铅、三氯甲烷、四氯化碳、苯、甲苯；放射性指标2项，即总α放射性和总β放射性。

非常规项目包括毒理学指标54种，即铍、硼、锑、钡、镍、钴、钼、银、铊、二氯甲烷、1,2-二氯乙烷、1,1,1-三氯乙烷、1,1,2-三氯乙烷、1,2-二氯丙烷、三溴甲烷、氯乙烯、1,1-二氯乙烯、1,2-二氯乙烯、三氯乙烯、四氯乙烯、氯苯、邻二氯苯、对二氯苯、三氯苯（总量）、乙苯、二甲苯（总量）、苯乙烯、2,4-二硝基甲苯、2,6-二硝基甲苯、萘、蒽、荧蒽、苯并（b）荧蒽、苯并（a）芘、多氯联苯（总量）、邻苯二甲酸二（2-乙基己基）酯、2,4,6-三氯酚、五氯酚、六六六（总量）、γ-六六六（林丹）、滴滴涕（总量）、六氯苯、环氧七氯、2,4-滴（2,4-二氯苯氧乙酸）、克百威、涕灭威、敌敌畏、甲基对硫磷、马拉硫磷、乐果、毒死蜱、百菌清、莠去津、草甘膦。

（三）生活饮用水水质监测项目

《生活饮用水卫生标准》(GB 5749—2022)中的检测项目共97项，分为常规指标和扩展指标。常规指标为反映生活饮用水水质基本状况的指标，扩展指标是反映地区生活饮用水水质特征及在一定时间内或特殊情况下水质状况的指标。

常规指标为：总大肠菌群、大肠埃希氏菌、菌落总数(以上三项为微生物指标)；砷、镉、铬(六价)、铅、汞、氰化物、氟化物、硝酸盐(以N计)、三氯甲烷、一氯二溴甲烷、二氯一溴甲烷、三溴甲烷、三卤甲烷(三氯甲烷、一氯二溴甲烷、二氯一溴甲烷、三溴甲烷的总和)、二氯乙酸、三氯乙酸、溴酸盐、亚氯酸盐、氯酸盐(以上18项为毒理指标)；色度(铂钴色度单位)、浑浊度(散射浊度单位)、臭和味、肉眼可见物、pH、铝、铁、锰、铜、锌、氯化物、硫酸盐、溶解性总固体、总硬度(以$CaCO_3$计)、高锰酸盐指数(以O_2计)、氨(以N计)(以上16项为感官性状和一般化学指标)；总α放射性、总β放射性(以上两项为放射性指标)；游离氯、总氯、臭氧、二氧化氯（以上4项指标根据消毒方式选测）。

扩展指标为：贾第鞭毛虫、隐孢子虫(以上两项为微生物指标)；锑、钡、铍、硼、钼、镍、银、铊、硒、高氯酸盐、二氯甲烷、1,2-二氯乙烷、四氯化碳、氯乙烯、1,1-二氯乙烯、1,2-二氯乙烯、三氯乙烯、四氯乙烯、六氯丁二烯、苯、甲苯、二甲苯(总量)、苯乙烯、氯苯、1,4-

二氯苯、三氯苯(总量)、六氯苯、环氧七氯、马拉硫磷、乐果、灭草松、百菌清、呋喃丹、毒死蜱、草甘膦、敌敌畏、莠去津、溴氰菊酯、2,4-滴、乙草胺、五氯酚、2,4,6-三氯酚、苯并[a]芘、邻苯二甲酸二(2-乙基己基)酯、丙烯酰胺、环氧氯丙烷、微囊藻毒素-LR(藻类暴发情况发生时)(以上47项为毒理指标);钠、挥发酚类(以苯酚计)、阴离子合成洗涤剂、2-甲基异莰醇、土臭素(以上5项为感官性状和一般化学指标)。

(四) 废(污)水监测项目

根据《污水综合排放标准》(GB 8978—1996)中将监测项目分为以下两类:

第一类是在车间或车间处理设施排放口采样测定的污染物,包括总汞、烷基汞、总镉、总铬、六价铬、总砷、总镍、苯并[a]芘、总铍、总银、总α放射性、总β放射性。

第二类是在排污单位排放口采样测定的污染物,包括pH、色度、悬浮物、五日生化需氧量、化学需氧量、石油类、动植物油、挥发酚、总氰化物、硫化物、氨氮、氟化物、磷酸盐、甲醛、苯胺类、硝基苯类、阴离子表面活性剂、总铜、总锌、总锰、彩色显影剂、显影剂及氧化物总量、元素磷、有机磷农药、乐果、对硫磷、甲基对硫磷、马拉硫磷、五氯酚及五氯酚钠、可吸附有机卤化物、三氯甲烷、四氯化碳、三氯乙烯、四氯乙烯、苯、甲苯、乙苯、邻二甲苯、间二甲苯、氯苯、邻二氯苯、对二氯苯、对硝基氯苯、2,4-二硝基氯苯、苯酚、间甲酚、2,4-二氯酚、2,4,6-三氯酚、邻苯二甲酸二丁酯、邻苯二甲酸二辛酯、丙烯腈、总硒、粪大肠菌群、总余氯、总有机碳。

另外,还需要测定废(污)水排放总量及COD、石油类、氰化物、六价铬、汞、铅、镉和砷等污染物的排放总量。

四、水质监测分析方法

选择分析方法应遵循的原则是:灵敏度能满足定量要求;方法成熟、准确;操作简便,易于普及;抗干扰能力好。根据上述原则,为使监测数据具有可比性,各国在大量实践的基础上,对各类水体中的不同污染物质都编制了相应的分析方法,这些方法有以下三个层次,它们相互补充,构成完整的监测分析方法体系。

(1) 国家标准分析方法

我国已编制60多项包括采样在内的标准分析方法,这是一些比较经典、准确度较高的方法,是环境污染纠纷法定的仲裁方法,也是用于评价其他分析方法的基准方法。

(2) 统一分析方法

有些项目的监测方法尚不够成熟,但这些项目又急需测定,因此经过研究作为统一方法予以推广,在使用中积累经验,不断完善,为上升为国家标准方法创造条件。

(3) 等效方法

与(1)、(2)类方法的灵敏度、准确度具有可比性的分析方法称为等效方法。这类方法可能采用新的技术,应鼓励有条件的单位先用起来,以推动监测技术的进步。但是,新方法必须经过方法验证和对比实验,证明其与标准方法或统一方法是等效的才能使用。

按照监测方法所依据的原理,水质监测常用的方法有化学分析法、电化学法、原子吸收光谱法、分光光度法、离子色谱法、气相色谱法、电感耦合等离子体发射光谱（ICP-AES）法等。各种方法测定的组分列于表 2.1。

表 2.1　各类监测分析方法测定项目

方法	测定项目
重量法	悬浮物、可滤残渣、矿化度、油类、SO_4^{2-}、Cl^-、Ca^{2+}等
容量法	酸度、碱度、溶解氧、总硬度、Ca^{2+}、Mg^{2+}、氨氮、Cl^-、CN^-、S^{2-}、SO_4^{2-}、COD、BOD、高锰酸盐指数、挥发酚等
分光光度法	Ag、As、Be、Co、Cr、Cu、Hg、Mn、Ni、Pb、Fe、Sb、Zn、Th、U、B、P、氨氮、NO_2^-、NO_3^-、凯氏氮、总氮、F^-、CN^-、SO_4^{2-}、S^{2-}、游离氯和总氯、浊度、挥发酚、甲醛、三氯乙醛、苯胺类、硝基苯类、阴离子表面活性剂等
原子吸收光谱法	K、Na、Ag、Ca、Mg、Be、Ba、Cd、Cu、Zn、Ni、Pb、Sb、Fe、Mn、Al、Cr、Se、In、Ti、V、S^{2-}、SO_4^{2-}、Hg、As 等
电感耦合等离子体原子发射光谱法	K、Na、Ca、Mg、Ba、Be、Zn、Ni、Cd、Co、Fe、Cr、Mn、V、Al、As 等
气相分子吸收光谱法	NO_2^-、NO_3^-、氨氮、凯氏氮、总氮等
离子色谱法	F^-、Cl^-、NO_2^-、SO_4^{2-}、HPO_4^{2-}、PO_4^{3-}等
电化学法	电导率、E_h、pH、DO、酸度、碱度、F^-、Cl^-、Pb、Ni、Cu、Cd、Mo、Zn、V、COD、BOD、可吸附有机卤化物、总有机卤化物等
气相色谱法	苯系物、挥发性卤代烃、挥发性有机物、三氯乙醛、五氯酚、氯苯类、硝基苯类、六六六、滴滴涕、有机磷农药、阿特拉津、丙烯腈、丙烯醛、元素磷等
高效液相色谱法	多环芳烃、酚类、苯胺类、邻苯二甲酸酯类、阿特拉津等
气相色谱-质谱法	挥发性有机物、半挥发性有机物、苯系物、二氯酚、五氯酚、邻苯二甲酸酯
非色散红外吸收法	总有机碳、石油类等
荧光光谱法	苯并[a]芘等
比色法和比浊法	I^-、F^-、色度、浊度等
生物监测法	浮游生物测定、着生生物测定、底栖动物测定、鱼类生物调查、初级生产力测定、细菌总数测定、总大肠菌群测定、粪大肠菌群测定、沙门氏菌属测定、粪链球菌测定、生物毒性试验、Ames 试验、姐妹染色体互换（SCE）试验、植物微核试验等

第二节
水质监测方案的制订

监测方案是完成一项监测任务的程序和技术方法的总体设计。制订时须首先明确监测目的，然后根据所收集到的有关基础资料来确定具有代表性的监测项目，布设监测网（点），合理安排采样频率和采样时间。根据确定好的监测项目选定采样方法和分析测定技术，提出监测报告要求，制定质量控制和保证措施及实施计划等。

一、地表水质

地表水是指存在于地壳表面，暴露于大气的水，如海洋、河流、湖泊、水库、沟渠中的水等。

（一）基础资料的收集

在制订监测方案之前，应尽可能完备地收集欲监测水体及所在区域的有关资料，主要有：
① 水体的水文、气候、地质和地貌特征；
② 水体沿岸城市分布、人口分布和工业布局、污染源及其排污情况、城市给排水情况及农田灌溉情况、化肥和农药施用情况等；
③ 水体沿岸的资源（包括森林、矿产、土壤、耕地、水资源）现状，特别是植被破坏和水土流失情况等；
④ 水资源的用途，饮用水源分布和重点水源保护区；
⑤ 水体流域土地功能及近期使用计划等；
⑥ 对于湖泊，还需了解生物、沉积物特点，间温层分布，等深线和水更新时间等；
⑦ 历年的水质资料、水文实测资料、水环境研究成果等。

（二）监测断面和采样点的布设

采样断面和采样点根据监测目的、监测项目和样品类型，并按上述调查研究和对有关资料的综合分析结果来确定。采样点的布设顺序为，首先选择合适的监测断面，然后在确定好的断面上布设采样垂线和采样点。

1. 监测断面的设置原则

监测断面在总体和宏观上须能反映水系或所在区域的水环境质量状况。各断面的具体位置须能反映所在区域环境的污染特征；尽可能以最少的断面获取足够的、有代表性的环境信息；同时还须考虑实际采样时的可行性和方便性。
① 对流域或水系要设立背景断面、控制断面（若干）和入海河口断面。对行政区域可设背景断面（对水系源头）或入境断面（对过境河流）或对照断面、控制断面（若干）和入海河口断面或出境断面。在各控制断面下游，如果河段有足够长度（至少 10km），还应设消减断面。
② 根据水体功能区设置控制监测断面，同一水体功能区至少要设置 1 个监测断面。
③ 断面位置应避开死水区、回水区、排污口处，尽量选择顺直河段、河床稳定、水流平稳，水面宽阔、无急流、无浅滩处。
④ 监测断面力求与水文测流断面一致，以便利用其水文参数，实现水质监测与水量监测的结合。
⑤ 监测断面的布设应考虑社会经济发展，监测工作的实际状况和需要，要有长远考虑。
⑥ 流域同步监测中，根据流域规划和污染源限期达标目标确定监测断面。

⑦ 河道局部整治中，监视整治效果的监测断面，由所在地区环境保护行政主管部门确定。

⑧ 入海河口断面要设置在能反映入海河水水质并临近入海口的位置。

⑨ 监测断面的设置数量，应根据水环境质量状况的实际需要，对污染物时空分布和变化规律了解、优化的基础上，以最少的断面、垂线和测点取得代表性最好的监测数据。

2. 监测断面的设置方法

① 背景断面是指为评价某一完整水系的污染程度，未受人类生活和生产活动影响，能够提供水环境背景值的断面。其要求为基本上不受人类活动的影响，远离城市居民区、工业区、农药化肥施放区及主要交通路线。原则上应设在水系源头处或未受污染的上游河段。如选定断面处于地球化学异常区，则要在异常区的上、下游分别设置。如有较严重的水土流失情况，则设在水土流失区的上游。

② 对照断面（入境断面）：反映进入本区域河流水质的初始情况，为了解流入监测河段前的水体水质状况而设置，具有参比和对照作用。这种断面应设在河流进入城市或工业区以前的地方，避开各种废水、污水流入或回流处。一个河段一般只设一个对照断面。有主要支流时可酌情增加。

③ 控制断面是用来了解水环境受污染程度及其变化情况的断面。应设置在排污区（口）的下游，污水与河水基本混匀处。控制断面的数量、控制断面与排污区（口）的距离可根据以下因素决定：主要污染区的数量及其间的距离、各污染源的实际情况、主要污染物的迁移转化规律和其他水文特征等。一般设在排污口下游 500~1000m 处（因为在排污口下游 500m 横断面上的 1/2 宽度处重金属浓度一般出现高峰值）。其数目应根据城市的工业布局和排污口分布情况而定。对特殊要求的地区，如水产资源区、风景游览区、自然保护区、与水源有关的地方病发病区、严重水土流失区及地球化学异常区等的河段上也应设置控制断面。

此外，还应考虑对纳污量的控制程度，即由各控制断面所控制的纳污量不应小于该河段总纳污量的 80%。如某河段的各控制断面均有五年以上的监测资料，可用这些资料进行优化，用优化结论来确定控制断面的位置和数量。

④ 消减断面是指工业废水或生活污水在水体内流经一定距离而达到最大程度混合，污染物受到稀释、降解，其主要污染物浓度有明显降低的断面。在消解断面处，河流收纳废水和污水后，经稀释扩散和自净作用，使污染物浓度显著下降，其左、中、右三点浓度差异较小。通常设在城市或工业区最后一个排污口下游 1500m 以外的河段上（此断面污染物浓度显著下降，且左、中、右三点浓度差异较小）。通常一个河段一般只设一个对照断面。

另外，有时为特定的环境管理需要，如定量化考核、监视饮用水源和流域污染源限期达标排放等，还要设置管理断面。

⑤ 出境断面用来反映水系进入下一行政区域前的水质。因此应设置在本区域最后的污水排放口下游，污水与河水已基本混匀并尽可能靠近水系出境处。如在此行政区域内，河流有足够长度，则应设消减断面。消减断面主要反映河流对污染物的稀释净化情况，应设置在控制断面下游，主要污染物浓度有显著下降处。

⑥ 其他各类监测断面：水系的较大支流汇入前的河口处，以及湖泊、水库、主要河流的出、入口，国际河流出、入国境的交界处，国务院环境保护行政主管部门统一设置省（自治

区、直辖市）交界断面，也应设置监测断面。

⑦ 潮汐河流监测断面的布设

a. 潮汐河流监测断面的布设原则与其他河流相同，设有防潮桥闸的潮汐河流，根据需要在桥闸的上、下游分别设置断面。

b. 根据潮汐河流的水文特征，潮汐河流的对照断面一般设在潮区界以上。若感潮河段潮区界在该城市管辖的区域之外，则在城市河段的上游设置一个对照断面。

c. 潮汐河流的消减断面，一般应设在近入海口处。若入海口处于城市管辖区域外，则设在城市河段的下游。

d. 潮汐河流的断面位置，尽可能与水文断面一致或靠近，以便取得有关的水文数据。

某一河流监测断面的设置如图 2.1 所示。

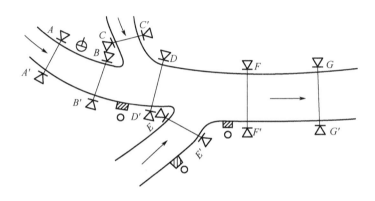

图 2.1　河流监测断面设置示意图

→：水流方向；⊕：自来水厂取水点；○：污染源；▨：排污口；
$A—A'$：对照断面；$B—B'$、$C—C'$、$D—D'$、$E—E'$、$F—F'$：控制断面；$G—G'$：削减断面

3. 采样点位的布设方法

（1）河流采样点位的确定

设置监测断面后，应根据水面的宽度确定断面上的采样垂线，再根据采样垂线的深度确定采样点的数目和位置。

对于江、河水系的每个监测断面，其采样垂线数和采样深度与水面宽度的关系如表 2.2 和表 2.3 所示。

表 2.2　采样垂线数的确定

水面宽度	采样垂线数	说明
≤50m	一条（中泓）	1. 垂线布设应避开污染带，要测污染带应另加垂线 2. 确能证明该断面水质均匀时，可仅设中泓垂线 3. 凡在该断面要计算污染物通量时，必须按本表设置垂线
50～100m	二条（近左、右岸有明显水流处）	
>100m	三条（左、中、右）	

表 2.3 采样垂线上的采样点数的确定

水深	采样垂线数	说明
≤5m	上层一点	1. 上层指水面下 0.5m 处，水深不到 0.5m 时，在水深 1/2 处
5～10m	上、下两层共两点	2. 下层指河底以上 0.5m 处
>10m	上、中、下三层共三点	3. 中层指 1/2 水深处 4. 封冻时在冰下 0.5m 处采样，水深不到 0.5m 处时，在水深 1/2 处采样 5. 凡在该断面要计算污染物通量时，必须按本表设置采样点

（2）湖泊、水库采样点位的布设

① 湖泊、水库通常只设监测垂线，如有特殊情况可参照河流的有关规定设置监测断面。

② 湖（库）区的不同水域，如进水区、出水区、深水区、浅水区、湖心区、岸边区，按水体类别设置监测垂线。

③ 湖（库）区若无明显功能区别，可用网格法均匀设置监测垂线。

④ 监测垂线上采样点的布设一般与河流的规定相同，但对有可能出现温度分层现象时，应作水温、溶解氧的探索性试验后再定。

⑤ 受污染物影响较大的重要湖泊、水库，应在污染物主要输送路线上设置控制断面。

湖（库）监测垂线上采样点的布设如表 2.4 所示。

表 2.4 湖（库）监测垂线采样点的确定

水深	分层情况	采样点数	说明
≤5m		一点（水面下 0.5m 处）	1. 分层是指湖水温度分层状况 2. 水深不足 1m，在 1/2 水深处设置测点 3. 有充分数据证实垂线水质均匀时，可酌情减少测点
5～10m	不分层	二点（水面下 0.5m，水底上 0.5m 处）	
	分层	三点（水面下 0.5m，1/2 斜温层，水底上 0.5m 处）	
>10m		除水面下 0.5m，水底上 0.5m 处外，按每一斜温分层 1/2 处设置	

（3）海域采样点的布设

海域的采样点也根据水深分层设置，如水深 50～100m，在表层、10m 层、50m 层和底层设采样点。

监测断面和采样点的位置确定后，所在位置应该有固定而明显的岸边天然标志。如果没有天然标志物，则应设置人工标志物，如竖石柱、打木桩等。

4. 底质的监测点位

① 底质采样点位通常为水质采样垂线的正下方。当正下方无法采样时，可略作移动，移动的情况应在采样记录表上详细注明。

② 底质采样点应避开河床冲刷、底质沉积不稳定及水草茂盛、表层底质易受搅动之处。

③ 湖（库）底质采样点一般应设在主要河流及污染源排放口与湖（库）水混合均匀处。

（三）采样时间和采样频率的确定

为使采集的水样具有代表性，能够反映水质在时间和空间上的变化规律，必须确定合理的采样时间和采样频率，一般原则是：

① 饮用水源地、省（自治区、直辖市）交界断面中需要重点控制的监测断面每月至少采样一次。

② 国控水系、河流、湖、库上的监测断面，逢单月采样一次，全年六次。

③ 水系的背景断面每年采样一次。

④ 受潮汐影响的监测断面的采样，分别在大潮期和小潮期进行。每次采集涨、退潮水样分别测定。涨潮水样应在断面处水面涨平时采样，退潮水样应在水面退平时采样。

⑤ 如某必测项目连续三年均未检出，且在断面附近确定无新增排放源，而现有污染源排污量未增的情况下，每年可采样一次进行测定。一旦检出，或在断面附近有新的排放源或现有污染源有新增排污量时，即恢复正常采样。

⑥ 国控监测断面（或垂线）每月采样一次，在每月 5~10 日内进行采样。

（四）采样及监测技术的选择

要根据监测项目的性质、含量范围及测定要求等因素选择适宜的采样、监测方法和技术，其详细内容将在本章节后续各节中分别介绍。

（五）结果表达、质量保证及实施计划

水体监测获得的众多化学、物理及生物学监测数据，是描述和评价水环境质量、进行环境管理的基本依据，必须进行科学的计算和处理，并按照要求的形式在监测报告中表达出来。

质量保证概括了保证水质监测数据正确可靠的全部活动和措施，贯穿监测工作的全过程，其详细内容参阅第十章。

实施计划是实施监测方案的具体安排，要切实可行，使各个环节工作有序、协调地进行。

二、地下水质

存在于土壤和岩石空隙（孔隙、裂隙、溶隙）中的水，统称为地下水。地下水监测方案的制订过程与地表水基本相同，在《地下水环境监测技术规范》（HJ 164—2020）中，对地下水监测网点的布设、采样、监测项目和监测方法、数据处理、质量保证等工作都作了明确规定。

（一）调查研究和收集资料

地下水的特性决定了地下水布点的复杂性，因此布点前的调查研究和资料收集尤其重要，内容包括如下方面：

① 收集、汇总监测区域的水文、地质方面的资料和以往的监测资料。这些资料包括地质图、剖面图、航空摄影测绘图、水井的成套参数以及其他地球物理资料、岩层标本和水质参数等。

② 收集区域内基本气象资料（温度、湿度、降雨量、冰冻时间等）。
③ 收集区域内各含水层和地质阶梯，地下水补给，径流和排泄方向。
④ 调查城市发展、工业分布、资源开发和土地利用等情况；了解化肥和农药的施用面积和施用量；查清污水灌溉、排污、纳污和地表水污染的现状。
⑤ 要对水位及水深进行实际测量。测量水位和水深是为了决定采水器和泵的类型、所需费用和采样程序。
⑥ 在完成以上调查研究的基础上，确定主要污染源和污染物，根据地区特点与地下水的主要类型，把地下水分成若干个水文地质单元。

（二）采样点的设置

地下水监测点布设需要根据地下水的来源不同进行，下面以孔隙水和风化裂隙水为例来介绍其布设方法。

1. 地下水饮用水源保护区和补给区监测点布设方法

地下水饮用水源保护区和补给区面积小于 $50km^2$ 时，水质监测点不少于 7 个；面积为 $50\sim100km^2$ 时，监测点不得少于 10 个；面积大于 $100km^2$ 时，每增加 $25km^2$ 监测点至少增加 1 个；监测点按网格法布设在饮用水源保护区和补给区内。

2. 工业污染源地下水监测点布设方法

（1）工业集聚区
① 对照监测点布设 1 个，设置在工业集聚区地下水流向上游边界处。
② 污染扩散监测点至少布设 5 个，垂直于地下水流向呈扇形布设不少于 3 个，在集聚区两侧沿地下水流方向各布设 1 个监测点。
③ 工业集聚区内部监测点要求 $3\sim5$ 个/$10km^2$，若面积大于 $100km^2$ 时，每增加 $15km^2$ 监测点至少增加 1 个；监测点布设在主要污染源附近的地下水下游，同类型污染源布设 1 个监测点，工业集聚区内监测点布设总数不少于 3 个。

（2）工业集聚区外工业企业
① 对照监测点布设 1 个，设置在工业企业地下水流向上游边界处。
② 污染扩散监测点布设不少于 3 个，地下水下游及两侧的监测点均不得少于 1 个。
③ 工业企业内部监测点要求 $1\sim2$ 个/$10km^2$，若面积大于 $100km^2$ 时，每增加 $15km^2$ 监测点至少增加 1 个；监测点布设在存在地下水污染隐患区域。

3. 矿山开采区地下水监测点布设方法

（1）采矿区、分选区、冶炼区和尾矿库位于同一个水文地质单元
① 对照监测点布设 1 个，设置在矿山影响区上游边界；
② 污染扩散监测点不少于 3 个，地下水下游及两侧的地下水监测点均不得少于 1 个；
③ 尾矿库下游 $30\sim50m$ 处布设 1 个监测点，以评价尾矿库对地下水的影响。

（2）采矿区、分选区、冶炼区和尾矿库位于不同水文地质单元
① 对照监测点布设 2 个，设置在矿山影响区和尾矿库影响区上游边界 $30\sim50m$ 处；

② 污染扩散监测点不少于3个，地下水下游及两侧的地下水监测点均不得少于1个；
③ 尾矿库下游30～50m处设置1个监测点，以评价尾矿库对地下水的影响；
④ 采矿区与分选区分别设置1个监测点以确定其是否对地下水产生影响，如果地下水已污染，应加密布设监测点，以确定地下水的污染范围。

4. 加油站地下水监测点布设方法

① 地下水流向清楚时，污染扩散监测点至少1个，设置在地下水下游距离埋地油罐5～30m处；
② 地下水流向不清楚时，布设3个监测点，呈三角形分布，设置在距离埋地油罐5～30m处。

5. 农业污染源地下水监测点布设方法

（1）再生水农用区
① 对照监测点布设1个，设置在再生水农用区地下水流向上游边界；
② 污染扩散监测点布设不少于6个，分别在再生水农用区两侧各1个，再生水农用区及其下游不少于4个；
③ 面积大于$100km^2$时，监测点不少于20个，且面积以$100km^2$为起点，每增加$15km^2$监测点数量增加1个。

（2）畜禽养殖场和养殖小区
① 对照监测点布设1个，设置在养殖场和养殖小区地下水流向上游边界；
② 污染扩散监测点不少于3个，地下水下游及两侧的地下水监测点均不得少于1个；
③ 若养殖场和养殖小区面积大于$1km^2$，在场区内监测点数量增加2个。

6. 高尔夫球场

① 对照监测点布设1个，设置在高尔夫球场地下水流向上游边界处；
② 污染扩散监测点不少于3个，地下水下游及两侧的地下水监测点均不得少于1个；
③ 高尔夫球场内部监测点不少于1个。

7. 其他类型

危险废物处置场、生活垃圾填埋场、一般工业固体废物贮存与填埋场的地下水监测点的布设可分别参照GB 18598—2019、GB 16889—2008和GB 18599—2020相关要求执行。

（三）采样时间和采样频率的确定

不同监测对象的地下水采样频次见表2.5，有条件的地方可按当地地下水水质变化情况，适当增加采样频次。

表2.5 不同监测对象的地下水采样频次

监测对象	采样频次
地下水饮用水源取水井	常规指标采样宜不少于每月1次，非常规指标采样宜不少于每年1次
地下水饮用水源保护区和补给区	采样宜不少于每年2次（枯、丰水期各1次）

续表

监测对象		采样频次
污染源	危险废物处置场	1. 运行期间,每个月至少一次,如周边有环境敏感区应加大监测频次 2. 封场后,每个季度至少一次;若结果异常,增加监测项目重新监测,间隔时间不得超过3天
	生活垃圾填埋场	排水井监测频率不小于1周一次;监视井监测频率不小于2周一次;本地井监测频率不小于1月一次;监督性监测频率不小于3月一次
	一般工业固体废物贮存、处置场	1. 运行期间,企业自行监测频次至少每季度1次,每两次监测间隔不小于1个月 2. 封场后,地下水监测系统应继续正常运行,监测频次至少每半年1次,直到地下水水质连续2年不超出地下水本底水平
	其他污染源	对照监测点采样频次宜不小于每年1次,其他监测点采样频次宜不小于每年2次,发现有地下水污染现象时需增加采样频次

三、水污染源

水污染源包括工业废水源、生活污水源、医院污水源等。在制订监测方案时,首先进行调查研究,收集有关资料,查清用水情况、废水或污水的类型,主要污染物及排污走向和排放量,车间、工厂或地区的排污口数量及位置,废水处理情况,是否排入江、河、湖、海,流经区域是否有渗坑等。然后进行综合分析,确定监测项目、监测点位,选定采样时间和频率,采样和监测方法及技术,制订质量保证程序、措施和实施计划等。

(一) 采样点设置

(1) 第一类污染物(汞、镉、砷、铅、六价铬、有机氯化合物、强致癌物质等)

采样点位一律设在车间或车间处理设施的排放口或专门处理此类污染物设施的排口。

(2) 第二类污染物

采样点位一律设在排污单位的外排口。

(3) 进入集中式污水处理厂和进入城市污水管网的污水

采样点位应根据地方环境保护行政主管部门的要求确定。

(4) 污水处理设施效率监测采样点的布设

① 对整体污水处理设施效率监测时,在各种进入污水处理设施污水的入口和污水设施的总排口设置采样点。

② 对各污水处理单元效率监测时,在各种进入处理设施单元污水的入口和设施单元的排口设置采样点。

(二) 采样时间和频率

① 排污单位的排污许可证、相关污染物排放(控制)标准、环境影响评价文件及其审批意见、其他相关环境管理规定等对采样频次有规定的,按规定执行。

② 如未明确采样频次的,按照生产周期确定采样频次。生产周期在8h以内的,采样时

间间隔应不小于 2h；生产周期大于 8h，采样时间间隔应不小于 4h；每个生产周期内采样频次应不少于 3 次。如无明显生产周期、稳定、连续生产，采样时间间隔应不小于 4h，每个生产日内采样频次应不少于 3 次。排污单位间歇排放或排放污水的流量、浓度、污染物种类有明显变化的，应在排放周期内增加采样频次。一个生产周期内每隔半小时或 1h 采样一次，将其混合后取平均值。

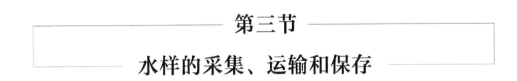

一、水样的类型

1. 瞬时水样

瞬时水样是指在某一时间和地点从水体中随机采集的分散水样。对组成较稳定的水样，或水体的组成在相当长的时间和相当大的空间范围变化不大时，采集瞬时样品具有很好的代表性；当水体组分及含量随时间和空间变化时，就应隔时、多点采集瞬时样，分别进行分析，摸清水质的变化规律。

2. 混合水样

混合水样分为等时混合水样和等比例混合水样。等时混合水样是指在一段时间内，每隔相同时间分别采集等体积的瞬时水样，然后混合均匀，即组成等时混合水样。这种水样在观察某一时段平均浓度时非常有用，但不适用于被测组分在贮存过程中发生明显变化的水样。等比例混合水样是指在一段时间里，每隔相同时间分别采样，然后按相应的流量比例混匀，这种水样适用于流量和污染物浓度不稳定的水样。

3. 综合水样

综合水样是指把从不同采样点同时采集的各个瞬时水样混合起来所得到的样品。综合水样在各点的采样时间虽不能同步进行，但越接近越好，以便得到可以对比的资料。

二、地表水样的采集

（一）采样前的准备

采样前，要根据监测项目的性质和采样方法的要求，选择适宜材质的盛水容器和采样器，并清洗干净。此外，还需准备好交通工具。交通工具常使用船只。

（1）容器的选择

对水样容器及其材质的要求如下：

① 容器材质的化学稳定性好，可保证水样的各组成在贮存期间不发生变化；

② 抗极端温度，抗震性能好，容器大小、形状和质量适宜；

③ 能严密封口，容易打开；

④ 材料易得，成本较低；

⑤ 容易清洗并可反复使用。

高压低密度聚乙烯塑料和硬质玻璃可满足上述要求。通常硬质（硼硅）玻璃容器用于测定有机物和生物等的监测项目，测定金属、放射性及其他无机项目可选用高密度聚乙烯和硬质（硼硅）玻璃容器。

（2）采样器的选择

① 采集表层水样时，可用适当的容器，如聚乙烯塑料桶等直接采集。

② 采集深层水样时，可用简易采水器、深层采水器、采水泵、自动采水器等。图 2.2 为一种简易采水器，框底装有铅块，以增加重量，瓶口配塞，用绳索系牢。将采水器下沉至所需深度（可从提绳上的标度看出），上提提绳打开橡胶塞，待水充满采样瓶后提出。

③ 采集急流水样时，可用急流采样器（图 2.3），其结构是将一根钢管固定在铁框上，管内装一根橡胶管，橡胶管上部用夹子夹紧，下部与瓶塞上的短玻璃管相连，瓶塞上另有一长玻璃管通至采样瓶近底处。采样前塞进橡胶塞，然后沿船身垂直方向伸入要求水深处，打开钢管上部橡皮管的夹子，水样便从橡皮塞的长玻璃管流入样瓶中，瓶内空气由短玻璃管沿橡皮管排出。这样采集的水样也可用于测定水中的溶解氧，因为它是与空气隔绝的。

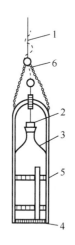

图 2.2 简易采水器
1. 提绳；2. 带有软绳的橡胶塞；3. 采样瓶；4. 铅锤；5. 铁框；6. 挂钩

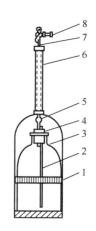

图 2.3 急流采水器
1. 铁框；2. 长玻璃管；3. 采样瓶；4. 橡胶塞；5. 短玻璃管；6. 钢管；7. 橡胶管；8. 夹子

（二）采样方法

采集水样前，应先用水样洗涤取样瓶及塞子 2～3 次。

(1) 采集自来水或抽水设备中的水

采集这些水样时,应先放水几分钟,使积留在管中的杂质及陈旧水排出,然后再取样。

(2) 表层水采样

在河流、湖泊等可以直接汲水的场合,可用适当的容器和水桶采样。如在桥上采样时,可将系着绳子的聚乙烯桶或带有坠子的采样瓶投入水中汲水。

(3) 一定深度的水

在湖泊、水库等处采集一定深度的水时,可用直立式或有机玻璃采水器,这类装置在下沉过程中,水从采集器中流过,当达到预定的深度时,容器能够闭合而汲取水样;在河水流动缓慢的情况下,采用上述方法时,最好在采样器下边系上适宜重量的坠子,当水深流急时,要系上相应重的铅锤,并配备绞车。

(4) 自动采样

采用自动采样器或连续自动定时采样器采集。

三、地下水样的采集

① 简易采水器:其主要部件是塑料水壶和钢丝架,如图 2.4。将采水器放到预定深度,拉开洗净晾干后的塑料水壶进水口的软塞,待水灌满后提出水面,即可采集水样。

② 改良的 Kemmerer 采水器:采水器由带有软塞的滑动螺杆和水桶等部件组成,如图 2.5。常用于采集地面水和地下水。

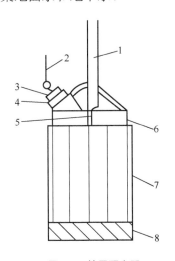

图 2.4 简易采水器

1. 采水器软绳;2. 壶塞软绳;3. 软塞;4. 进水口;
5. 固定挂钩;6. 塑料水壶;7. 钢丝架;8. 重锤

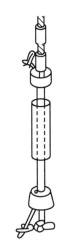

图 2.5 改良的 Kemmerer 采水器

四、采集水样注意事项

① 测定悬浮物、pH、溶解氧、生化需氧量、油类、硫化物、余氯、放射性、微生物等项

目需要单独采样；测定溶解氧、生化需氧量和有机污染物等项目的水样必须充满采样容器；pH、电导率、溶解氧等项目宜在现场测定。另外，采样时还需同步测定水文参数和气象参数。

② 样品注入样品瓶后，需要填写采样记录和采样标签。这是一项非常重要的工作，不可忽视。具体做法是：

按照标准《水质采样 样品的保存和管理技术规定》（HJ 493—2009）中的规定填写好。

水样采集后，往往根据不同的分析要求，分装成数份，并分别加入保存剂，对每一份样品都应附一张完整的水样标签。水样标签应事先设计打印，内容一般包括采样目的，项目唯一性编号，监测点数目、位置，采样时间，日期，采样人员，保存剂的加入量等。标签应用不褪色的墨水填写，并牢固地粘贴于盛装水样的容器外壁上。对于未知的特殊水样以及危险或潜在危险物质如酸，应用记号标出，并将现场水样情况作详细描述。

对需要现场测试的项目，如 pH、电导率、温度、流量等应按下表进行记录，并妥善保管现场记录。

项目名称：

样品描述：

采样地点	样品编号	采样日期	时间		pH	温度	其他参量	备注
			采样开始	采样结束				

采样人： 交接人： 复核人： 审核人：

五、水样的运输和保存

各种水质的水样，从采集到分析测定这段时间内，由于环境条件的改变，微生物新陈代谢活动和化学作用的影响，会引起水样某些物理参数及化学组分的变化。为将这些变化降低到最低程度，需要尽可能地缩短运输时间、尽快分析测定和采取必要的保护措施；有些项目必须在采样现场测定（地表水现场测定项目有：pH 值、色度、水温、浊度、透明度、电导率和溶解氧）。

(一) 水样的运输

水样采集后应尽快进行分析检验，以免水中所含物质由于发生物理、化学和生物的变化而影响分析结果的准确性，因此水样应尽快得到运送，有时需用专门的汽车、轮船甚至是直升机。

运输时需注意四点：

① 塞紧采样器塞子，必要时用封口胶、石蜡封口（含油类的水样除外）；
② 为避免因震动、碰撞而损失或污染，最好将样瓶装箱，用泡沫塑料或纸条挤紧；
③ 需冷藏的样品，应配备专门的隔热容器，放入制冷剂，将样瓶置于其中；
④ 冬季应注意保温，以防样瓶冻裂。

(二) 水样的保存

1. 保存容器

贮存水样的容器可能吸附预测组分，或者污染水样，因此要选择性能稳定、不易吸附预测组分、杂质含量低的材料制成的容器，如聚乙烯和硼硅玻璃材质的容器是常规监测中广泛使用的，也可用石英或聚四氟乙烯制成的容器，但价格较贵。

2. 保存时间

不能及时运输或尽快分析的水样，应该根据不同监测项目的要求，采取适当的保存方法。水样的运输时间，通常以 24h 作为最大允许时间；最长贮放时间一般为：清洁水样为 72h，轻污染水样为 48h，严重污染水样为 12h。

3. 保存措施

保存水样的方法有以下几种：

（1）冷藏法

水样冷藏温度一般要低于采样时的温度。水样采集后，立即投入冰箱或冰-水浴中并置于暗处。冷藏温度一般为 2~5℃。冷藏不能长期保存水样。

（2）冷冻法

为了延长保存期限，抑制微生物活动，减缓物理挥发和化学反应速度，可采用冷冻保存。冷冻温度为-20℃。但要特别注意冷冻过程和解冻过程中，不同状态的变化会引起水质的变化。为防止冷冻过程中水的膨胀，无论使用玻璃容器还是塑料容器都不可以将水样充满整个容器。

（3）加入化学试剂保存法

① 加入生物抑制剂：如在测定氨氮、硝酸盐氮、化学需氧量的水样中加 $HgCl_2$，可抑制生物的氧化还原作用；对测定酚的水样，用 H_3PO_4 调至 pH 为 4 时，加入适量 $CuSO_4$，即可抑制苯酚菌的分解活动。

② 调节 pH：测定金属离子的水样常用 HNO_3 酸化至 pH 为 1~2，既可防止重金属离子水解沉淀，又可避免金属被器壁吸附；测定氰化物或挥发性酚的水样加入 NaOH 调 pH 为 12 时，使之生成稳定的酚盐等。

③ 加入氧化剂或还原剂：如测定汞的水样需加入 HNO_3（至 pH<1）和 $K_2Cr_2O_7$（0.05%），使汞保持高价态。测定硫化物的水样，加入抗坏血酸，可以防止被氧化。测定溶解氧的水样则需加入少量硫酸锰和碘化钾固定溶解氧（还原）等。

应当注意，保存剂不能干扰以后的测定，纯度最好是优级纯的，应作相应的空白试验，对测定结果进行校正。

水样的贮存期限与组分的稳定性、浓度、水样污染程度多种因素有关。表 2.6 列出了部分我国水质采样标准有关的水样保存方法。

表 2.6 部分测定项目水样的保存方法和保存期
（摘自 HJ 493—2009）

测定项目	容器	保存方法	保存期	备注
浊度	P 或 G		12h	尽量现场测定

续表

测定项目	容器	保存方法	保存期	备注
色度	P 或 G		12h	尽量现场测定
pH	P 或 G		12h	尽量现场测定
电导率	P 或 BG		12h	尽量现场测定
DO	溶解氧瓶（G）	加 $MnSO_4$、碱性 $KI-NaN_3$ 溶液固定	12h	尽量现场测定
悬浮物	P 或 G	1～5℃，避光	14d	
碱度	P 或 G	1～5℃，避光	12h	
酸度	P 或 G	1～5℃，避光	30d	
高锰酸盐指数	G	1～5℃，避光	48h	尽快测定
COD	G	加 H_2SO_4，使 pH≤2	48h	
BOD_5	溶解氧瓶（G）	1～5℃，避光	12h	
TOC	G	加 H_2SO_4，使 pH≤2，1～5℃	7d	
氟化物	P		30d	
氯化物	P 或 G		30d	
总氰化物	P 或 G	加 NaOH 溶液，使 pH≥9，1～5℃	12h	
硫化物	P 或 G	1L 水样加 NaOH 溶液至 pH=9，加入 50 g/L 抗坏血酸 5mL，饱和 EDTA 溶液 3mL，滴加饱和 $Zn(Ac)_2$ 溶液至有胶体产生，常温，避光	24h	
硫酸盐	P 或 G	1～5℃，避光	30d	
正磷酸盐	P 或 G	1～5℃，避光	30d	
总磷	P 或 G	加 H_2SO_4，使 pH≤2	24h	
氨氮	P 或 G	加 H_2SO_4，使 pH≤2	24h	
硝酸盐	P 或 G	1～5℃，避光	24h	
亚硝酸盐	P 或 G	1～5℃，避光	24h	尽快测定
总氮	P 或 G	加 H_2SO_4，使 pH 为 1～2	7d	
铍	P 或 G	1L 水样加浓 HNO_3 10mL	14d	
铜、锌	P	1L 水样加浓 HNO_3 10mL	14d	
铅、镉	P 或 G	1L 水样加浓 HNO_3 10mL	14d	
六价铬	P 或 G	加 NaOH 溶液，使 pH 为 8～9	14d	尽快测定
砷	P 或 G	1L 水样加浓 HNO_3 10mL 或浓 HCl 2mL	14d	
汞	P 或 G	加 HCl 至 1%（质量分数）或 1L 水样加浓 HCl 10mL	14d	
硒	G	1L 水样加浓 HCl 2mL	14d	
油类	溶剂洗 G	加 HCl，使 pH≤2	7d	
挥发性有机物	G	加 HCl，调至 pH≤2，加入少许抗坏血酸除去余氯，1～5℃，避光	12h	
酚类	G	加 H_3PO_4，使 pH≤2，加少许抗坏血酸除去余氯，1～5℃，避光	24h	
邻苯二甲酸酯类	G	加少许抗坏血酸除去余氯，1～5℃，避光	24h	尽快测定
农药类	G	加少许抗坏血酸除去余氯，1～5℃，避光	24h	

续表

测定项目	容器	保存方法	保存期	备注
除草剂类	G	加少许抗坏血酸除去余氯，1～5℃，避光	24h	
阴离子表面活性剂	P 或 G	加 H_2SO_4，使 pH 为 1～2，1～5℃，避光	48h	
微生物	P 或 G	加少许 $Na_2S_2O_3$ 溶液除去余氯，1～5℃，避光	12h	
生物		用甲醛固定，1～5℃	12h	尽量现场测定

注：表中 P 表示聚乙烯瓶（桶），G 表示硬质玻璃瓶，BG 表示硼硅酸盐玻璃瓶。

六、水样的过滤或离心分离

① 如欲测定水样中组分的全量，采样后立即加入保存剂，分析测定时充分摇匀后再取样。

② 如果测定可滤态（溶解态）组分的含量，国内外均采用以 0.45μm 微孔滤膜过滤的方法，这样可以有效地除去藻类和细菌，经过滤后的水样稳定性好，有利于保存。

③ 测定不可过滤的金属时，应保留过滤水样用的滤膜备用。如没有 0.45μm 微孔滤膜，对泥沙型水样可用离心方法处理。

④ 含有机质多的水样，可用滤纸或砂芯漏斗过滤。

⑤ 自然沉降后取上清液测定可滤态组分是不恰当的。

第四节 水样的预处理

被污染的环境水样和废（污）水样所含成分复杂，某些组分会干扰待测组分的测定；待测组分的含量很低，所用的方法不能直接测出其含量。所以在分析测定之前，往往需要进行预处理，以得到预测组分适合测定方法要求的形态、浓度和消除共存组分干扰的样品体系。

一、水样的消解

在测定金属等无机物的指标时，如果水样中含有有机物时，需先经消解处理。用具有氧化性能的酸或含有氧化性酸的混合酸处理水样的过程叫消解（或消化）。消解的目的：破坏有机物、溶解悬浮物，将各种形态（价态）的金属氧化成单一的高价态或转变成易于分离的无机化合物，以便测定。消解后的水样清澈、透明、无沉淀。消解水样的方法有湿式消解法和干式消解法（干灰化法）。

（一）湿式消解法

主要是利用各种酸或碱进行消解。

（1）硝酸消解法

特点：利用强氧化性酸——硝酸进行消解的方法。

适用：对于较清洁的水样，可用硝酸消解。

方法要点：取混匀的水样 50～200mL 于烧杯中，加入 5～10mL 浓硝酸，在电热板上加热煮沸，蒸发至小体积，试液应清澈透明，呈浅色或无色，否则，应补加硝酸继续消解。蒸至近干，取下烧杯，稍冷后加入 2%HNO_3（或 HCl）20mL，温热溶解可溶盐。若有沉淀，应过滤，滤液冷至室温后于 50mL 容量瓶中定容，备用。

（2）硝酸-高氯酸消解法

特点：这两种酸都是强氧化性的酸。

适用：含悬浮物和有机质较多的地面水，可消解含难氧化有机物的水样。如测镉、锌等金属含量时，水样的预处理即可选用此法。

方法要点：取 100mL 水样加入 5mL 浓硝酸，电热板上加热消解至体积约 10mL（此时大部分有机物被分解），冷却，再加入 5mL 浓硝酸，逐次加入 2mL 高氯酸，继续加热消化，蒸至近干，冷却后用 0.2%硝酸溶解残渣。此法消化彻底，一般清澈、透明、无沉淀。若有少量白色沉淀则是二氧化硅，用快速定量滤纸过滤即可，滤液用 0.2%硝酸定容。

（3）硝酸-硫酸消解法

特点：两种酸都有较强的氧化能力，其中硝酸沸点低，而硫酸沸点高，二者结合使用，可提高消解温度和消解效果。

适用：该方法不适用于处理易生成难溶硫酸盐组分（如铅、钡、铝）的水样。

方法要点：常用的硝酸与硫酸的比例为 5∶2。消解时，先将硝酸加入水样中，加热蒸发至小体积，稍冷，再加入硫酸、硝酸，继续加热蒸发产生大量白烟，冷却，加适量水，温热溶解可溶盐，若有沉淀，应过滤。为提高消解效果，常加入少量过氧化氢。

（4）硫酸-磷酸消解法

特点：两种酸的沸点都比较高，其中，硫酸氧化性较强，磷酸能与一些金属离子如 Fe^{3+} 等络合。

适用：有利于测定时消除 Fe^{3+} 等离子的干扰。

（5）硫酸-高锰酸钾法

特点：高锰酸钾是一种很强的氧化剂，在中性、碱性和酸性条件下都可以分解有机物。有机物降解的最终产物多为草酸根，若在酸性介质中草酸根可继续被氧化，所以高锰酸钾对有机物的氧化作用比较复杂。

适用：测汞水样的预处理。

方法要点：取水样加入适量的硫酸和 5%的高锰酸钾溶液，混匀，加热煮沸 10min，冷却。过量的高锰酸钾滴加盐酸羟胺进行还原，至粉红色刚消失为止。所得溶液可进行汞的测定。

（6）碱分解法

特点：利用碱进行氧化消解的方法。

适用：待测组分在酸性条件下蒸发时易于挥发的水样。

方法要点：在水样中加入氢氧化钠和过氧化氢水溶液（30%），或者加入氨水和过氧化氢水溶液，加热至近干即可，再用水或稀碱溶液温热溶解。碱的加入量不宜过多，100mL水样中加入氢氧化钠1～3g或氨水5～10mL即可。

（二）干式消解法（干灰化法，高温分解法）

特点：利用高温将水样中有机物进行氧化分解。

适合：本方法不适用于处理含易挥发组分的水样。

方法要点：干式消解法又称干式分解法或高温分解法。其处理过程是：取适量水样于白瓷或石英蒸发皿中，水浴蒸干，移入马弗炉，450～550℃灼烧到残渣呈灰白色，有机物完全分解除去。取出蒸发皿，冷却，用适量2%HNO_3（或HCl）溶解样品灰分，过滤，滤液定容后供测定。

二、富集与分离

当水样中的欲测组分含量低于分析方法的检测限时，就必须进行富集或浓缩；当有共存干扰组分时，就必须采取分离或掩蔽措施。富集和分离往往是不可分割、同时进行的。常用的方法有过滤、挥发、蒸馏、溶剂萃取、离子交换、吸附、共沉淀、层析、低温浓缩等，要结合具体情况选择使用。

（一）挥发和蒸发浓缩

挥发分离法是利用某些污染组分挥发度大，或者将欲测组分转变成易挥发物质，然后用惰性气体带出而达到分离的目的。例如，用冷原子荧光法测定水样中的汞时，先利用氯化亚锡将汞离子还原为原子态汞，再利用汞易挥发的性质，通入惰性气体将其带出并送入仪器测定；用分光光度法测定水中的硫化物时，先使之在磷酸介质中生成硫化氢，再用惰性气体载入乙酸锌-乙酸钠溶液吸收，从而达到与母液分离的目的。该吹气分离装置如图2.6所示。

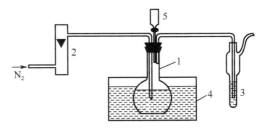

图2.6 测定硫化物的吹气分离装置
1. 500mL平底烧瓶(内装水样)；2. 流量计；3. 吸收管；4. 50～60℃恒温水浴；5. 分液漏斗

蒸发浓缩法是指在电热板上或水浴中加热水样，使水分缓慢蒸发，达到缩小水样体积，浓缩欲测组分的目的。该法无需化学处理，简单易行，也有缓慢、易吸附损失等缺点。据有关资料介绍，用这种方法浓缩饮用水样，可使铬、锂、钴、铜、锰、铅、铁和钡的浓度提高30倍。

（二）蒸馏法

蒸馏法是利用水样中各污染组分具有不同的沸点而使其彼此分离的方法。测定水样中的挥发酚、氰化物、氟化物时，均需先在酸性介质中进行预蒸馏分离。在此，蒸馏具有消解、富集和分离三种作用。图2.7为挥发酚和氰化物蒸馏装置示意图。氟化物可用直接蒸馏装置，也可用水蒸气蒸馏装置；后者虽然对控温要求较严格，但排除干扰效果好，不易发生暴沸，使用较安全。测定水中的氨氮时，需在微碱性介质中进行预蒸馏分离。

（三）萃取法

溶剂萃取法是基于物质在不同的溶剂相中分配系数不同，而达到组分的富集与分离。萃取有以下两种类型。

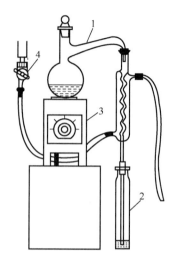

图2.7 挥发酚和氰化物蒸馏装置
1. 500mL 全玻璃蒸馏器；2. 接收瓶；
3. 电炉；4. 水龙头

（1）有机物质的萃取

分散在水相中的有机物质易被有机溶剂萃取，利用此原理可以富集分散在水样中的有机污染物质。例如，用4-氨基安替比林光度法测定水样中的挥发酚时，当酚含量低于0.05mg/L，则水样经蒸馏分离后需再用三氯甲烷进行萃取浓缩；用紫外分光光度法测定水中的油和用气相色谱法测定有机农药（六六六、DDT）时，需先用石油醚萃取等。

（2）无机物的萃取

由于有机溶剂只能萃取水相中以非离子状态存在的物质（主要是有机物质），而多数无机物质在水相中以水合离子状态存在，故无法用有机溶剂直接萃取。为实现用有机溶剂萃取，需先加入一种试剂，使其与水相中的离子态组分相结合，生成一种不带电、易溶于有机溶剂的物质，即将无机物质由亲水性物质变成疏水性物质。该试剂与有机相、水相共同构成萃取体系。根据生成可萃取物质类型的不同，可分为螯合物萃取体系、离子缔合物萃取体系、三元配合物萃取体系和协同萃取体系等。水质监测中，双硫腙比色法测定水样中的Cd^{2+}、Hg^{2+}、Pb^{2+}、Zn^{2+}等用的就是螯合物萃取体系；氟试剂比色法测定氟化物时，用的就是三元配合物萃取体系。

（四）离子交换法

离子交换是利用离子交换剂与溶液中的离子发生交换反应进行分离的方法。离子交换剂可分为无机离子交换剂和有机离子交换剂，目前广泛应用的是有机离子交换剂，即离子交换树脂。

离子交换树脂是可渗透的三维网状高分子聚合物，在网状结构的骨架上含有可电离的，或者可被交换的阳离子和阴离子活性基团。一般可用阳离子交换树脂、阴离子交换树脂对水中金属元素进行富集，然后用适当溶液将吸附在树脂上的金属洗脱下来，富集倍数可达百倍以上。

强酸性阳离子树脂含有活性基团—SO_3H、—SO_3Na 等，一般用于富集金属阳离子。强碱性阴离子交换树脂含有—$N(CH_3)_3^+X^-$（季胺）基团，其中 X^- 为 OH^-、Cl^-、NO_3^- 等，能在酸性、碱性和中性溶液中与强酸或弱酸阴离子交换，应用较广泛。

（五）共沉淀法

共沉淀是指溶液中一种难溶化合物在形成沉淀过程中，将共存的某些痕量组分一起载带沉淀出来的现象。共沉淀现象在常量分离和分析中是力图避免的，但却是一种分离、富集微量组分的手段。共沉淀的原理基于表面吸附、形成混晶、异电核胶态物质相互作用及包藏等。

（1）利用吸附作用的共沉淀分离

常用的载体有 $Fe(OH)_3$、$Al(OH)_3$、$Mn(OH)_2$ 及硫化物等。由于它们是表面积大、吸附力强的非晶型胶体沉淀，故吸附和富集效率高，但选择性不高。

（2）混晶共沉淀

两种金属离子和一种沉淀剂形成的晶型、晶核相似的晶体，称为混晶。当欲分离微量组分及沉淀剂组分生成沉淀时，如具有相似的晶格，就可能生成混晶而共同析出。

（3）用有机共沉淀剂进行共沉淀分离

有机共沉淀剂的选择性较无机沉淀剂高，得到的沉淀也较纯净，并且通过灼烧可除去有机共沉淀剂，留下欲测元素。

（六）吸附法

吸附是利用多孔性的固体吸附剂将水样中一种或数种组分吸附于表面，以达到分离的目的。常用的吸附剂有活性炭、氧化铝、分子筛、大网状树脂等。被吸附富集于吸附剂表面的污染组分可用有机溶剂或加热解吸出来供测定。

第五节 物理指标的检验

一、水温

水温是重要的水质物理指标，水的物理、化学性质与水温密切相关。水中溶解性气体（如氧、二氧化碳等）的溶解度、水生生物和微生物活动、化学和生物化学反应速度及水中盐度、pH 值、密度等都受水温变化的影响。

水的温度因水源不同而有很大差异。一般来说，地下水温度比较稳定，通常为 8～12℃，地面水随季节和气候变化较大，大致变化范围为 0～30℃。生活污水的温度通常在 10～115℃。

工业废水的温度因工业类型、生产工艺不同有很大差别。

水温测量应在现场进行。常用的测量仪器有水温计、颠倒温度计和热敏电阻温度计。

（1）水温计法

水温计的水银温度计安装在特制的金属套管内（见图2.8），套管开有可供温度计读数的窗孔，套管上端有一提环，以供系住绳索，套管下端旋紧着一只有孔的盛水金属圆筒，水温计的球部应位于金属圆筒的中央。

水温计适用了测量水的表层温度。测量范围-6～+40℃，分度值为0.2℃。

（2）深水温度计法

深水温度计结构与水温计相似（见图2.9）。盛水圆筒较大，并有上、下活门，利用其放入水中和提升时的自动开启和关闭，使筒内装满所测温度的水样。适用于水深40m以内的水温的测量。测量范围-2～+40℃，分度值为0.2℃。

（3）颠倒温度计（闭式）法

闭端（防压）式颠倒温度计由主温计和辅温计组装在厚壁玻璃套管内构成（见图2.10）。套管两端完全封闭。主温计测量范围-2～+32℃，分度值为0.10℃。辅温计测量范围-20～+50℃，分度值为0.5℃。适用于测量水深在40m以下的各层水温。

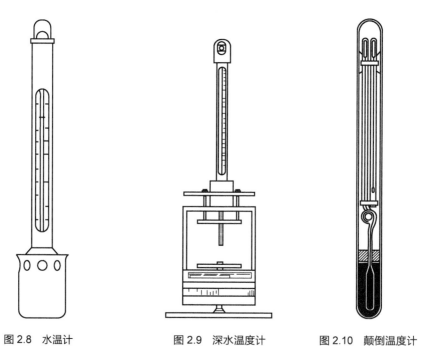

图2.8 水温计　　　　图2.9 深水温度计　　　　图2.10 颠倒温度计

颠倒温度计需装在颠倒采水器上使用。

以上各种温度计均应定期由计量监定部门进行校验。

二、颜色

颜色、浊度、悬浮物等都是反映水体外观的指标。纯水无色透明；新鲜的生活污水呈暗灰色，陈腐的生活污水呈黑褐色等；工业废水含有染料、生物色素、有色悬浮物等，是环境水体着色的主要来源；天然水中存在腐殖质、泥土、浮游生物和无机矿物质，使其呈现一定的颜色。有颜色的水可减弱水体的透光性，影响水生生物生长，破坏水体的自净能力。因此需要对水体颜色进行测定。

水的颜色可分为真色和表色两种。真色是指去除悬浮物后水的颜色，没有去除悬浮物的水所具有的颜色称为表色。对于清洁或浊度很低的水，其真色和表色相近；对于着色很深的工业废水，二者差别较大。水的色度一般是指真色。

对测定色度的水样进行预处理：测定色度时，如水样浑浊，应放置澄清后，取上清液后用孔径为 0.45μm 的滤膜过滤，也可经离心后测定。

测定水色度的方法有三种。

（一）铂钴标准比色法

本方法参照国际标准 ISO 7887—1985《水质颜色的检验和测定》。用氯铂酸钾（K_2PtCl_6）与氯化钴（$CoCl_2 \cdot 6H_2O$）配成标准色列，再与水样进行目视比色确定水样的色度，结果用"度"表示。

该方法适用于较清洁的、轻度污染并略带有黄色色调的天然水和饮用水的测定。如果水样中有泥土或悬浮物，用澄清、离心等方法处理不透明时，则测定"表色"。

该方法操作简单，色度稳定，但不经济。

（二）稀释倍数法（HJ 1182—2021）

该方法适用于生活污水和工业废水色度的测定。一般来说，报告样品色度的同时，报告颜色特征和 pH 值。

色度的具体测定方法如下。

（1）试样的制备

将样品倒入 250mL 量筒中，静置 15min，倾取上层非沉降部分作为试样进行测定。

（2）颜色描述

将制备后的试样倒入 50mL 具塞比色管中，至 50mL 标线，将具塞比色管垂直放置在白色表面上，垂直向下观察液柱；并用文字描述样品的颜色特征。颜色（红、橙、黄、绿、蓝、紫、白、灰、黑），深浅（无色、浅色、深色），透明度（透明、浑浊、不透明）。

（3）初级稀释

准确移取 10.0mL 制备后试样于 100mL 比色管或容量瓶中，用去离子水或纯水稀释至 100mL 刻度，混匀后按目视比色方法（将具塞比色管垂直放置在白色表面上，垂直向下观察液柱）观察，如果还有颜色，则继续取稀释后的试料 10.0mL，再稀释 10 倍，依次类推，直到刚好与去离子水或纯水无法区别为止，记录稀释次数 n。

（4）自然倍数稀释

用量筒取第 $n-1$ 次初级稀释的试料，按照表 2.7 的稀释方法由小到大逐级按自然倍数进行稀释，每稀释 1 次，混匀后按目视比色方法观察，直到刚好与去离子水或纯水无法区别时停止稀释，记录稀释倍数 D_1。

(5) 结果计算

样品的稀释倍数 D，按式（2.1）进行计算：

$$D = D_1 \times 10^{(n-1)} \tag{2.1}$$

式中　D——样品稀释倍数；
　　　n——初级稀释次数；
　　　D_1——稀释倍数。

表 2.7　稀释方法及结果表示

稀释倍数（D_1）	稀释方法	结果表示
2 倍	取 25mL 试样加水 25mL，混匀备用	$2 \times 10^{n-1}$ 倍（$n=1, 2\dots$）
3 倍	取 20mL 试样加水 40mL，混匀备用	$3 \times 10^{n-1}$ 倍（$n=1, 2\dots$）
4 倍	取 20mL 试样加水 60mL，混匀备用	$4 \times 10^{n-1}$ 倍（$n=1, 2\dots$）
5 倍	取 10mL 试样加水 40mL，混匀备用	$5 \times 10^{n-1}$ 倍（$n=1, 2\dots$）
6 倍	取 10mL 试样加水 50mL，混匀备用	$6 \times 10^{n-1}$ 倍（$n=1, 2\dots$）
7 倍	取 10mL 试样加水 60mL，混匀备用	$7 \times 10^{n-1}$ 倍（$n=1, 2\dots$）
8 倍	取 10mL 试样加水 70mL，混匀备用	$8 \times 10^{n-1}$ 倍（$n=1, 2\dots$）
9 倍	取 10mL 试样加水 80mL，混匀备用	$9 \times 10^{n-1}$ 倍（$n=1, 2\dots$）

（三）分光光度法

它是用分光光度法较科学定量地测定工业废水色度的一种方法。用主波长、色调、透明度和饱和度四个参数描述水样的色度。

三、臭和味

臭和味是检验原水和处理水的水质必测项目之一，水中臭主要来源于生活污水和工业废水中的污染物、天然物质的分解或与之有关的微生物活动。由于大多数臭和味太复杂，可检出浓度又太低，故难以分离和鉴定产臭物质。

无臭无味的水体虽然不能保证水体是安全的，但有利于获得水体使用者的信任。检验臭和味也是评价水处理效果和追踪污染源的一种手段。

臭是检验原水和处理水的水质必测项目之一。水中臭气的主要来源是：水中动物、植物和微生物的大量繁殖、死亡和腐败；溶解气体，如硫化氢、沼气等；矿物盐类，如铁盐、锰盐等；工业废水，如含有酚、煤焦油等的工业废水；饮用水进行氯消毒时，如用氯过多，亦会产生不愉快的气味，尤其当水中含有酚时，产生的氯酚臭气更甚。

测定臭的方法有定性描述法和臭阈值法。

（一）定性描述法

这种检验方法的操作要点是：取 100mL 水样于 250mL 锥形瓶中，检验人员依靠自己的嗅觉，分别在 20℃，以及煮沸稍冷后闻气味，用适当的词语描述其特征，并按表 2.8 划分的等级报告表述臭强度。

表2.8 臭强度等级

等级	强度	说明
0	无	无任何气味
1	微弱	一般人难以察觉，嗅觉灵敏者可以察觉
2	弱	一般人刚能察觉
3	明显	已能明显察觉
4	强	有显著的臭味
5	很强	有强烈的恶臭和异味

只有清洁的水样或已确认经口接触对人体健康无害的水样才能进行味的检验。其检验方法是分别取少量20℃和煮沸冷却后的水样置于口中，尝其味道，用适当的词语（酸、甜、咸、苦、涩等）描述，并参照表2.8的等级记录味强度。

（二）臭阈值法

该方法是用无臭水稀释水样，直至闻出最低可辨别臭气的浓度（称"臭阈浓度"），用其表示臭的阈值。水样稀释到刚好闻出臭味时的稀释倍数称为"臭阈值"，即：

臭阈值=[水样体积（mL）+无臭水体积（mL）]/水样体积（mL）

检验操作要点：用水样和无臭水在锥形瓶中配制水样稀释系列（稀释倍数不要让检验人员知道），在水浴上加热至（60±1）℃；检验人员取出锥形瓶，振荡2~3次，去塞，闻其臭气，与无臭水比较，确定刚好闻出臭气的稀释样，计算臭阈值。

无臭水一般用蒸馏水或自来水通过活性炭颗粒制取。

由于检验人员嗅觉敏感性有差异，对同一水样稀释系列的检验结果会不一致，因此，一般选择5名以上嗅觉敏感者同时检验，再取平均值。

四、浑浊度

水的浑浊度是指水中悬浮物对光线透过时所发生的阻碍程度，是由水中含泥沙、黏土、有机物、无机物、浮游生物和微生物等悬浮物质引起的。浑浊度是天然水和饮用水的一项重要的水质指标，也是水可能受污染的重要标志。在水质分析中，仅对天然水和饮用水做浑浊度测定。浑浊度与色度都是水的光学性质，但前者是由水中不溶解物质引起，后者则由溶解性物质引起。

测定浊度的方法有目视比浊法、分光光度法、浊度计法等。

（1）目视比浊法

将水样与用硅藻土（或白陶土）配制的已知浊度的标准浊度按不同的浊阶配制成标准比浊系列，并与溶液进行比较，以确定水样的浊度。

（2）分光光度法

将一定量的硫酸肼与六亚甲基四胺聚合，生成白色高分子聚合物，以此作为浊度标准溶液，在一定条件下与水样浊度比较。该方法适用于天然水、饮用水浊度的测定。

（3）浊度计法

浊度计是依据浑浊液对光进行散射或透射的原理制成的测定水体浊度的专用仪器，一般用于水体浊度的连续自动测定。

五、残渣

残渣是指水蒸发后的残余物质。残渣是评价地面水水质卫生状况的重要指标之一，对它进行测定可以防止水质感官性状的恶化，也可以防止河床淤积。溶解性物质过高，则表明水中含矿物质过多，不利于饮用和灌溉。同时，水的硬度也会随着溶解性固体的增加而增大。因此，残渣为环境监测中的必测指标。

残渣分为总残渣、总可滤残渣和总不可滤残渣三种。它们是表征水中溶解性物质、不溶性物质含量的指标。

（1）总残渣

总残渣是水和废水在一定的温度下蒸发、烘干后剩余的物质。包括总不可滤残渣和总可滤残渣。其测定方法是取适量（如 50mL）振荡均匀的水样于称至恒重的蒸发皿中，在蒸汽浴或水浴上蒸干，移入 103~105℃烘箱内烘至恒重，增加的质量即为总残渣。计算式如下：

$$总残渣(mg/L) = \frac{(m_A - m_B) \times 1000 \times 1000}{V} \tag{2.2}$$

式中　m_A——总残渣和蒸发皿总质量，g；

　　　m_B——蒸发皿质量，g；

　　　V——水样体积，mL。

（2）总可滤残渣

总可滤残渣是指将过滤后的水样放在称至恒重的蒸发皿内蒸干，再在一定温度下烘至恒重所增加的质量。一般测定 103~105℃烘干的总可滤残渣，但有时要求测定（180±2）℃烘干总可滤残渣。水样在此温度下烘干，可将吸着水全部赶尽，所得结果与化学分析结果所计算的总矿物含量较接近。

（3）总不可滤残渣

水样经过滤后留在过滤器上的固体物质，于 103~105℃烘至恒重得到的物质量称为总不可滤残渣量。包括不溶于水的泥沙、各种污染物、微生物及难溶无机物等。常用的滤器为滤纸、石棉坩埚。由于它们的滤孔大小不一致，故报告结果时，应注明。石棉坩埚通常用于过滤酸碱浓度高的水样。

以上各种残渣的测定，都是用的重量法。

六、电导率

水的电导率与其所含无机酸、碱、盐的量有一定关系。当它们的浓度较低时，电导率随浓度的增大而增加，因此，该指标常用于推测水中离子的总浓度或含盐量。不同类型的水有不同的电导率。电极常数常选用已知电导率的标准氯化钾溶液测定。一般，新鲜蒸馏水的电导率为 0.5～2μS/cm，含酸、碱、盐的工业废水电导率往往超过 10000μS/cm，海水的电导率约为 30000μS/cm。

金属导体的导电能力通常用电阻表示，电阻（R）与导电的性能（电阻率ρ）、导体的长度（L）和横截面积（A）之间的关系，可用电阻定律表示：

$$R = \rho \times \frac{L}{A} \tag{2.3}$$

电解质溶液的导电能力通常用电导来表示。电导（G）实际上是电阻的倒数：$G = \frac{1}{R}$，单位为西门子（S）。

水溶液的电阻随着离子数量的增加而减少。电阻减少，其倒数——电导将增加。相距 1cm、截面积 1cm^2 的两极间所测得的电导，称为电导率。它实际上是电阻率的倒数，单位为西门子/厘米（S/cm），通常用 K 表示。电导率与溶液中离子含量大致成比例地变化，因此电导率的测定，可间接地推测离解物质总浓度，其数值与阴离子、阳离子的含量有关。

电导率 K 可按式（2.4）计算：

$$K = \frac{1}{\rho} = \frac{\frac{L}{A}}{R} = \frac{Q}{R} \tag{2.4}$$

式中　Q——电导池常数，cm^{-1}。

由式（2.4）可知，当已知电导池常数（Q），并测出溶液电阻（R）时，即可求出电导率（K）。

水样的电导率用电导仪进行测定。首先选用已知电导率（K）的标准氯化钾溶液，测出该溶液的电阻（R），求出电导仪的电导池常数（Q）。然后，测定水样的电阻，即可求出水样的电导率。当测定水样温度不足 25℃时，应用式（2.5）换算成 25℃时的电导率：

$$K_x^{25} = \frac{K_x^t}{1 + \alpha(t - 25)} \tag{2.5}$$

式中　K_x^{25}——水样 25℃时的电导率，μS/cm；

　　　K_x^t——水样测定温度下的电导率，μS/cm；

　　　α——各种离子电导率的平均温度系数，取值 0.22；

　　　t——测定时的水样温度，℃。

第六节　无机化合物的测定

一、金属化合物的测定

水体中的金属元素有些是人体健康必需的常量元素和微量元素（如钠、钾、钙、镁等），有些是对人体健康有害的，如汞、铅、砷等。受"三废"污染的地面水和工业废水中有害金属化合物的含量往往明显增加。

有害金属侵入人的肌体后，将会使某些酶失去活性而出现不同程度的中毒症状。其毒性大小与金属种类、理化性质、浓度及存在的价态和形态有关。通常金属有机化合物（如有机汞、有机砷等）比相应的金属无机物毒性大得多；可溶态比颗粒态的金属毒性大；六价铬比三价铬的毒性大。

通常把水体中的金属分为可过滤态金属即能通过孔径 0.45μm 滤膜的部分，不可过滤态即不能通过 0.45μm 微孔滤膜的部分，金属总量是不经过滤的水样经消解后测得的金属含量，应是水体中的无机结合态、有机结合态、可过滤金属与不可过滤金属的总和。

测定水体中金属元素广泛采用的方法有分光光度法、原子吸收分光光度法、阳极溶出伏安法及容量法，尤以前两种方法用得最多；容量法用于常量金属的测定。

（一）汞的测定

汞及其化合物属于剧毒物质，特别是有机汞化合物，由食物链进入人体，可在体内蓄积，引起全身中毒。总汞，是指未过滤的水样，经剧烈消解后测得的汞浓度，它包括无机的和有机结合的，可溶的和悬浮的全部汞。天然水中含汞极少，一般不超过 0.1μg/L。我国饮用水标准限值为 0.001mg/L。国家标准规定，总汞的测定采用冷原子吸收分光光度法和高锰酸钾-过硫酸钾消解双硫腙分光光度法。目前冷原子吸收法测定汞的应用较广泛，该法简单易行、快速、灵敏度高、干扰小。

（1）测定原理

汞蒸气对波长为 253.7nm 的光有选择性吸收，在一定温度范围内，吸光度与汞浓度成正比。水样经消解后，将各种形态汞全部转化为二价汞离子。过量氧化剂用盐酸羟胺还原，然后再用氯化亚锡将二价汞离子还原为单质汞。在室温下用载气（N_2 或干燥清洁的空气）将产生的汞蒸气带入测汞仪的吸收池测定吸光度，然后经流量计、汞吸收瓶排出。用冷原子测汞仪在 253.7nm 处测定吸光度，根据吸光度与浓度的关系进行定量。

图 2.11 为一种冷原子吸收测汞仪的工作流程。低压汞灯辐射 253.7nm 紫外光，经紫外光滤光片射入吸收池，则部分被试样中还原释放出的汞蒸气吸收，剩余紫外光经石英透镜聚焦于光电倍增管上，产生的光电流经电子放大系统放大，送入指示表指示或记录仪记录。当指示表刻度用标准样校准后，可直接读出汞浓度。汞蒸气发生气路是：抽气泵将载气（空气或氮气）抽入盛有经预处理的水样和氯化亚锡的还原瓶，在此产生汞蒸气并随载气经分子筛瓶除水蒸气后进入吸收池测其吸光度，然后经流量计、脱汞阱（吸收废气中的汞）排出。

（2）测定要点

① 水样预处理：在硫酸-硝酸介质中，加入高锰酸钾和过硫酸钾溶液消解水样，也可以用溴酸钾-溴化钾混合试剂在酸性介质中于 20℃以上室温消解水样。过剩的氧化剂在临测定前用盐酸羟胺溶液还原。

② 绘制标准曲线：依照水样介质条件，配制系列汞标准溶液。分别吸取适量汞标准溶液于还原瓶内，加入氯化亚锡溶液，迅速通入载气，记录表头的最高指示值或记录仪上的峰值。

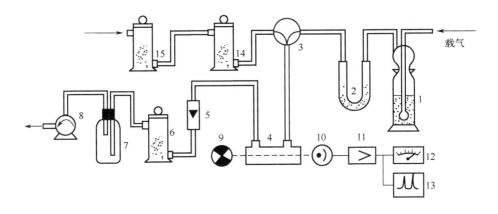

图 2.11 冷原子吸收测汞仪的工作流程

1. 汞还原瓶；2. U 形管；3. 三通阀；4. 吸收池；5. 流量计；6、14：汞吸收瓶；
7. 缓冲瓶；8. 抽气泵；9. 低压汞灯；10. 光电倍增管；11. 电子放大系统；
12. 指示表；13. 记录仪；15. 水蒸气吸收瓶

以经过空白校正的各测量值（吸光度）为纵坐标，相应标准溶液的汞浓度为横坐标，绘制出标准曲线。

③ 水样的测定：取适量处理好的水样于还原瓶中，按照标准溶液测定方法测其吸光度，经空白校正后，从标准曲线上查得汞浓度，再乘以样品的稀释倍数，即得水样中汞浓度。

该方法适用于各种水体中汞的测定，其最低检测浓度为 0.1~0.5μg/L。

（二）铬的测定

铬存在于电镀、冶炼、制革、纺织、制药、炼油、化工等工业废水污染的水体中。铬含量是水质污染控制的一项重要指标。富铬地区地表水径流中也含铬。铬化合物的常见价态有三价和六价。在水体中，六价铬一般以 CrO_4^{2-}、$HCr_2O_7^-$、$Cr_2O_7^{2-}$ 三种阴离子形式存在，受水体 pH 值、温度、氧化还原物质等条件影响。铬是生物体所必需的微量元素之一。铬的毒性与其存在价态有关，六价铬具有强毒性，为致癌物质，并易被人体吸收而在体内蓄积。通常认为六价铬的毒性比三价铬大 100 倍。但是，对鱼类来说，三价铬化合物的毒性比六价铬大。当水中六价铬浓度达 1mg/L 时，水呈黄色并有涩味；三价铬浓度达 1mg/L 时，水的浊度明显增加。陆地天然水中一般不含铬；海水中铬的平均浓度为 0.05μg/L；饮用水中更低。受有机物等因素的影响，三价铬和六价铬化合物可以互相转化。

水中铬的测定方法主要有二苯碳酰二肼分光光度法、原子吸收分光光度法、硫酸亚铁铵滴定法等。分光光度法是国内外的标准方法；滴定法适用于含铬量较高的水样。

1. 二苯碳酰二肼分光光度法

（1）六价铬的测定

在酸性介质中，六价铬与二苯碳酰二肼（DPC）反应，生成紫红色配合物，于 540nm 波长处进行比色测定。其反应式为：

$$\begin{array}{c}\text{NH—NH—C}_6\text{H}_5\\ \text{O=C}\\ \text{NH—NH—C}_6\text{H}_5\end{array} + Cr^{6+} \longrightarrow \begin{array}{c}\text{NH—NH—C}_6\text{H}_5\\ \text{O=C}\\ \text{N=N—C}_6\text{H}_5\end{array} + Cr^{3+} \longrightarrow 紫红色配合物$$

（DPC）　　　　　　　　　　（苯肼羰基偶氮苯）

本方法最低检出浓度为0.004mg/L，使用10mm比色皿，测定上限为1mg/L。其测定要点如下：

① 对于清洁水样可直接测定；对于色度不大的水样，可用丙酮代替显色剂的空白水样作参比测定；对于浑浊、色度较深的水样，以氢氧化锌做共沉淀剂，调节溶液pH至8～9，此时Cr^{3+}、Fe^{3+}、Cu^{2+}均形成氢氧化物沉淀，可被过滤除去，与水样中的Cr^{6+}分离；存在亚硫酸盐、二价铁等还原性物质和次氯酸盐等氧化性物质时，也应采取相应消除干扰措施。

② 取适量清洁水样或经过预处理的水样，加酸、显色、定容，以水作参比测其吸光度并作空白校正，从标准曲线上查得并计算水样中六价铬含量。

③ 配制系列铬标准溶液，按照水样测定步骤操作。将测得的吸光度经空白校正后，绘制吸光度对六价铬含量的标准曲线。

(2) 总铬的测定

在酸性溶液中，首先，将水样中的三价铬用高锰酸钾氧化成六价铬，过量的高锰酸钾用亚硝酸钠分解，过量的亚硝酸钠用尿素分解；然后，加入二苯碳酰二肼显色，于540nm处进行分光光度测定。其最低检测浓度同六价铬。

清洁地面水可直接用高锰酸钾氧化后测定；水样中含大量有机物时，用硝酸-硫酸消解。

2. 火焰原子吸收分光光度法

试样经过滤或消解后喷入富燃性空气-乙炔火焰，在高温火焰中形成的铬基态原子对铬空心阴极灯或连续光源发射的357.9nm特征谱线产生选择性吸收，在一定条件下，其吸光度值与铬的质量浓度成正比，该方法测定铬的检出限为0.03mg/L，测定下限为0.12mg/L。

(三) 金属镉、铅、锌、铜的测定

1. 概述

(1) 镉

镉的毒性很强，可在人体的肝、肾等组织中蓄积，造成各脏器组织的损坏，尤以对肾脏损害最为明显。还可以导致骨质疏松和软化。

绝大多数淡水的含镉量低于1μg/L，海水中的平均浓度为0.15μg/L。镉的主要污染源是电镀、采矿、冶炼、染料、电池和化学工业等排放的废水。

测定镉的方法有原子吸收分光光度法、双硫腙分光光度法、阳极溶出伏安法和示波极谱法等。

(2) 铅

铅是可在人体和动植物组织中蓄积的有毒金属，其主要毒性效应是导致贫血、神经机能失调和肾损伤等。铅对水生生物的安全浓度为0.16mg/L。

铅的主要污染源是蓄电池、冶炼、五金、机械、涂料和电镀工业等部门的排放废水。测定水体中铅的方法和测定镉的方法相同。

（3）铜

铜是人体所必需的微量元素，缺铜会发生贫血、腹泻等病症，但过量摄入铜也会产生危害。铜对水生生物的危害较大，有人认为铜对鱼类的毒性浓度始于 0.002mg/L，但一般认为水体含铜 0.01mg/L 对鱼类是安全的。铜对水生生物的毒性与其形态有关，游离铜离子的毒性比络合态铜大得多。

铜的主要污染源是电镀、冶炼、五金加工、矿山开采、石油化工和化学工业等部门排放的废水。

测定水体中铜的方法与测定镉的方法相同。

（4）锌

锌也是人体必不可少的有益元素，每升水含数毫克锌对人体和温血动物无害，但对鱼类和其他水生生物影响较大。锌对鱼类的安全浓度约为 0.1mg/L。此外，锌对人体的自净过程有一定抑制作用。

测定方法有原子吸收分光光度法、双硫腙分光光度法等。

2. 镉的测定方法

（1）原子吸收分光光度法

① 方法原理　原子吸收分光光度法，又称为原子吸收光谱法，简称原子吸收法（以 AAS 表示）。该方法可测定 70 多种元素，具有测定快速、准确、干扰少、可用同一样品分别测定多种元素等优点。它是根据某元素的基态原子对该元素的特征谱线的选择性吸收来进行测定的分析方法。将待测试样喷入原子化器，被测元素的化合物在原子化器中离解形成原子蒸气，对锐线光源（空心阴极灯）发射的某元素的特征谱线产生选择性吸收，在一定条件下，特征谱线光强的变化与试样中被测元素的浓度成比例，通过对自由基态原子吸光度的测量，确定试样中该元素的浓度。在原子吸收法中通常把从基态激发后，复又跃回基态时辐射出来的那些谱线，称为"共振线"，亦称分析线或特征谱线。只有共振线才能被基态原子所吸收，锐线光源发出的应该是共振线。共振线被吸收的程度与火焰的长度和原子蒸气浓度的关系，同样遵循朗伯-比尔定律；原子蒸气对共振线辐射的吸收程度和其中的基态原子数成正比，和原子蒸气的厚度成正比：

$$A = \log \frac{I_0}{I_t} = K'N_0 L \tag{2.6}$$

式中　A ——原子蒸气对共振线辐射的吸收程度(吸光度)；

　　　K' ——原子蒸气对共振线辐射的摩尔吸光系数；

　　　N_0 ——原子蒸气中的基态原子数；

　　　L ——原子蒸气的厚度，cm；

　　　I_0 ——入射光强度；

　　　I_t ——出射光强度。

假如喷雾的速度保持不变，火焰长度不变，则吸光度与溶液中待测离子的浓度成正比：

$$A = Kc \tag{2.7}$$

式中　K——摩尔吸光系数，它与吸收物质的性质及入射光的波长 λ 有关；

c——溶液中待测离子的浓度，mol/L。

这正是原子吸收分光光度法的基础。原子吸收分析过程见图 2.12。

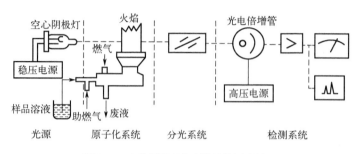

图 2.12 火焰原子吸收光谱法的测定过程

② 方法应用

a. 标准曲线法　配制一系列含待测离子且具有不同浓度的溶液，在原子吸收分光光度计上分别测定其吸光度。以吸光度对浓度作图，在一定浓度范围内得到一条直线——标准曲线。同样，测定待测水样的吸光度，根据吸光度从标准曲线上查得待测离子的浓度。使用该方法时应注意：配制的标准溶液浓度应在吸光度与浓度成线性范围内，整个分析过程中操作条件应保持不变。

b. 标准加入法　当待测元素在标准溶液和在天然水样中存在很大差异的时候，利用标准曲线法就会带来很大的误差；有时为了消除电离干扰和化学干扰，在这些情况下就可以采用标准加入法。

实际应用时将试样溶液等分几份（比如 4 份），从第二份开始按比例加入不同体积的标准溶液，然后稀释到刻度，此时溶液浓度分别为 C_x、C_x+C_0、C_x+2C_0、C_x+4C_0，喷雾这 4 份溶液，测得相应的吸光度 A_x、A_1、A_2、A_3，然后以吸光度对加入的标准浓度作图，会得到一条直线，如图 2.13 所示。

直线与浓度轴交点 C_x，即为样品元素浓度。

使用时应注意标准加入法只能适用于浓度和吸光度有线性关系的区域。为了得到较为准确的外推结果，最好用 4 个点以上制作外推直线；该方法只能消除基体效应的影响，而不能消除背景吸收的影响，故应扣除背景值。

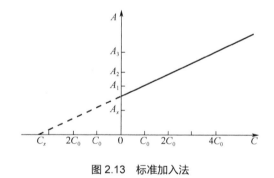

图 2.13 标准加入法

③ 直接吸入火焰原子吸收法测定镉（铜、铅、锌）　清洁水样可不经预处理直接测定；污染的地表水和废水需用硝酸或硝酸-高氯酸消解，并进行过滤、定容。将试样溶液直接吸入喷雾于火焰中原子化，测量各元素对其特征光产生的吸收，用标准曲线法或标准加入法定量。测定条件和方法适用浓度范围列于表 2.9。

表 2.9　Cd、Cu、Pb、Zn 测定条件及测定浓度范围

元素	分析线/nm	火焰类型	测定浓度范围/(mg/L)
Cd	228.8	乙炔-空气，氧化型	0.05～1

续表

元素	分析线/nm	火焰类型	测定浓度范围/（mg/L）
Cu	324.7	乙炔-空气，氧化型	0.05～5
Pb	283.3	乙炔-空气，氧化型	0.2～10
Zn	213.8	乙炔-空气，氧化型	0.05～1

④ 萃取火焰原子吸收法测定微量镉（铜、铅） 本方法适用于含量较低，需进行富集后测定的水样。对一般仪器的适用浓度范围为：镉、铜 1～50μg/L；铅 10～200μg/L。

清洁水样或经消解的水样中待测金属离子在酸性介质中与吡咯烷二硫代氨基甲酸铵（APDC）生成配合物，用甲基异丁基甲酮（MIBK）萃取后吸入火焰进行原子吸收分光光度测定。当水样的含铁量较高时，采用碘化钾-甲基异丁基甲酮（KI-MIBK）萃取体系的效果更好。其操作条件同直接吸入原子吸收法。

⑤ 离子交换火焰原子吸收法测定微量镉（铜、铅） 用强酸型阳离子交换树脂吸附富集水样中的铜、铅、镉，再用酸洗脱后吸入火焰进行原子吸收测定。该方法的最低检出浓度为：铜 0.93μg/L；铅 1.4μg/L；镉 0.1μg/L。

⑥ 石墨炉原子吸收分光光度法测定痕量镉（铜、铅） 将清洁水样和标准溶液直接注入石墨炉内进行测定。每次进样量 10～20μg/L（视元素含量而定）。测定时，石墨炉分三阶段加热升温。首先以低温（小电流）干燥试样，使溶剂完全挥发，但以不发生剧烈沸腾为宜，称为干燥阶段；然后用中等电流加热，使试样灰化或碳化（灰化阶段），在此阶段应有足够长的灰化时间和足够高的灰化温度，使试样基本完全蒸发，但又不使被测元素损失；最后用大电流加热，使待测元素迅速原子化（原子化阶段），通常选择最低原子化温度。测定结束后，将温度升至最大允许值并维持一定时间，以除去残留物，消除记忆效应，做好下一次进样的准备，石墨炉的工作条件见表 2.10。

表 2.10 石墨炉工作条件

元素	分析线/nm	干燥[①]/（℃/s）	灰化/（℃/s）	原子化/（℃/s）	清洗气体	进样体积/μL	适用浓度范围/（μg/L）
Cd	228.8	110/30	350/30	1000/8	氩	20	0.2～2
Cu	324.7	110/30	900/30	2500/8	氩	20	1～50
Pb	283.3	110/30	500/30	2200/8	氩	20	1～50

① 为干燥温度和干燥时间。

对组成简单的水样可用直接比较法，每测定 10～20 个试样应用标准溶液检查仪器读数 1～2 次。对组成复杂的水样，则宜用标准加入法。

（2）双硫腙分光光度法

在强碱性介质中，镉离子与双硫腙反应，生成红色螯合物（反应式形式同汞），用三氯甲烷萃取分离后，于 518nm 处测其吸光度，用标准曲线法定量。

水样中含铅 20mg/L、锌 30mg/L、铜 40mg/L、锰和铁 4mg/L，不干扰测定，镁离子浓度达 20mg/L 时，需多加酒石酸钾钠掩蔽。

本方法适用于受镉污染的天然水和废水中镉的测定，测定前需对水样进行消解处理。

（3）阳极溶出伏安法测定镉（铜、铅、锌）

溶出伏安法也称反向溶出极谱法。因为测定金属离子是用阳极溶出反应，故称为阳极溶出伏安法。这种方法是先使待测离子于适宜的条件下在微电极上进行富集，然后再利用改变电极电位的方法将富集的金属氧化溶出，并记录其氧化波。根据溶出峰电位进行定性；根据峰电流大小进行定量分析。

因为电解还原富集缓慢（1~10min），而溶出却在瞬间完成（以50~200mV/s的电压扫描速度进行），故使溶出电流大为增加，从而使方法的灵敏度大为提高，其检测下限可达 10^{-12} mol/L。

该方法适用于测定饮用水、地表水和地下水中镉、铜、铅、锌，适宜测定范围为1~1000μg/L；当富集5min时，检测下限可达0.5μg/L。测定要点如下：

① 将水样调节至近中性　比较清洁的水可直接取样测定；含有机质较多的地表水用硝酸-高氯酸消解。

② 标准曲线绘制　分别取一定体积的镉、铜、铅、锌标准溶液于10mL比色管中，加1mL 0.1mol/L高氯酸（支持电解质），用水稀释至标线，混匀，倾入电解池中。将扫描电压范围选择在-1.30~+0.05 V。通氮气除氧，在-1.30V极化电压下于悬汞电极上富集3min，则试液中部分上述离子被还原富集并结合成汞蒸气。静置30s，使富集在悬汞电极表面的金属均匀化，将极化电压均匀地由负方向向正方向扫描（速度视浓水平选择），记录伏安曲线（见图2.14）。以同法配制并测定其系列浓度标准液的溶出伏安曲线，对峰高分别作空白校正后，绘出标准曲线。

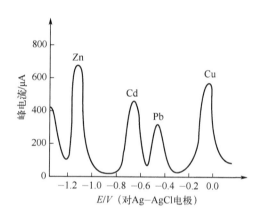

图2.14　阳极溶出伏安曲线

③ 样品测定　取一定体积水样，加1mL同种电解质，用水稀释到10mL，按与标准溶液相同操作程序测定伏安曲线。根据经空白校正后各被测离子峰电流高度，从标准曲线上查知并计算其浓度。

④ 当样品成分比较复杂时，可采用标准加入法。其操作如下：准确吸取一定体积水样于电解池中，加1mL支持电解质，用水稀释至10mL，按测定标准溶液的方法测出各组分的峰高电流，然后再加入与样品含量相近的标准溶液，依照相同方法再次进行峰高测定。用式（2.8）计算水样浓度（c_x）：

$$c_x = \frac{hc_sV_s}{(V+V_s)H-Vh} \tag{2.8}$$

式中　h——水样峰高，mm；

　　　H——水样加标准溶液后的峰高，mm；

　　　c_s——加入标准溶液的浓度，μg/L；

　　　V_s——加入标准溶液的体积，mL；

　　　V——测定所取水样的体积，mL。

由于阳极溶出伏安法测定的浓度比较低，应十分注意可能来自环境、器皿、水或试剂的污染。对汞的纯度要求在99.99%以上。

3. 铅的测定

测定铅的方法有双硫腙比色法、原子吸收分光光度法、示波极谱法等。下面主要介绍《水质　铅的测定　双硫腙分光光度法》（GB 7470—87）。

在pH为8.5～9.5的氨性柠檬酸盐-氰化物的还原性介质中，铅与双硫腙形成可被三氯甲烷萃取的淡红色的双硫腙铅螯合物，其反应式为：

$$Pb^{2+} + 2S=C \begin{matrix} NH-NH-C_6H_5 \\ N=N-C_6H_5 \end{matrix} \longrightarrow S=C \begin{matrix} N-N-C_6H_5 \\ N=N-C_6H_5 \end{matrix} Pb \begin{matrix} N=N-C_6H_5 \\ N-N-C_6H_5 \end{matrix} C=S + 2H^+$$

有机相可于最大吸收波长510nm处测量，利用工作曲线法求得水样中铅的含量。本方法的测定范围为0.01～0.3mg/L。

测定时，要特别注意器皿、试剂及去离子水是否含痕量铅，这是能否获得准确结果的关键。所用KCN毒性极大，在操作中一定要在碱性溶液中进行，严防接触手上破皮之处。Bi^{3+}、Sn^{2+}等干扰测定，可预先在pH为2～3时用双硫腙三氯甲烷溶液萃取分离。为防止双硫腙被一些氧化物质如Fe^{2+}等氧化，在氨性介质中加入了盐酸羟胺和亚硫酸钠。

4. 铜的测定

测定水中铜的方法主要有原子吸收分光光度法、二乙基二硫代氨基甲酸钠分光光度法和新亚铜灵萃取分光光度法，还可以用阳极溶出伏安法等。

（1）二乙基二硫代氨基甲酸钠分光光度法

在pH为9～10的氨性溶液中，铜离子与二乙基二硫代氨基甲酸钠（铜试剂，简写为DDTC）作用，生成摩尔比为1:2的黄棕色胶体配合物，即：

$$2(C_2H_5)_2N-\overset{S}{\overset{\|}{C}}-S-Na + Cu^{2+} \longrightarrow (C_2H_5)_2N-C\overset{S}{\underset{S}{\diagdown}}Cu\overset{S}{\underset{S}{\diagup}}C-N(C_2H_5)_2 + 2Na^+$$

该配合物可被四氧化碳或三氯甲烷萃取，其最大吸收波长为440nm。在测定条件下，有色配合物可以稳定1h，但当水样中含铁、锰、镍、钴和铋等离子时，也与DDTC生成有色配合物，干扰铜的测定。除铋外，均可用EDTA和柠檬酸铵掩蔽消除。铋干扰可以通过加入氰化钠予以消除。

当水样中含铜较高时，可加入明胶、阿拉伯胶等胶体保护剂，在水相中直接进行分光光度测定。

该方法最低检测浓度为0.01mg/L，测定上限可达2.0mg/L。可用于地表水和工业废水中铜的测定。详见《水质　铜的测定　二乙基二硫代氨基甲酸钠分光光度法》（HJ 485—2009）。

（2）新亚铜灵萃取分光光度法

新亚铜灵的化学名称是2,9-二甲基-1,10-菲啰啉。其测定方法为：将水样中的二价铜离子用盐酸羟胺还原为亚铜离子。在中性或微酸性介质中，亚铜离子与新亚铜灵反应，生成摩尔比为1∶2的黄色配合物，用三氯甲烷-甲醇混合溶剂萃取，于457nm波长处测定吸光度，用标准曲线法进行定量测定。当25mL有机相中含铜不超过0.15mg时，符合朗伯-比尔定律。在三氯甲烷-甲醇溶液中，黄色配合物的颜色可稳定数日。

用新亚铜灵测定铜，具有灵敏度高、选择性好等优点。经试验表明，只有铍、大量铬（Ⅵ）、锡（Ⅳ）等氧化性离子及氰化物、硫化物、有机物对测定有干扰。若在水样中和之前加入盐酸羟胺和柠檬酸钠，则可消除铍的干扰。大量铬（Ⅵ）可用亚硫酸盐还原；锡（Ⅳ）等氧化性离子可用盐酸羟胺还原。样品通过消解可除去氰化物、硫化物和有机化合物的干扰。

用10mm比色皿，该方法最低检出浓度为0.06mg/L，测定上限为3mg/L。适用于地表水、生活污水和工业废水中铜的测定。详见《水质　铜的测定　2,9-二甲基-1,10-菲啰啉分光光度法》（HJ 486—2009）。

5. 锌的测定

原子吸收分光光度法测定锌，灵敏度较高，干扰小，适用于各种水体。此外，还可选用双硫腙分光光度法、阳极溶出伏安法等。下面简单介绍《水质　锌的测定　双硫腙分光光度法》（GB 7472—87）。

在pH 4.0~5.5的乙酸缓冲介质中，锌离子与双硫腙反应生成红色螯合物，用四氯化碳或三氯甲烷萃取后，于其最大吸收波长535nm处，以四氯化碳作参比，测其经空白校正后的吸光度，用标准曲线法定量。水中存在的少量铋、镉、钴、汞、镍、亚锡等离子均产生干扰，采用硫代硫酸钠掩蔽和控制pH来消除。这种方法称为混色测定法。如果上述干扰离子含量较大，混色法测定误差大，就需要使用单色法测定。单色法与混色法不同之处在于：将萃取有色螯合物后的有机相先用硫代硫酸钠-乙酸钠-硝酸混合液洗涤除去部分干扰离子，再用新配制的0.04%硫化钠洗去过量的双硫腙。

使用该方法时应确保样品不被沾污。为此，必须使用无锌玻璃器皿并充分洗涤，对试剂进行提纯和使用无锌水。

使用20mm比色皿，混色法的最低检测浓度为0.005mg/L。适用于天然水和轻度污染的地表水中锌的测定。

二、非金属无机物的测定

（一）酸度、碱度和pH

1. 酸度

酸度是指水中所含能与强碱（NaOH、KOH）发生中和作用的物质的总量。天然水的酸度主要是由于水中含有游离二氧化碳、无机酸、有机酸及强酸弱碱盐等。在工业废水中，除上述物质外，有时还含有溶解的SO_2、H_2S等。地表水由于溶入二氧化碳或被机械、选矿、电镀、农药、印染、化工等行业排放的含酸废水污染，使水体pH降低，破坏了水生生物和农作物的正常生活及生长条件，造成鱼类死亡、作物受害。所以，酸度是衡量水体水质的一项重要指标。测定酸度的方法有酸碱指示剂滴定法和电位滴定法。

（1）酸碱指示剂滴定法

用标准氢氧化钠溶液滴定水样至一定 pH，根据其所消耗的氢氧化钠溶液量计算酸度。随所用指示剂不同，酸度通常分为两种：一是用酚酞作指示剂（其变色 pH 为 8.3），测得的酸度称为总酸度（酚酞酸度），包括强酸和弱酸；二是甲基橙作指示剂（变色 pH 约为 3.7），测得的酸度称为强酸酸度或甲基橙酸度。酸度单位为 mg/L（以 $CaCO_3$ 或 CaO 计）。

（2）电位滴定法

以 pH 玻璃电极为指示电极，饱和甘汞电极为参比电极，与被测水样组成原电池并接入 pH 计，用氢氧化钠标准溶液滴至 pH 计指示 3.7 和 8.3，据其相应消耗的氢氧化钠标准溶液的体积，分别计算两种酸度。

本方法适用于各种水体酸度的测定，不受水样有色、浑浊的限制。测定时应注意温度、搅拌状态、响应时间等因素的影响。

2. 碱度

水的碱度是指水中所含能与强酸发生中和作用的物质总量，包括强碱、弱碱、强碱弱酸盐等。

天然水中的碱度主要是由碳酸氢盐、碳酸盐和氢氧化物引起的，其中碳酸氢盐是水产碱度的主要形式。引起碱度的污染源主要是造纸、印染、化工、电镀等行业排放的废水及洗涤剂、化肥和农药在使用过程中的流失。

碱度和酸度是判断水质和废水处理控制的重要指标。碱度也常用于评价水体的缓冲能力及金属在其中的溶解性和毒性等。

测定水中碱度的方法和测定酸度一样，有酸碱指示剂滴定法和电位滴定法。前者是用酸碱指示剂指示滴定终点，后者是用 pH 计指示滴定终点。

水样用标准酸溶液滴定至酚酞指示剂由红色变为无色（pH=8.3）时，所测得的碱度称为酚酞碱度，此时 OH^- 已被中和，CO_3^{2-} 被中和为 HCO_3^-；当继续滴定至甲基橘指示剂由橘黄色变为橘红色时（pH 约 4.4），所测得的碱度称为甲基橙碱度，此时水中的 HCO_3^- 也已被中和完、即全部致碱物质都已被强酸中和完，故又称其为总碱度。

设水样以酚酞为指示剂滴定消耗强酸量为 P，继续以甲基橙为指示剂滴定消耗强酸量为 M，二者之和为 T，则测定水的总碱度时，可能出现下列 5 种情况：

（1）$M=0$（或 $P=T$）

水样对酚酞显红色，呈碱性反应。加入强酸使酚酞变为无色后，再加入甲基橙即呈红色，故可以推断水样中只含氢氧化物。

（2）$P>M$（或 $P>\frac{1}{2}T$）

水样对酚酞显红色，呈碱性。加入强酸至酚酞变为无色后，加入甲基橙显橘黄色，继续加酸至变为红色，但消耗量较用酚酞时少，说明水样中有氢氧化物和碳酸盐共存。

（3）$P=M$

水样对酚酞显红色，加酸至无色后，加入甲基橙显橘黄色，继续加强至变为红色，两次消耗酸量相等。因 OH^- 和 HCO_3^- 不能共存，故说明水样中只含碳酸盐。

（4）$P<M$（或 $P>\frac{1}{2}T$）

水样对酚酞显红色，加酸至无色后，假如甲基橙为橘黄色，继续加酸至变为红色，但消耗酸量较用酚酞时多，说明水样中是碳酸盐和酸式碳酸盐共存。

（5）$P=0$（或 $M=T$）

此时水样对酚酞无色（pH≤8.3），对甲基橙显橘黄色，说明只含酸式碳酸盐。

根据使用两种指示剂滴定所消耗的酸量，可分别计算出水中的各种碱度和总碱度，其单位常用 mg/L。也可用以 $CaCO_3$ 或 CaO 计的 mg/L 表示。

3. pH

pH 是溶液中氢离子活度的负对数，即

$$pH = -\lg a_{H^+}$$

pH 是最常用的水质指标之一。天然水的 pH 多在 5～9 范围内；饮用水 pH 要求在 6.5～8.5 之间；某些工业用水的 pH 必须保持在 7.0～8.5 之间，以防止金属设备和管道被腐蚀。此外，pH 在废水生化处理、评价有毒物质的毒性等方面也具有指导意义。

pH 和酸度、碱度既有联系又有区别。pH 表示水的酸碱性的强弱，而酸度或碱度是水中所含酸或碱物质的含量。同样酸度的溶液，如 0.1mol 盐酸和 0.1mol 乙酸，二者的酸度都是 100mmol/L，但其 pH 却大不相同。盐酸是强酸，在水中几乎 100%电离，但 pH 为 1；而乙酸是弱酸，在水中的电离度只有 1.3%，其 pH 为 2.9。

测定水的 pH 的方法有比色法和电极法。

（1）比色法

比色法基于各种酸碱指示剂在不同 pH 的水溶液中显示不同的颜色，而每种指示剂都有一定的变色范围。将系列已知 pH 的缓冲溶液加入适当的指示剂制成标准色液并封装在小安瓿瓶内，测定时取与缓冲溶液同量的水样，加入与标准系列相同的指示剂，然后进行比较，以确定水样的 pH。

该方法不适用于有色、浑浊或含较高游离氯、氧化剂、还原剂的水样。如果粗略地测定水样 pH，可使用 pH 试纸。

（2）电极法

电极法（电位法）测定 pH 是由测量原电池的电动势（EMF）而得的。该电动势由二个半电池构成，其中一个半电池称作指示电极，它的电位与特定的离子活度有关，如 H^+；另一个半电池为参比半电池，通常称作参比电极，它一般是与测量溶液相通，并且与测量仪表相连（如图 2.15 所示）。

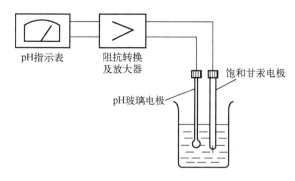

图 2.15 玻璃电极法测定 pH 原理

两电极之间的电动势遵循能斯特（Nernst）公式：

$$E = E_0 + \frac{RT}{nF}\ln a_{Me} \tag{2.9}$$

式中 E——电动势;

E_0——参比电极的电极电位,不随被测溶液中离子活度(a_{Me})变化,可视为定值;

R——气体常数,为 8.314J/(mol·K);

T——开氏绝对温度,K;

F——法拉第常数,为 96485 C/mol;

n——被测离子的化合价。

最常用的 pH 计指示电极是玻璃电极,参比电极为饱和甘汞电极。两电极之间的电动势利用上述能斯特方程式(25℃时)可表达为:

$$E_{电池}= \phi_{甘汞}-(\phi_0+0.059\lg a_{H^+})=K+0.059\text{VpH} \tag{2.10}$$

式中 $\phi_{甘汞}$——以甘汞为指示电极的电极电位;

ϕ_0——参比电极的电极电位,即标准电极电势。

可见,只要测知 $E_{电池}$,就能求出被测溶液 pH。在实际测定中,准确求得 K 值比较困难,故不采用计算方法,而以已知 pH 的溶液作标准进行校准,用 pH 计直接测出被测溶液 pH。

设 pH 标准溶液和被测溶液的 pH 分别为 pH_s 和 pH_x,其相应原电池的电动势分别为 E_s 和 E_x,则 25℃时:

$$E_s=-K+0.059\text{VpH}_s \tag{2.11}$$

$$E_x=K+0.059\text{VpH}_x \tag{2.12}$$

两式相减并移项得:

$$\text{pH}_x = \text{pH}_s + \frac{E_x - E_s}{0.059\text{V}} \tag{2.13}$$

可见,pH_x 是以标准溶液的 pH_s 为基准,并通过比较 E_s 与 E_x 的差值确定的。25℃条件下,二者之差每变化 59mV,则相应变化 1pH。

pH 电极的内阻一般高达几十到几百兆欧,所以与之匹配的 pH 计都是高阻抗输入的晶体管毫伏计或电子电位差计。为校正温度对 pH 测定的影响,pH 计上都设有温度补偿装置。为简化操作,使用方便和适于现场使用,已广泛使用复合 pH 电极,制成多种袖珍式和笔式pH 计。

电极测定法准确、快速,受水体色度、浊度、胶体物质、氧化剂、还原剂及盐度等因素的干扰程度小,能够实现连续在线测量和过程控制,在水质检测中广泛使用,详见《水质 pH 值的测定电极法》(HJ 1147—2020)。

(二)溶解氧(DO)的测定

溶解于水中的分子态氧称为溶解氧,即水中的 O_2,以 DO 表示。水中溶解氧的含量与大气压力、水温及含盐量等因素有关。大气压力下降、水温升高、含盐量增加,都会导致溶解氧含量降低。

清洁地表水溶解氧接近饱和。水体受到有机物质、无机还原物质污染时,溶解氧含量降低,甚至趋于零,此时厌氧细菌繁殖活跃,水质恶化。水中溶解氧低于 3~4mg/L 时,许多鱼类呼吸困难,继续减少,则会窒息死亡。一般规定水体中的溶解氧至少在 4mg/L。在废水生化处理过程中,溶解氧也是一项重要控制指标。

测定水中溶解氧的方法有碘量法及其修正法和氧电极法。清洁水可用碘量法，受污染的地面水和工业废水必须用修正的碘量法或氧电极法。

1. 碘量法

在水样中加入硫酸锰和碱性碘化钾，水中的溶解氧将二价锰氧化成四价锰，并生成氢氧化物沉淀。加酸后，沉淀溶解，四价锰又可氧化碘离子而释放出与溶解氧量相当的游离碘。以淀粉为指示剂，用硫代硫酸钠标准溶液滴定释放出的碘，可计算出溶解氧含量。反应式如下：

$$MnSO_4 + 2NaOH = Na_2SO_4 + Mn(OH)_2 \downarrow$$
$$2Mn(OH)_2 + O_2 = 2MnO(OH)_2 \downarrow (棕色沉淀)$$
$$MnO(OH)_2 + 2H_2SO_4 = Mn(SO_4)_2 + 3H_2O$$
$$Mn(SO_4)_2 + 2KI = MnSO_4 + K_2SO_4 + I_2$$
$$2Na_2S_2O_3 + I_2 = Na_2S_4O_6 + 2NaI$$

当水中含有氧化性物质、还原性物质及有机物时，会干扰测定，应预先消除并根据不同的干扰物质采用修正的碘量法。

2. 修正的碘量法

（1）叠氮化钠修正法

水样中含有亚硝酸盐会干扰碘量法测定溶解氧，可用叠氮化钠将亚硝酸盐分解后再用碘量法测定。分解亚硝酸盐的反应如下：

$$2NaN_3 + H_2SO_4 = 2HN_3 + Na_2SO_4$$
$$HN_3 + HNO_2 = N_2O + N_2 + H_2O$$

亚硝酸盐主要存在于生化处理的废水和河水中，它能与碘化钾作用释放出游离碘而产生正干扰，即：

$$2HNO_2 + 2KI + H_2SO_4 = K_2SO_4 + 2H_2O + N_2O_2 + I_2$$

如果反应到此为止，引入误差尚不大；但当水样和空气接触时，新溶入的氧将和 N_2O_2 作用，再形成亚硝酸盐：

$$2N_2O_2 + 2H_2O + O_2 = 4HNO_2$$

如此循环，不断地释放出碘，将会引入相当大的误差。

当水样中三价铁离子含量较高时，干扰测定，可加入氟化钾或用磷酸代替硫酸酸化来消除。

应当注意，叠氮化钠是剧毒、易爆试剂，不能将碱性碘化钾-叠氮化钠溶液直接酸化，以免产生有毒的叠氮酸雾。

（2）高锰酸钾修正法

该方法适用于含大量亚铁离子，不含其他还原剂及有机物的水样。用高锰酸钾氧化亚铁离子，消除干扰，过量的高锰酸钾用草酸钠溶液除去，生成的高价铁离子用氟化钾掩蔽。其他同碘量法。

此外，水样中含有游离氮（N_2）大于 0.1mg/L 时，应预先加 $Na_2S_2O_3$ 去除，可先用两个溶解氧瓶，各取一瓶水样，对其中一瓶加入 5mL（1+5）硫酸和 KI 摇匀，此时游离出碘。用 $Na_2S_2O_3$ 标准液以 0.5%淀粉作指示剂滴定，记下用量，然后向另一瓶水样中加入上述测得的 $Na_2S_2O_3$ 标准溶液量，摇匀，再进行固定和测定。

测定结果按下式计算：

$$\mathrm{DO}(O_2,\mathrm{mg/L}) = \frac{cV \times 8 \times 1000}{V_{水}} \quad (2.14)$$

式中　c——硫代硫酸钠标准溶液浓度，mol/L；
　　　V——滴定消耗硫代硫酸钠标准溶液体积，mL；
　　　$V_{水}$——水样体积，mL；
　　　8——氧换算值，g。

溶解氧饱和度=（水中溶解氧含量/采样水温和气压下饱和溶解氧含量）×100%

（3）氧电极法

极谱型膜电极的阴极由黄金组成，阳极由银-氯化银组成。电极顶端覆有一层高分子薄膜，如聚乙烯或聚四氟乙烯等。这层薄膜将电解液和被测水样分开，只允许溶解氧渗过，当在两个电极上外加一个固定极化电压时，水中溶解氧渗过薄膜在阴极上还原，产生与氧浓度成比例的稳定扩散电流，其反应式如下：

阴极：$O_2 + 2H_2O + 4e^- \longrightarrow 4OH^-$

阳极：$4Ag + 4Cl^- \longrightarrow 4AgCl\downarrow + 4e^-$

扩散电流的大小可用下式表示：

$$i = KnFA \times \frac{P_m}{L} \times C_s \quad (2.15)$$

式中　i——稳定状态扩散电流；
　　　F——法拉第常数；
　　　n——电极反应中得失电子数；
　　　L——薄膜的厚度；
　　　A——阴极面积；
　　　P_m——薄膜的渗透系数；
　　　C_s——试样中氧分压或浓度；
　　　K——常数。

电极间所加电压的大小，视电极种类不同而存在差异，常在 0.5~0.8V 之间。利用标准曲线法或已知氧浓度的水样，就可测水样的 DO。

各种溶解氧测定仪就是依据这一原理工作的。测定时，首先用无氧水样校正零点，再用化学法测定溶解氧的浓度，校准仪器刻度值，最后测定水样，便可直接显示其溶解氧浓度。仪器有温度补偿装置，补偿由于温度变化造成的测量误差。该法不受水样色度、浊度及化学滴定法中干扰物质的影响，快速简便，适用于现场测定；易于实现自动连续测量。但水样中含藻类、硫化物、碳酸盐、油等物质时，会使薄膜堵塞或损坏，应及时更换薄膜。

(三) 含氮化合物

人们对水和废水中关注的几种形态的氮是氨氮、亚硝酸盐氮、硝酸盐氮、凯氏氮和总氮。前四者之间通过生物化学作用可以相互转化。测定各种形态的含氮化合物，有助于评价水体被污染和自净状况。

1. 氨氮

水中的氨氮是指以游离氨（或称非离子氨，NH_3）和离子氨（NH_4^+）形式存在的氮，两者的组成比取决于水的 pH。对地面水，常要求测定非离子氨。

水中氨氮主要来源于生活污水中含氮有机物受微生物作用的分解产物，焦化、合成氨等工业废水，以及农田排水等。氨氮含量较高时，对鱼类呈现毒害作用，对人体也有不同程度的危害。

测定水中氨氮的方法有纳氏试剂分光光度法、水杨酸分光光度法、电极法和蒸馏-中和滴定法。水样有色或浑浊及含其他干扰物质影响测定，需进行预处理。对较清洁的水，可采用絮凝沉淀法消除干扰；对污染严重的水或废水应采用蒸馏法。

（1）纳氏试剂分光光度法

在水样中加入碘化汞和碘化钾的强碱溶液（纳氏试剂），则与氨反应生成黄棕色胶态化合物，此颜色在较宽的波长范围内具有强烈吸收，通常使用 410~425nm 范围波长光比色定量。反应式如下：

$$2K_2[HgI_4]+3KOH+NH_3 \longrightarrow NH_2Hg_2OI（黄棕色）+7KI+2H_2O$$

本法最低检出浓度为 0.025mg/L；测定上限为 2mg/L。采用目视比色法，最低检出浓度为 0.02mg/L。

（2）电极法

氨气敏电极是一种复合电极。它以平板型 pH 玻璃电极为指示电极，银-氯化银电极为参比电极。将此电极对置于盛有 0.1mg/L 氯化铵内充液的塑料套管中，在管端 pH 电极敏感膜处紧贴一疏水半渗透膜（如聚四氟乙烯薄膜），使内充液与外部被测液分开，并在 pH 电极敏感膜与半透膜间形成一层很薄的液膜。当将其插入 pH 已调到 11 的水样时，则生成的氨将扩散通过半透膜（水和其他离子不能通过），使氯化铵电解质液膜内 $NH_4^+ \rightleftharpoons NH_3+H^+$ 的反应向左移动，引起氢离子浓度的变化，由 pH 玻璃电极测定此变化。在恒定的离子强度下，测得的电动势与水样中氨浓度的对数呈线性关系。因此，用高阻抗输入的晶体管毫伏计或 pH 计测其电位值便可确定水样中氨氮的浓度。如果使用专用离子活度计，经用氨氮标准溶液校准后，可直接指示测定结果。

该方法不受水样色度和浊度的影响，水样不必进行预蒸馏；最低检出浓度为 0.03mg/L，测定上限可达 1400mg/L。

（3）气相分子吸收光谱法（HJ/T 195—2005）

取经预处理的水样于质量分数为 2%~3% 的酸性介质中，加入无水乙醇煮沸除去亚硝酸盐等干扰，用次溴酸钠将氨及铵盐氧化成亚硝酸盐，再在 0.15~0.3mol/L 柠檬酸介质中和有乙醇（催化剂）存在的条件下，将亚硝酸盐迅速分解，生成二氧化氮，用净化空气载入气相分子吸收光谱仪的吸光管，测量该气体对锌空心阴极灯发射的 213.9nm 特征光的吸光度，以标准曲线法定量。气象分子吸收光谱仪安装有微型计算机，经用试剂空白溶液校正零点和用系列标准溶液绘制标准曲线后，即可根据水样吸光度值及水样体积，自动计算出分析结果。

图 2.16 示意出气相分子吸收光谱仪的组成。水样中氨氮在装置 5 中转化为二氧化氮，被由空气泵 6 输送来的净化空气载入吸光管 2，吸收锌空心阴极灯发射的特征光，其吸光度用光电测量系统测量。可见，如果在原子吸收分光光度计的原子化系统中附加吸光管，并配以氨氮转化及气液分离装置就是一台气相分子吸收光谱仪。

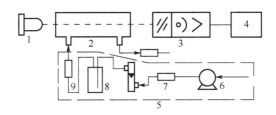

图 2.16 气相分子吸收光谱仪的组成
1. 空心阴极灯；2. 吸光管；3. 分光及光电测量系统；4. 数据处理系统；
5. 氨氮转化及气液分子分离装置；6. 空气泵；7. 净化管；8. 反应瓶；9. 干燥管

对含 I^-、$S_2O_3^{2-}$、SCN^- 或可被次溴酸盐氧化成亚硝酸盐的含胺水样，应先进行蒸馏分离。该方法测定范围为 0.08～100mg/L，适用于各种类型水中氨氮的测定。

2. 亚硝酸盐氮

亚硝酸盐是含氯化合物分解过程的中间产物，极不稳定，可被氧化成硝酸盐，也易被还原成氨，所以取样后立即测定，才能检出 NO_2^-。亚硝酸盐实际是亚铁血红蛋白症的病原体，它可与仲胺类（RR′NH）反应生成亚硝胺类（RR′N—NO），它们之中许多已知具有强烈的致癌性，所以 NO_2^- 是一种潜在的污染物，列为水质必测项目之一。

水体亚硝酸盐的主要来源是污水、石油、燃料燃烧以及硝酸盐肥料工业，染料、药物、试剂厂家排放的废水，淡水、蔬菜中亦含有亚硝酸盐，含量不等，熏肉中含量很高。

N-(1-萘基)-乙二胺分光光度法测定亚硝酸盐的原理是：在 pH 值为 1.8±0.3 的磷酸介质中，亚硝酸盐与对氨基苯磺酰胺反应，生成重氮盐，再与 N-(1-萘基)-乙二胺偶联生成红色染料，于 540nm 处进行比色测定。

本法适用于饮用水、地表水、地下水、生活污水和工业废水中亚硝酸盐的测定。最低检出浓度为 0.003mg/L，测定上限为 0.20mg/L。详见《水质　亚硝酸盐氮的测定　分光光度法》(GB 7493—87) 等。

3. 硝酸盐氮的测定

硝酸盐是在有氧环境中最稳定的含氯化合物，也是含氯有机化合物经无机化作用最终阶段的分解产物。清洁的地表水硝酸盐氮含量较低，受污水体和一些深层地下水中含量较高。制革、酸洗废水、某些生化处理设施的出水及农田排水中常含大量硝酸盐。人体摄入硝酸盐后，经肠道中微生物作用转变成亚硝酸盐而呈现毒性作用。

水中硝酸盐的测定方法有酚二磺酸分光光度法、镉柱还原法、戴氏合金法、紫外分光光度法和离子选择电极法等。

（1）酚二磺酸分光光度法

硝酸盐在无水存在情况下与酚二磺酸反应，生成硝基二磺酸酚，于碱性溶液中又生成黄色的硝基酚二磺酸三铵盐，于410nm处测其吸光度，并与标准溶液比色定量。

本法适用于测定饮用水、地下水和清洁地表水中的硝酸盐氮。最低检出浓度为0.02mg/L；测定上限为2.0mg/L。详见《水质　硝酸盐氮的测定　酚二磺酸分光光度法》（GB 7480—87）。

（2）镉柱还原法

在一定条件下，将水样通过镉还原柱（铜-镉、汞-镉或海绵状镉），使硝酸盐还原为亚硝酸盐，然后以 N-(1-萘基)-乙二胺分光光度法测定。由测得的总亚硝酸盐氮减去不经还原水样所含亚硝酸盐氮即为硝酸盐氮含量。

该方法适用于测定 NO_3^--N 含量较低的饮用水、清洁地表水和地下水。测定范围为0.01～0.4mg/L。但应注意，镉柱的还原效果受多种因素影响，应经常校正。

（3）戴氏合金法

在热碱性介质中，水样中的硝酸盐被戴氏合金（含50%Cu、45%Al、5%Zn）还原为氨，经蒸馏，馏出液以硼酸溶液吸收后，用纳氏试剂分光光度法测定。含量较高时用酸碱滴定法测定。水样中氨及铵盐、亚硝酸盐干扰测定。氨及铵盐可在加戴氏合金前，于碱性介质中先蒸出；亚硝酸盐可在酸性条件下加入氨基磺酸，使之反应除去。

该方法操作较烦琐，适用于硝酸盐氮大于2mg/L的水样。其最大优点是可以测定带深色的严重污染的水及含大量有机物或无机物的水中的硝酸盐氮。

（4）紫外分光光度法

紫外分光光度法多用于硝酸盐氮含量高、有机物含量低的地表水测定。该方法的基本原理是采用絮凝共沉淀和大孔型中性吸附树脂进行预处理，以排除天然水中大部分常见有机物、浑浊和 Fe^{3+}、Cr^{6+} 对本法的干扰。利用 NO_3^- 对220nm波长处紫外光选择性吸收来定量测定硝酸盐氮。溶解的有机物在220nm处也会有吸收，而硝酸根离子在275nm处没有吸收。因此，在275nm处做另一次测量，以校正硝酸盐氮值。按下式计算硝酸盐氮的吸光度：

$$A = A_{220} - 2A_{275} \tag{2.16}$$

本法适用于清洁地表水和未受明显污染的地下水中硝酸盐氮的测定，其最低检出浓度为0.08mg/L；测定下限为0.32mg/L，测定上限为4mg/L。

4. 凯氏氮的测定

凯氏氮是指以基耶达（Kjeldahl）法测得的含氮量。它包括氨氮和在此条件下能转化为铵盐而被测定的有机氮化合物。此类有机氮化合物主要有蛋白质、氨基酸、肽、胨、核酸、尿素以及合成的氮为负三价形态的有机氮化合物，但不包括叠氮化合物、硝基化合物等。由于一般水中存在的有机氮化合物多为前者，故可用凯氏氮与氨氮的差值表示有机氮含量。

凯氏氮的测定要点是取适量水样于凯氏烧瓶中，加入浓硫酸和催化剂（K_2SO_4），加热消解，将有机氮转变为氨氮，然后在碱性介质中蒸馏出氨，用硼酸溶液吸收，以分光光度法或滴定法测定氨氮含量，即为水样中的凯氏氮。详见《水质　凯氏氮的测定》（GB 11891—89）。

5. 总氮的测定

水中有机氮、氨氮、亚硝酸盐氮和硝酸盐氮的总和称为总氮。

大量生活污水或含氮的工业废水排入水体后会使水中总氮量增加，特别是湖泊、水库、港湾等水体将导致微生物和藻类等水生生物大量繁殖，出现富营养化状态，消耗水中溶解氧，使水质恶化。因此，总氮是衡量水质的重要指标之一。

总氮的测定方法一般用加和法，即：

$$总氮=有机氮+氨氮+亚硝酸盐氮+硝酸盐氮$$
$$氮=凯氏氮+亚硝酸盐氮+硝酸盐氮$$

式中各项均以氮元素浓度计量。

或 $总氮=有机氮+0.78（NH_4^+）+0.30（NO_2^-）+0.23（NO_3^-）$

式中除总氮和有机氮以 N mg/L 计外，其余几项均以各自离子的 mg/L 计，表 2.11 是各种形式含氮量的转换因子。

表 2.11 含氮量转换因子

项目	N	NH_4^+	NO_2^-	NO_3^-
N 相当于	1.00	1.29	3.28	4.43
NH_4^+ 相当于	0.78	1.00	2.55	3.44
NO_2^- 相当于	0.30	0.39	1.00	1.35
NO_3^- 相当于	0.23	0.29	0.74	1.00

另外，也可以用过硫酸钾氧化-紫外分光光度法测定。该法的原理是在水样中加入碱性过硫酸钾溶液，于过热水蒸气中将大部分有机氮化合物及氨氮、亚硝酸盐氧化成硝酸盐，用前面介绍的紫外分光光度法测定硝酸盐氮含量，即为总氮含量。详见《水质 总氮的测定 碱性过硫酸钾消解紫外分光光度法》（HJ 636—2012）。

第七节
有机化合物的测定

水体中的污染物质除无机化合物外，还含有大量的有机物质，它们以毒性和使水体溶解氧减少的形式对生态系统产生影响。有机污染物种类繁多，结构复杂，化学稳定性差，易被水中生物分解。水中有机物主要来源包括：①动植物的尸体、碎片的腐败分解；②生命活动的排泄物、生活垃圾；③工业生产过程废弃的有机原料、材料和半成品；④农业生产未被作物吸收的化肥、农药残留及牲畜家禽的粪便、废料等。有机物进入水体后，将在微生物作用下氧化分解，使水中的溶解氧逐渐减少。当水中有机物较多，耗氧太多而不能及时补充，溶解氧的浓度低于 4~5mg/L，将会影响鱼类生存。当水中溶解氧耗尽后，有机物便开始腐化，使水体变黑变臭，影响环境卫生。有机物又是许多微生物生长所需的食料和载体，如果处理不当，就很可能会导致传染病的流行。而且有许多有机物本身就有毒有害，这类有机物将直接危害人体健康和动植物的生长。因此，有机物污染指标是十分重要的水质指标。

水中所含有机物种类繁多,难以一一分别测定各种组分的定量数值,目前多测定与水中有机物相当的需氧量来间接表征有机物的含量(如COD、BOD等),或者某一类有机污染物(如酚类、油类、苯系物、有机磷农药等)。

但是,上述指标并不能确切反映许多痕量危害性大的有机物污染状况和危害,随着环境科学研究和分析测试技术的发展,必将大大加强对有毒有机物污染的监测和防治。

在环境监测中,对有机耗氧污染物,一般是从不同侧面反映有机物的总量,如COD、OC、BOD、TOD、TOC等,前四种参数称为氧参数,TOC称为碳参数。各耗氧参数在数值上的关系有:$TOD > COD_{Cr} > BOD_{20} > BOD_5 > OC$。

一、化学需氧量(COD)的测定

化学需氧量是指在一定条件下,氧化1升水样中还原性物质所消耗的氧化剂的量,单位为mg/L。水中还原性物质包括有机物和亚硝酸盐、硫化物、亚铁盐等无机物。化学需氧量反映了水中受还原性物质污染的程度。基于水体被有机物污染是很普遍的现象,该指标也作为有机物相对含量的综合指标之一。

(一)重铬酸钾法(COD_{Cr})

在强酸性溶液中,用重铬酸钾氧化水样中的还原性物质,过量的重铬酸钾以试亚铁灵作为指示剂,用硫酸亚铁铵标准溶液回滴,根据其用量计算水样中还原性物质消耗氧的量。反应式如下:

$$Cr_2O_7^{2-} + 14H^+ + 6e^- \rightleftharpoons 2Cr^{3+} + 7H_2O$$
$$Cr_2O_7^{2-} + 14H^+ + 6Fe^{2+} \rightleftharpoons 2Cr^{3+} + 7H_2O + 6Fe^{3+}$$
$$Fe^{2+} + 试亚铁灵 \longrightarrow 红褐色$$

回流装置如图2.17所示。

测定过程如下:取10mL水样(原样或经稀释)于锥形瓶中,依次加入硫酸汞溶液(消除Cl^-干扰)、重铬酸钾溶液5mL和几颗防爆沸玻璃珠,摇匀;接上回流装置;自冷凝管上口加入硫酸银-硫酸溶液15mL(催化剂),以防止低沸点有机物的逸出,不断旋动锥形瓶使之混合均匀。自溶液开始沸腾起保持微沸回流2h。若为水冷装置,应在加入硫酸银-硫酸溶液之前通入冷凝水。回流并冷却后,自冷凝管上端加入45mL水冲洗冷凝管,取下锥形瓶。溶液冷却至室温后,加入3滴试亚铁灵指示剂溶液,用硫酸亚铁铵标准溶液滴定,溶液的颜色由黄色经蓝绿色变为红褐色即为终点。

注意要点:

① 重铬酸钾氧化性很强,可将大部分有机物氧化,但吡啶不被氧化,芳香族有机物不易被氧化;

② 挥发性直链脂肪族化合物、苯等存在于蒸气相,不能与氧化剂

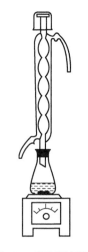

图2.17 氧化回流装置

液体接触，氧化不明显。氯离子能被重铬酸钾氧化，并与硫酸银作用生成沉淀，可加入适量硫酸汞络合之。

测定结果按下式计算：

$$\mathrm{COD_{Cr}(O_2, mg/L)} = \frac{(V_0 - V_1)c \times 8 \times 1000}{V} \tag{2.17}$$

式中 V_0——滴定空白时消耗硫酸亚铁铵标准溶液体积，mL；

V_1——滴定水样时消耗硫酸亚铁铵标准溶液体积，mL；

V——水样体积，mL；

c——硫酸亚铁铵标准溶液浓度，mol/L；

8——氧（1/2O）的摩尔质量，g/mol。

该方法不适用于含氯化物浓度大于1000mg/L（稀释后）的水中化学需氧量的测定。当取样体积为10.0mL时，本方法的检出限为4mg/L，测定下限为16mg/L。未经稀释的水样测定上限为700mg/L，超过此限时须稀释后测定，详见《水质 化学需氧量的测定 重铬酸盐法》（HJ 828—2017）。

（二）快速消解分光光度法

试样中加入已知量的重铬酸钾溶液，在强硫酸介质中，以硫酸银作为催化剂，经高温消解后，用分光光度法测定COD值。

高量程：当试样中COD值为100～1000mg/L时，在600nm±20nm波长处测定重铬酸钾被还原产生的三价铬的吸光度，试样中COD值与三价铬的吸光度的增加值成正比例关系，将三价铬的吸光度换算成试样的COD值。

低量程：当试样中COD值为15～250mg/L时，在440nm±20nm波长处测定重铬酸钾未被还原的六价铬和被还原产生的三价铬的两种铬离子的总吸光度；试样中COD值与六价铬的吸光度减少值成正比例，与三价铬的吸光度增加值成正比例，与总吸光度减少值成正比例，将总吸光度值换算成试样的COD值。

测定过程如下：在一支消解管中，依次加入一定量的重铬酸钾溶液、硫酸汞溶液和硫酸银-硫酸溶液，拧紧盖子，轻轻摇匀，冷却至室温，避光保存，配制好预装混合试剂。使用前将混合试剂摇匀后再拧开消解管管盖，将一定量试样沿管内壁慢慢加入管中，摇匀，用无毛纸擦净管外壁。打开加热器，预热到设定的165℃±2℃后，将消解管放入加热器的加热孔中，待温度升到设定的165℃±2℃时，计时加热15min后，取出消解管，待消解管冷却至60℃左右时，摇匀静置，冷却至室温。高量程方法在600nm±20nm波长处，以水为参比液，用光度计测定吸光度值。低量程方法在440nm±20nm波长处，以水为参比液，用光度计测定吸光度值，最后根据绘制的标准曲线计算水样COD。

具体详见《水质 化学需氧量的测定 快速消解分光光度法》（HJ/T 399—2007）。

（三）库仑滴定法

库仑滴定法采用K_2CrO_7为氧化剂，在10.2mol/L H_2SO_4介质中回流15min消化水解，消化后，剩余的K_2CrO_7用电解产生的Fe^{2+}作为库仑滴定剂，进行库仑滴定。根据电解产生亚铁离子所消耗的电量，按照法拉第定律计算：

$$\text{COD}(O_2, \text{mg/L}) = \frac{Q_s - Q_m}{96485} \times \frac{8 \times 1000}{V} \quad (2.18)$$

式中　Q_s——标定 K_2CrO_7 所消耗的电量（空白滴定）；
　　　Q_m——测定剩余 K_2CrO_7 所消耗的电量；
　　　V——水样体积，mL；
　　　96485——法拉第常数。

库仑式 COD 测定仪具有简单的数据处理装置，最后显示的数值为 COD。此法简便、快速、试剂用量少，简化了用标准溶液进行标定的过程，缩短消化时间，氧化率与重铬酸钾法基本一致，应用范围比较广泛，可用于地表水和污水 COD 值的测定。

二、高锰酸盐指数（OC）的测定

高锰酸盐指数，是指在一定条件下，以高锰酸钾为氧化剂，氧化水样中的还原性物质，所消耗的氧量，单位为 mg/L，即以高锰酸钾溶液为氧化剂测得的化学需氧量，称为高锰酸盐指数。国际标准化组织（ISO）建议高锰酸盐指数作为地表水受有机物和还原性无机物污染程度的综合指标。

高锰酸盐指数测定，操作简便，所需时间短，在一定程度上可以说明水体受有机物污染的情况。按测定溶液的介质不同，分为酸性高锰酸钾法和碱性高锰酸钾法。当 Cl^- 含量高于 300mg/L 时，应采用碱性高锰酸钾法，因为在碱性条件下高锰酸钾的氧化能力比较弱，此时不能氧化水中的氯离子，故常用于测定含 Cl^- 的水样。对于清洁的地表水和被污染的水体中氯离子含量不高的水样，通常采用酸性高锰酸钾法，当高锰酸盐指数超过 5mg/L 时，应少取水样并经稀释后再测定，其测定过程如下。

取水样 100mL（原样或经稀释）于锥形瓶中，加入（1+3）H_2SO_4 5mL，混匀，加入 0.1mol/L 高锰酸钾标准溶液（1/5$KMnO_4$）10.0mL，沸水浴 30min，加入 0.010mol/L $Na_2C_2O_4$ 标准溶液（1/2 $Na_2C_2O_4$）10.0mL 褪色，用 0.01mol/L $KMnO_4$ 标准溶液回滴至终点微红色。

测定结果按下式计算。

（1）水样不经稀释

$$\text{高锰酸盐指数}(O_2, \text{mg}/\text{L}) = \frac{\left[(10+V_1)K - 10\right]M \times 8 \times 1000}{100} \quad (2.19)$$

式中　V_1——滴定水样消耗 $KMnO_4$ 标准溶液量，mL；
　　　K——校正系数（每毫升 $KMnO_4$ 标准溶液相当于 $Na_2C_2O_4$ 标准溶液的体积）；
　　　M——$Na_2C_2O_4$ 标准溶液浓度（mol/L，$\frac{1}{2}Na_2C_2O_4$）；
　　　8——氧（$\frac{1}{2}Na_2C_2O_4$）的摩尔质量，g/mol；
　　　100——取水样体积，mL。

(2) 水样经过稀释

$$高锰酸盐指数(O_2,mg/L) = \frac{\{[(10+V_1)K-10]-[(10+V_0)K-10]\}M \times 8 \times 1000}{V_2} \quad (2.20)$$

式中 V_0——空白试验中高锰酸钾标准溶液消耗量，mL；

V_2——所取水样体积，mL；

f——稀释后水样中含稀释水的比值（如 10mL 水样稀释至 100mL，则 f=0.90）。

碱性高锰酸钾法的原理：在碱性溶液中，加一定量 $KMnO_4$ 溶液于水样中，加热一定时间以氧化水中的还原性无机物和部分有机物。加酸酸化后，用过量草酸钠溶液还原剩余的 $KMnO_4$，再以 $KMnO_4$ 溶液滴定至微红色。

化学需氧量和高锰酸盐指数是采用不同的氧化剂在各自的氧化条件下测定的，难以找出明显的相关关系。一般来说，重铬酸钾法的氧化率可达 90%，而高锰酸钾法的氧化率为 50% 左右，两者均未完全氧化，因而都只是一个相对参考数据。

三、生化需氧量（BOD）的测定

生化需氧量是指在有溶解氧的条件下，好氧微生物在分解水中有机物的生物化学氧化过程中所消耗的溶解氧量。同时亦包括如硫化物、亚铁等还原性无机物质氧化所消耗的氧量，但这部分通常占很小比例。

当水中耗氧有机物含量越高，生物氧化过程的耗氧量也越高，因此 BOD 测定实际上是对可降解（可被生物降解）有机物含量的间接测量。微生物对有机物的耗氧分解是一个缓慢的过程，例如，在 20℃培养时，有机物的完全氧化需要 20~100d 以上的时间。

大量研究表明，有机物在微生物作用下好氧分解大体上分两个阶段进行。

第一阶段称为含碳物质氧化阶段：主要是含碳有机物及脂肪氧化为二氧化碳和水。参与分解的是异养型微生物，把含氮有机物转化为氨。在 20℃时，碳化阶段可进行 16d 左右。

第二阶段称为硝化阶段：主要是含氮有机化合物在硝化菌的作用下分解为亚硝酸盐和硝酸盐。参与分解的是异养型微生物，把含氮有机物转化为氨。

然而这两个阶段并非截然分开，而是各有主次。对生活污水及性质与其接近的工业废水，硝化阶段大约在 5~7d，甚至 10d 以后才显著进行。故目前国内外广泛采用的 20℃五天培养法（BOD_5 法）测定 BOD 值一般不包括硝化阶段。

BOD 是反映水体被有机物污染程度的综合指标，也是研究废水的可生化降解性和生化处理效果，以及生化处理废水工艺设计和动力学研究中的重要参数。

1. 稀释接种法（五日培养法，BOD_5 法；HJ 505—2009）

五日生化需氧量（BOD_5），即水中有机物在微生物作用下氧化分解，五天所消耗的溶解氧量。

BOD_5 <1mg/L　　　　水体清洁

BOD_5 <3~4mg/L　　　水体有污染（有机物）

对于生活废水和大多数工业废水，BOD_5 可占总 BOD 的 70%~80%。采用 BOD_5 可减少

有机物降解释放的 NH_3 的硝化作用带来的干扰，因此广泛用于表示水中有机物污染程度。

类似于测定 DO，采用碘量法。对于污染轻的水样，取两份，一份测其当时的 DO，另一份在（20±1）℃下培养 5d 再测 DO，两者之差即为 BOD_5。

对于大多数污水来说，为保证水体生物化学过程所必需的三个条件，测定时就需按估计的污染程度适当地加特制的水稀释，然后取稀释后的水样两份，一份测其当时的 DO，另一份在（20±1）℃下培养 5d 再测 DO，同时测定特制水在培养前后的 DO，按公式计算 BOD_5 值。

（1）接种水的配制

对于不含或少含微生物的工业废水，如酸性废水、碱性废水、高温废水或经过氯化处理的废水，在测定 BOD_5 时应进行接种，以引入能降解废水中有机物的微生物。此外，废水中若存在难被一般生活废水中微生物以正常速度降解的有机物或有毒物，必要时将微生物驯化后接种。可选择下述任一种方法得到接种水：城市污水，一般是生活污水，室温下放一昼夜，取上清液；土壤浸出法，取 100g 花园土或植物生长土，加入 1L 水，混合，静置 10min，取上清液；含城市污水的河、湖水；污水处理厂的出水；当分析难于生物降解物质的废水时，可在排污口下游 3～8km 处取水或用含有益于微生物生长的水。

（2）稀释水的配制

对于污染的地面水和大多数工业废水，因含较多的有机物，需要稀释后再测定，以保证在培养过程中有充足的溶解氧。

稀释水的配制过程如下：

① 一般用蒸馏水配制，先通入经活性炭吸附及水洗处理的空气，曝气 2～8h，使稀释水中 DO 接近于饱和；

② 停止曝气后，可导入纯氧，盖上瓶口，包 2 层干纱布，放 20℃ 培养箱中数小时，使水中溶解氧含量达 8mg/L 左右。

③ 临用前，每升水加入 $CaCl_2$、$FeCl_3$、$MgSO_4$、磷酸盐缓冲溶液各 1mL，混合均匀备用。

④ 稀释水的 pH 应为 7.2，BOD_5 应小于 0.2mg/L。

（3）接种稀释水的配制

分取适量接种水，加入稀释水中，混匀；每升稀释水中，加入的接种水为：

① 生活污水上层清液 1～10mL；

② 表层土壤浸出液 20～30mL；

③ 河水、湖水 10～100mL。

配制得到的接种稀释水 pH 应为 7.2，BOD_5 为 0.3～1.0mg/L。

为检查稀释水、接种稀释水和微生物是否适宜，以及化验人员的操作水平，将每升含葡萄糖和谷氨酸各 150mg/L 以 1:50 稀释比稀释后配制标准检查液，与水样同步测定 BOD_5，即 20mL 标准检查液+稀释水→1000mL，20mL 标准检查液+稀释接种水→1000mL，分别测定 BOD_5，测得值应在 180～230mg/L 之间，否则，应检查原因，予以纠正。

（4）稀释方法

我国通常采用三个以上不同稀释倍数进行稀释测定（三倍数法）。

① 地面水可由已测得的高锰酸盐指数乘以适当的系数，求出稀释倍数。系数如表 2.12 列出。

表 2.12　由高锰酸盐指数估算稀释倍数乘以的系数

高锰酸盐指数/（mg/L）	系数
<5	—
5~10	0.2、0.3
10~20	0.4、0.6
>	0.5、0.7、1.0

② 工业废水可由重铬酸钾法测得的 COD 确定。通常需做 3 个稀释比：使用稀释水时，由 COD_{Cr} 分别乘以系数 0.075、0.15、0.225，即获得 3 个稀释倍数；使用稀释接种水时，由 COD_{Cr} 分别乘以系数 0.075、0.15、0.25，即获得 3 个稀释倍数。

在实践中，分析人员往往根据经验（样品的颜色、气味、来源及原来的监测资料）确定适当的稀释倍数。为了得到正确的 BOD_5 值，一般认为经过稀释后的混合液在 20℃培养 5d 后的溶解氧残留量在 1mg/L 以上，耗氧量在 2mg/L 以上，这种稀释倍数最合适；如果各稀释倍数均能满足上述要求，则取其测定结果的平均值为 BOD_5 值；如果三个稀释倍数培养的水样均在上述范围以外，则应调整稀释倍数后重做。

（5）测定结果计算

对不经稀释直接培养的水样：若水样中五日生化需氧量未超过 7mg/L，且在测定开始时能够经曝气达到接近饱和点，则可不经稀释进行直接测定，即为直接法。

$$BOD_5 = D_1 - D_2$$

式中　D_1——水样在培养前溶解氧浓度；

D_2——水样培养后剩余溶解氧浓度。

对于稀释后培养的水样：

$$BOD_5(mg/L) = \frac{(D_1 - D_2) - (B_1 - B_2)f_1}{f_2} \quad (2.21)$$

其中：

$$f_1 = \frac{V_1}{V_1 + V_2}$$

$$f_2 = \frac{V_2}{V_1 + V_2}$$

式中　B_1、B_2——稀释水在培养前后的溶解氧浓度，mg/L；

V_1、V_2——分别为稀释水和水样的体积，mL；

f_1、f_2——分别为稀释水和水样在培养液中所占比例。

水样含铜、铅、镉、铬、砷、氰等有毒物质时，对微生物活性有抑制，可使用经过驯化的微生物接种的稀释水，或提高稀释倍数，以减少毒物的影响。如含少量氯，一般放置 1~2h 可自行消散；对游离氯短时间不能消散的水样，可加入亚硫酸钠除去，加入量由实验确定。水样含大量藻类时，BOD_5 偏高，要求测定精度较高时，宜用滤膜过滤。

本方法适用于测定 BOD_5 大于或等于 2mg/L，最大不超过 6000mg/L 的水样；大于 6000mg/L，会因稀释带来很大误差。

2. 微生物传感器快速测定法

五日培养法（碘量法）作为测 BOD 的标准方法，存在操作复杂、重现性不好等缺点，而利用微生物传感器快速测定法就可克服这些缺点。其原理是当含有饱和溶解氧的样品进入流通池中与微生物传感器接触时，样品中可生化降解的有机物受到微生物菌膜中菌种的作用，而消耗一定量的氧，使扩散到氧电极表面上的氧的质量减少。当样品中可生化降解的有机物向菌膜扩散速度（质量）达到恒定时，扩散到氧电极表面上的氧的质量也达到恒定，因此产生一个恒定电流。由于恒定电流的差值与氧的减少量存在定量关系，据此可换算出样品中生化需氧量。

四、总有机碳（TOC）的测定

总有机碳是以碳的含量表示水体中有机物质总量的综合指标。由于 TOC 的测定采用燃烧法，因此能将有机物全部氧化，它比 BOD_5 或 COD 更能反映有机物的总量。

目前广泛应用的测定方法是燃烧氧化-非色散红外吸收法。将一定量水样注入高温炉内的石英管，在 900~950℃ 条件下，以铂和三氧化钴或三氧化二铬为催化剂，有机物燃烧裂解转化为二氧化碳，用红外线气体分析仪测定 CO_2 含量，从而确定水样中碳的含量。为获得有机碳含量，可采用两种方法：一是将水样预先酸化，通入氮气曝气，驱除各种碳酸盐分解生成的 CO_2 后再注入仪器测定，但由于在曝气过程中会造成水样中挥发性有机物的损失而产生测定误差，因此，其测定结果只是不可吹出的有机碳含量，此为直接法测定 TOC 值。另一种方法是使用高温炉和低温炉皆有的 TOC 测定仪。将同一等量水样分别注入高温炉（900℃）和低温炉（150℃），高温炉水样中的有机碳和无机碳均转化为 CO_2，而低温炉的石英管中装有磷酸浸渍的玻璃棉，能使无机碳酸盐在 150℃ 分解为 CO_2，有机物却不能被分解氧化。将高、低温炉中生成的 CO_2 依次导入非色散红外气体分析仪，分别测得总碳（TC）和无机碳（IC），二者之差即为 TOC。测定流程如图 2.18 所示。该方法最低检出浓度为 0.5mg/L。

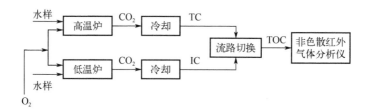

图 2.18 TOC 测定仪测定流程

五、总需氧量（TOD）的测定

总需氧量是指水中能被氧化的物质，主要是有机物质在燃烧中变成稳定的氧化物时所需要的氧量，单位为 mg/L。

用 TOD 测定仪测定 TOD 的原理是将一定量水样注入装有铂催化剂的石英燃烧管，通入含已知氧浓度的载气（氮气）作为原料气，则水样中的还原性物质在900℃下被瞬间燃烧氧化。测定燃烧前后原料气中氧浓度的减少量，便可求得水样的总需氧量值。

TOD能反映几乎全部有机物质经燃烧后变成CO_2、H_2O、NO、SO_2所需要的氧量，它比BOD、COD和高锰酸盐指数更接近于理论需氧值，但它们之间也没有固定的相关关系。

有研究表明，$BOD_5/TOD=0.1\sim0.6$；$COD/TOD=0.5\sim0.9$；具体比值取决于废水的性质。

TOD和TOC的比例关系可粗略判断有机物的种类：对于含碳化合物，因为一个碳原子消耗两个氧原子，即$O_2/C=2.67$，因此，从理论上说$TOD=2.67TOC$。

若水样中：

TOD/TOC在2.67左右，可认为水中污染物主要是含碳有机物引起的；

TOD/TOC>4.0，则应考虑水中有较大量含S、P的有机物存在；

TOD/TOC<2.6，应考虑水样中硝酸盐和亚硝酸盐可能含量较大，因为它们在高温和催化作用下分解放出氧，使TOD测定呈现负误差。

六、挥发酚的测定

根据酚类能否与水蒸气一起蒸出，分为挥发酚与不挥发酚。通常认为沸点在230℃以下的为挥发酚（属一元酚），而沸点在230℃以上为不挥发酚。

酚属高毒物质，人体摄入一定量会出现急性中毒症状；长期饮用被酚污染的水，可引起头瘙痒、贫血及神经系统障碍。当水中含酚大于5mg/L时，就会使鱼中毒死亡。

酚的主要污染源是炼油、焦化、煤气发生站，木材防腐及某些化工（如酚醛树脂）等工业废水。

酚的主要测定方法有溴化滴定法、分光光度法、色谱法等。4-氨基安替比林分光光度法是国内外普遍采用的方法，溴化滴定法用于高浓度含酚废水。当水样存在氧化剂、还原剂、油类及某些金属离子时，均应设法消除并进行预蒸馏。如对游离氯加入硫酸亚铁还原；对硫化物加入硫酸铜使之沉淀，或者在酸性条件下使其以硫化氢形式逸出；对油类用有机溶剂萃取除去等。蒸馏的作用有二：一是分离出挥发酚；二是消除颜色、浑浊和金属离子等干扰。

1. 4-氨基安替比林分光光度法（HJ 503—2009）

酚类化合物于pH 10.0±0.2的介质中，在铁氰化钾的存在下，与4-氨基安替比林（4-AAP）反应，生成橙红色的吲哚酚安替比林染料，在510nm波长处有最大吸收，用比色法定量。反应式如下：

显色反应受酚环上取代基的种类、位置、数目等影响，如对位被烷基、芳香基、酯、硝基、苯酰、亚硝基或醛基取代，而邻位未被取代的酚类，与4-氨基安替比林不产生显色反应。这是由上述基团阻止酚类氧化成醌型结构所致，但对位被卤素、磺酸、羟基或甲氧基所取代的酚类与4-氨基安替比林发生显色反应。邻位硝基酚和间位硝基酚与4-氨基安替比林发生的反应又不相同，前者反应无色，后者反应有点颜色。所以本法测定的酚类不是总酚，而仅仅是与4-氨基安替比林显色的酚，并以苯酚为标准。结果以苯酚计算含量。

该方法适用于地表水、地下水、饮用水、工业废水和生活废水。用20mm比色皿测定，最低检出浓度为0.1mg/L。如果显色后用三氯甲烷萃取，于460nm波长处测定，其最低检出浓度可达0.002mg/L；测定上限为0.12mg/L。此外，在直接光度法中，有色配合物不够稳定，应立即测定；氯仿萃取法有色配合物可稳定3h。

2. 溴化滴定法

在含过量溴（由溴酸钾和溴化钾产生）的溶液中，酚与溴反应生成三溴酚，并进一步生成溴代三溴酚，剩余的溴与碘化钾作用释放出游离碘。与此同时，溴代三溴酚也与碘化钾反应置换出游离碘。用硫代硫酸钠标准溶液滴定释放出的游离碘，并根据其消耗量，计算出以苯酚计的挥发酚含量。反应式如下：

$$KBrO_3+5KBr+6HCl \longrightarrow 3Br_2+6KCl+3H_2O$$

$$C_6H_5OH+3Br_2 \longrightarrow C_6H_2Br_3OH+3HBr$$

$$C_6H_2Br_3OH+Br_2 \longrightarrow C_6H_2Br_3OBr+HBr$$

$$Br_2+2KI \longrightarrow 2KBr+I_2$$

$$C_6H_2Br_3OBr+2KI+2HCl \longrightarrow C_6H_2Br_3OH+2KCl+HBr+I_2$$

$$2Na_2S_2O_3+I_2 \longrightarrow 2NaI+Na_2S_4O_6$$

结果按式（2.22）计算：

$$挥发酚浓度(以苯酚计，mg/L) = \frac{(V_1-V_2)c \times 15.68 \times 1000}{V} \quad (2.22)$$

式中 V_1——空白（以蒸馏水代替水样，加同体积溴酸钾-溴化钾溶液）实验滴定时硫代硫酸钠标准溶液用量，mL；

V_2——水样滴定时硫代硫酸钠标准溶液用量，mL；

c——硫代硫酸钠标准溶液的浓度，mol/L；

V——水样体积，mL；

15.68——苯酚（$\frac{1}{6}C_6H_5OH$）摩尔质量，g/mol。

七、油类的测定

油类主要包括石油类和动植物油类。其中石油类是指在pH≤2的条件下，能够被四氯乙烯萃取且不被硅酸镁吸附的物质；动植物油是指在pH≤2的条件下，能够被四氯乙烯萃取且被硅酸镁吸附的物质。

油类的测定方法主要为红外分光光度法。此外，还可采用紫外分光光度法测定石油类，采用气相色谱法测定可萃取性石油烃（C_{10}～C_{40}）和挥发性石油烃（C_6～C_9）。

1. 红外分光光度法

本法系利用油类物质的甲基（—CH_3）、亚甲基（—CH_2—）和芳香环中的C—H键的伸缩振动而在2930cm^{-1}、2960cm^{-1}和3030cm^{-1}有特征吸收，作为测定水样中油含量的基础。水样在pH≤2的条件下用四氯乙烯萃取后，测定油类；将萃取液用硅酸镁吸附去除动植物油类等极性物质后，测定石油类。动植物油类的含量为油类与石油类含量之差。

测定前，先用盐酸将水样酸化，再用四氯乙烯萃取，萃取液经无水硫酸钠层过滤，定容，得油类试样；将萃取样经硅酸镁吸附后得石油类试样。油类和石油类试样采用红外测油仪或者红外分光光度计仪测定其含量。测定时，4cm石英比色皿加入四氯乙烯为参比，分别测量正十六烷（20mg/L）、异辛烷（20mg/L）和苯（100mg/L）标准溶液在2930cm^{-1}、2960cm^{-1}和3030cm^{-1}处的吸光度A_{2930}、A_{2960}和A_{3030}，将测得的吸光度按照式（2.23）联立方程式，经求解后分别得到相应的校正系数X、Y、Z和F。

$$\rho = XA_{2930} + YA_{2960} + Z \times \left(A_{3030} - \frac{A_{2930}}{F}\right) \tag{2.23}$$

式中　　ρ——四氯乙烯中油类的含量，mg/L；

A_{2930}、A_{2960}、A_{3030}——各对应波数下测得的吸光度；

　　　　X——与CH_2基团中C—H键吸光度相对应的系数，mg/（L·吸光度）；

　　　　Y——与CH_3基团中C—H键吸光度相对应的系数，mg/（L·吸光度）；

　　　　Z——与芳香环中C—H键吸光度相对应的系数，mg/（L·吸光度）；

　　　　F——脂肪烃对芳香烃影响的校正因子，即正十六烷在2930cm^{-1}和3030cm^{-1}处的吸光度之比。

样品中油类或石油类浓度按式（2.24）计算：

$$\rho = \left[XA_{2930} + YA_{2960} + Z \times \left(A_{3030} - \frac{A_{2930}}{F}\right)\right] \times \frac{V_0 D}{V_w} - \rho_0 \tag{2.24}$$

式中　　ρ——样品中油类或石油类的浓度，mg/L；

　　　　ρ_0——空白样品中油类或石油类的浓度，mg/L；

　　　　X——与CH_2基团中C—H键吸光度相对应的系数，mg/（L·吸光度）；

　　　　Y——与CH_3基团中C—H键吸光度相对应的系数，mg/（L·吸光度）；

　　　　Z——与芳香环中C—H键吸光度相对应的系数，mg/（L·吸光度）；

　　　　F——脂肪烃对芳香烃影响的校正因子，即正十六烷在2930cm^{-1}和3030cm^{-1}处的吸光度之比；

A_{2930}、A_{2960}、A_{3030}——各对应波数下测得的吸光度；

　　　　V_0——萃取溶剂的体积，mL；

　　　　V_w——样品体积，mL；

　　　　D——萃取液稀释倍数。

2. 紫外分光光度法

石油类在紫外区有特征吸收。带有苯环的芳香族化合物的主要吸收波长为250～260nm；带有共轭双键的化合物主要吸收波长为215～230nm。一般石油类的两个吸收峰波长为225nm

和 254nm，多选择在 225nm 波长处测定吸光度，其石油类含量与吸光度值符合朗伯-比尔定律。

八、其他有机污染物的测定

根据水体污染的不同情况，常常还需要测定阴离子洗涤剂、有机磷农药、有机氮农药、苯系物、氯苯类化合物、苯并[a]芘、多环芳烃、甲醛、三氯乙醛、苯胺类、硝基苯类等。这些物质除阴离子洗涤剂外，其他均为主要环境优先污染物，其监测方法多用气相色谱法和分光光度法。对于大分子量的多环芳烃、苯并[a]芘等要用液相色谱法或荧光分光光度法。

第八节
底质和活性污泥性质测定

一、底质性质的测定

底质系指江、河、湖、库、海等水体底部表层的沉积物，它是矿物、岩石、土壤的自然侵蚀产物，生物活动及降解有机质等过程的产物，污水排出物和河（湖）床母质等随水流迁移而沉积在水体底部的堆积物质的统称。一般不包括工厂废水沉积物及废水处理厂污泥。底质是水体的重要组成部分。

通过底质监测，可以了解水体污染现状，追溯水环境污染历史，研究污染物的沉积、迁移、转化规律和对水生生物，特别是底栖生物的影响，并为评价水体质量、预测水质变化趋势和沉积污染物对水体的潜在危害提供依据。

（一）采样点布设和样品采集

底质监测断面的位置应与水质监测断面重合，采样点在水质监测垂线的正下方，以便与水质监测情况进行比较；当正下方无法采样时，可略作移动。湖（库）底质采样点一般应设在主要河流及污染源排水进入后与湖（库）水混合均匀处，采样点应避开底质沉积不稳定，易受扰动和表层水草繁盛处。

由于底质受水文、气象条件影响较小，比较稳定，一般每年枯水期采样测定一次，必要时可在丰水期增采一次。

底质采样量视监测项目和目的而定，通常为 1~2kg，一次采样量不够时，可在采样点周围采集，并将样品混匀。样品中的砾石、贝壳，以及动植物残体等杂质应予以剔除。

在较深水域采集表层底质，采样量较大时，一般用掘式采泥器（图 2.19）；采样量较小时，宜用锥式或钻式采泥器。采集供测定污染物垂直分布情况的地质样品，应使用管式泥芯机采样器采集柱状样品。在浅水或干涸河段，用长柄塑料勺或金属铲采集即可。样品尽量滤出水分，装入玻璃瓶或塑料袋内，贴好标签，填好采样记录表。

底质采样一般应与水质采样同时进行，或在水质采样后立即进行，样品保存与运输方法与水样相同。

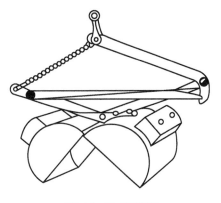

图2.19 掘式采泥器

（二）样品的预处理

底质样品送交实验室后，应尽快处理和分析，如放置时间较长，应放于柜中保存。在处理过程中应尽量避免沾污和污染物损失。

（1）脱水

底质中含有大量水分，必须用适当的方法除去，不可直接在日光下曝晒或高温烘干。常用脱水方法有：在阴凉、通风处自然风干（适于待测组分较稳定的样品）；离心分离（适于待测组分易挥发或易发生变化的样品）；真空冷冻干燥（适用于各种类型样品，特别是测定对光、热、空气不稳定组分的样品）；无水硫酸钠脱水（适于测定油类等有机污染物的样品）。

（2）筛分

将脱水干燥后的底质样品平铺于硬质白纸板上，用玻璃棒等压散（勿破坏自然粒径）。剔除砾石及动植物残体等杂物，使其通过20目筛。筛下样品用四分法缩分至所需量。用玛瑙研钵（或玛瑙碎样机）研磨至全部通过80～200目筛，装入棕色广口瓶中，贴上标签备用。但测定汞、砷等易挥发元素及低价铁、硫化物等时，不能用碎样机粉碎，且仅通过80目筛。测定金属元素的试样，使用尼龙材质网筛；测定有机物的试样，使用钢材质网筛。

对于用管式泥芯采样器采集的柱状样品，尽量不要使分层状态破坏，经干燥后，用不锈钢小刀刮去样柱表层并进行处理。如欲了解各沉积阶段污染物质的成分和含量变化，可沿横断面截取不同部位样品分别处理和测定。

（3）分解

底质样品的分解方法随监测目的和监测项目不同而异，常用的分解方法有以下几种。

① 硝酸-氢氟酸-高氯酸（或七水氢氟酸-高氯酸）分解法：该方法也称全量分解法，其分解过程是称取一定量样品于聚四氟乙烯烧杯中，加硝酸（或王水）在低温电热板上加热分解有机质。取下稍冷、加适量氢氟酸煮沸（或加高氯酸继续加热分解并蒸发至约剩0.5mL残液）。再取下冷却，加入适量高氯酸，继续加热分解并蒸发至近干（或加氢氟酸加热挥发除硅后，再加少量高氯酸蒸发至近干）。最后，用1%硝酸煮沸溶解残渣，定容，备用。这样处理得到的试液可测定全量Cu、Pb、Zn、Cd、Ni、Cr等。

② 硝酸分解法：该方法能溶解出由于水解和悬浮物吸附而沉淀的大部分重金属，适用于了解底质受污染的状况。其分解过程是称取一定量样品于50mL硼硅玻璃管中，加几粒沸石和适量浓硝酸，缓慢加热至沸并回流15min，取下冷却、定容，静置过夜，取上清液分析测定。

③ 水浸取法：称取适量样品，置于磨口锥形瓶中，加水，密塞，放在振荡器上振摇4h、

静置，用于滤纸过滤，滤波供分析测定。

④ 有机溶剂提取法：该方法用于测定有机污染组分的底质样品，如测定六六六、DDT 等。

（三）有机污染物的提取

底质中需测定的污染物质视水体污染来源而定。一般测定总汞、有机汞、铜、铅、锌、镉、镍、铬、砷化物、硫化物、有机氯农药、有机质等。

总汞常用冷原子吸收法或冷原子荧光法测定。铜、铅、锌、镉、镍、铅常用原子吸收分光光度法测定。砷化物一般用二乙氨基二硫代甲酸银（AgDDC）或新银盐分光光度法测定。硫化物多用对氨基二甲基苯胺分光光度法测定，当含量大于 1mg/L 时，用碘量法测定。

底质中有机氯农药（六六六、DDT）一般用气相色谱法（电子捕获检测器）测定。

底质中有机质含量用重铬酸钾法测定。其测定原理为在加热的条件下，以过量 K_2CrO_7-H_2SO_4 溶液氧化底质中的有机碳，过量的 K_2CrO_7 用 $FeSO_4$ 标准溶液滴定。根据 K_2CrO_7 消耗量计算有机碳含量，再乘上一个经验系数，即为有机质含量。如果有机碳的氧化效率达不到 100%，还要乘上一个校正系数。计算式如下：

$$有机质 = \frac{(V_0 - V)c \times 0.003 \times 1.724 \times 1.08}{W} \times 100\% \quad (2.25)$$

式中 V_0——用灼烧过的土壤代替底质样品进行空白试验所消耗的 $FeSO_4$ 标准溶液体积，mL；

       V——滴定底质样品溶液消耗 $FeSO_4$ 标准溶液体积，mL；

       c——$FeSO_4$ 标准溶液浓度，mol/L；

  0.003 ——碳在反应中的毫摩尔质量（$\frac{1}{4}$C，g）；

  1.724 ——将有机碳换算为有机质的经验系数；

  1.08 ——有机碳氧化率（90%）校正系数；

       W——风干底质样品质量，g。

测定底质中其他污染物质时，均以（105±2）℃烘干样品为基准表示测定结果，故底质脱水后，需测定含水量。

二、活性污泥性质的测定

活性污泥法处理污水是一种好氧生物处理方法。由于这种方法具有高净化能力，是目前工作效率最高的人工生物处理法，因而得到广泛的应用。

处理污水效果好的活性污泥应具有颗粒松散、易于吸附和氧化有机物的性能，且经曝气后澄清时，泥水能迅速分离，这就要求活性污泥有良好的混凝和沉降性能。在污水处理过程中，常通过控制污泥沉降比和污泥体积指数两项指标来获取最佳效果。

（一）活性污泥中的微生物

活性污泥是微生物群体及它们所吸附的有机物质和无机物质的总称。微生物群体主要包括细菌、原生动物和藻类等。其中，细菌和原生动物是主要的两大类。

1. 细菌

细菌是单细胞生物，如球菌、杆菌和螺旋菌等。它们在活性污泥中种类多、数量大、体积微小，具有强的吸附和分解有机物的能力，在污水处理中起着关键作用。

在活性污泥培养的初期，细菌大量游离在污水中，但随着污泥的逐步形成，逐渐集合成较大的群体，如菌胶团、丝状菌等。

（1）菌胶团

菌胶团是细菌及其分泌的胶质物质组成的细小颗粒，是活性污泥的主体，污泥的吸附性能、氧化分解能力及凝聚沉降等性能均与菌胶团有关。菌胶团有球形、分枝状、蘑菇形、垂丝形等。

（2）球衣细菌

这种细菌对碳素营养需求量较大，常因有大量碳水化合物的存在，使它们过快地繁殖引起污泥膨胀，故分解有机物的能力强。

（3）其他细菌

白硫细菌能分解含硫化合物；硫丝细菌是一种常见丝状细菌，大量繁殖时可使污泥松散，甚至引起污泥膨胀。

2. 原生动物

原生动物为单细胞动物，体积小，结构复杂。在污水处理中，一般将有机物摄入细胞内加以分解。活性污泥中常见的原生动物有钟虫类、轮虫类、鞭毛虫类、游动纤毛虫类等，它们都具有净化污水的能力。

3. 藻类

藻类是一种单细胞和多细胞的微小植物，细胞内的叶绿素能进行光合作用，利用光能将从空气中吸收的 CO_2 合成细胞物质，并放出氧气，增加了水中的溶解氧，对污水中有机物质的分解氧化有重要意义。

（二）活性污泥性质的测定

1. 污泥沉降比

将混匀的曝气池活性污泥混合液迅速倒进 1 000mL 量筒中至满刻度，静置 30min，则沉降污泥与所取混合液之体积比为污泥沉降比（%），又称污泥沉降体积（SV_{30}），单位为 mL/L。因为污泥沉降 30min 后，一般可达到或接近最大密度，所以普遍以此时间作为该指标测定的标准时间；也可以 15min 为准。

2. 污泥浓度

1L 曝气池污泥混合液所含干污泥的质量称为污泥浓度。用重量法测定，单位为 g/L 或 mg/L。该指标也称为悬浮物浓度（MLSS）。

3. 污泥体积指数（SVI）

污泥体积指数简称污泥指数（SI），系指曝气池污泥混合液经30min沉降后，1g干污泥所占的体积（以mL计）。计算式如下：

$$SVI = \frac{混合液经30min污泥沉降体积(mL/L)}{混合液污泥浓度(g/L)} \qquad (2.26)$$

污泥指数反映活性污泥的松散程度和凝聚、沉降性能。污泥指数过低，说明泥粒细小、紧密，无机物多，缺乏活性和吸附能力；指数过高，说明污泥将要膨胀，或已膨胀，污泥不易沉淀，影响对污水的处理效果。对于一般城市污水，在正常情况下，污泥指数控制在50～150为宜。对有机物含量高的工业废水，污泥指数可能远超过上列数值。

复习与思考题

1. 简要说明监测各类水体水质的主要目的和确定监测项目的原则。
2. 怎样制定地表水监测方案？以河流为例，说明如何设置监测断面和采样点？
3. 对于工业废水排放源，怎样布设采样点？怎样测量污染物排放总量？
4. 水样有哪几种保存方法？试举几个实例说明怎样根据被测物质的性质选用不同的保存方法。
5. 水样在分析测定之前，为什么要进行预处理？预处理包括哪些内容？
6. 怎样用萃取法从水样中分离、富集欲测有机污染物质和无机污染物质？各举一例说明。
7. 简要说明用离子交换法分离和富集水样中阳离子和阴离子的原理，各举一例。
8. 说明浊度和色度的含义及区别。
9. 冷原子吸收光谱法和冷原子荧光光谱法测定水样中的汞，在原理和仪器方面有何主要相同和不同之处？
10. 说明用原子吸收光谱法测定金属化合物的原理，用方块图示意其测定过程。
11. 怎样用分光光度法测定水样中的六价铬和总铬？
12. 怎样采集和测定溶解氧的水样？说明氧电极法和碘量法测定溶解氧的原理。两种方法各有什么优缺点？
13. 简述COD、BOD、TOD、TOC的含义；对同一水样来说，它们之间在数量上是否存在一定的关系？为什么？
14. 根据重铬酸钾法和库仑滴定法测定COD的原理，分析两种方法的联系、区别和影响测定准确度的因素。
15. 测定底质有何意义？采样后怎样进行样品制备？制备好的底质样品怎样根据监测项目选择后续的预处理方法？
16. 怎样测定污泥沉降比和污泥容积指数？测定它们对控制活性污泥的性能有何意义？

第三章
大气污染监测

第一节 大气污染基本知识

一、大气污染

(一) 概念

① 大气环境(atmospheric environment)。大气是人类赖以生存的最基本的环境要素之一,构成了环境系统中的大气环境子系统。地球上一切生命活动和过程都离不开大气。它不仅能通过自身运动进行热量、动量和水资源分布的调节,给人类创造一个适宜的生活环境和劳动环境,并且还能阻挡过量的紫外线照射到地球表面,有效地保护人类和地球上的生物。

通常讲,大气指的空间范围较大,如区域、全球等包围着地球的大气层;而空气指的范围较小,如居室、车间、院内、厂区、居住区等生活劳动场所的小空间。但是,有时两者很难严格区分,在本书除对居室内、车间内的小范围使用空气"air"外,一般都称"大气(atmospheric)"。

② 大气自净(air self-purification)。大气中的污染物由于自然过程而从大气中除去或质量浓度降低的过程或现象。

③ 大气污染(atmospheric pollution)。由于人类活动或自然过程,排放到大气中的物质(或由它转化成的二次污染物)的质量浓度及持续时间,足以对人的舒适感、健康以及设施或环境产生不利影响时,称为大气污染(atmospheric pollution)。

(二) 造成大气污染的原因

造成大气污染的原因有:自然过程,如活火山排出的火山灰、二氧化硫(SO_2)、硫化氢(H_2S),煤田和油田自然逸出煤气和天然气,腐烂的动植物放出的有害气体等;人类的生产和生活活动则是造成大气污染的另一主要原因。

① 燃料燃烧。燃煤、燃油、燃烧煤气及天然气,所排出的污染物及能量,如烟尘、二氧

化硫（SO_2）、氮氧化物（NO_x）、一氧化碳（CO）、二氧化碳（CO_2）、铅以及热能等都可能引起大气污染。但是，造成大气污染的原因不只和污染物质的排出总量（源强）有关，而且在很大程度上取决于该地区的气象条件、地形和地物等，其中气象因素影响最大。历史上的大气污染事件多发生在狭窄盆地或河谷地带中就充分说明了这一点。

② 工业生产过程排放大量废气。工业生产过程排放的大量废气中含有种类繁多的大气污染物，不经净化处理排向大气环境，是引起大气污染的又一主要原因。

此外，许多微生物寄生在人和动物体内，可以从呼吸道排出，直接污染大气；也可随排泄物（如痰或粪便等）排出而进入地面，随灰尘飞扬而造成污染。上述大气微生物污染，以及由于城市绿化、美化工作选用的绿化植物不当引起的大气生物污染已开始引起人们注意。

二、大气污染物

（一）大气污染物分类

对种类繁多的废气可采用不同的分类方法：一是按发生源的性质（人类产生废气活动的性质）来分类。如人类工业生产活动产生的废气称为工业废气（包括燃料燃烧废气和生产工艺废气）；人类生活活动产生的废气称为生活废气；人类交通运输活动产生的废气称为交通废气，包括汽车尾气（汽车废气）、高空航空器废气、火车及船舶废气等；人类农业活动产生的废气称为农业废气。二是按废气所含的污染物来分类。按所含污染物的物理形态分类，可以分为含颗粒物废气、含气态污染物废气等。还可具体分为含烟尘废气、工业粉尘废气、含煤尘废气、含硫化合物废气、含氮化合物废气、含碳氧化物废气、含卤素化合物废气、含碳氢化合物废气等。这种分类方法在废气治理工程中经常应用。

为了阐述废气的分类，首先要弄清大气污染物的分类。大气污染物种类众多，很难做出严格的分类。通常，按其形成过程分为一次污染物和二次污染物。

一次污染物是直接从各种污染源排放到空气中的有害物质。常见的主要有二氧化硫、氮氧化物、一氧化碳、碳氢化合物、颗粒物等。颗粒物中包含苯并[a]芘等强致癌物质、有毒重金属、多种有机化合物和无机化合物等。

二次污染物是一次污染物在空气中相互作用或它们与空气中的正常组分发生反应所产生的新污染物。这些新污染物与一次污染物的化学、物理性质完全不同，多为气溶胶，具有颗粒小、毒性一般比一次污染物大等特点。常见的二次污染物有硫酸盐、硝酸盐、臭氧、醛类（乙醛和丙烯醛等）、过氧乙酰硝酸酯（PAN）等。

空气中污染物的存在状态是由其自身的理化性质决定的，气象条件也起一定的作用。按照污染物的存在状态可将空气中的污染物分为气溶胶态污染物和气态污染物。

① 气溶胶态污染物：它是指悬浮在大气中的固体或液体物质，或称微粒物质或颗粒物。按其来源的不同，气溶胶又可分为一次气溶胶和二次气溶胶。前者系指从排放源排放的微粒，例如从烟囱排出的烟粒、风刮起的灰尘以及海水溅起的浪花等；后者系指从源排放时为气体，经过一系列大气化学过程所形成的微粒，例如来自排放源的 H_2S 和 SO_2 气体，经大气氧化过程，最终转化为硫酸盐微粒。烟尘主要来自火力发电厂、钢铁厂、金属冶炼厂、化工厂、水泥

厂及工业和民用锅炉的排放。

在描述大气颗粒物污染状况时，也使用以下一些专业术语。

粉尘：是固态分散性气溶胶，通常是指由固体物质在粉碎、研磨、混合和包装等机械生产过程中，或土壤、岩石风化等自然过程中产生的悬浮于空气中的形状不规则的固体粒子，粒径一般为 1~200μm。

降尘：是指粒径大于 10μm 的粒子。它们在重力的作用下能在较短的时间内沉降到地面。常用作评价大气污染程度的一个指标。

飘尘：也叫可吸入颗粒物（PM_{10}），是指粒径在 0.1~10μm 之间的较小粒子。因其粒径小且轻，有的能漂浮几天、几个月，甚至几年，漂浮的范围也很大，有的可达几公里，甚至几十公里。而且它们在大气中能不断蓄积，使污染程度不断加重。因飘尘能长时间飘浮于大气中，随人们的呼吸进入鼻腔或肺部，影响人体健康，而成为环境监测的一项重要指标。

总悬浮颗粒物（TSP）：是指大气中粒径小于 100μm 的固体粒子总质量。这是为适应我国目前普遍采用的低容量（$10m^3/h$）滤膜采样（质量）法而规定的指标。

飞灰：是指燃料燃烧产生的烟气带走的灰分中分散得较细的粒子，灰分是指含碳物质燃烧后残留的固体渣。

烟：是指燃煤或其他可燃物质的不完全燃烧所产生的煤烟或烟气，属于固态凝聚性气溶胶。常温下为固体，高温下由于蒸发或升华而成蒸气，逸散到大气中，遇冷后又以空气中原有的粒子为核心凝集成微小的固体颗粒。

液滴：是指在静态条件下能沉降，在紊流条件下能保持悬浮的小液体粒子，主要粒径范围在 200μm 以下。

轻雾：是液态分散性和液态凝聚性气溶胶的统称。粒径范围约为 5~100μm。液态分散性气溶胶又称液雾，是常温下的液态物质因飞溅、喷射等原因雾化而产生的液体微滴。液态凝聚性气溶胶是由于加热等原因使液体蒸发而逸散到大气中，遇冷变成过饱和蒸气，并以尘埃为核心凝集成液体小滴。两种气溶胶都呈球形，性质相似，只是液态分散性气溶胶的粒子直径大些。水平视度为 1~2km。

重雾：是指空气中有高质量浓度的水滴，粒径范围为 2~30μm，这时雾很浓，且能见度差。水平视度小于 1km。

霾：表示存在着尘、轻雾和污染气体，粒径小于 1μm。它常与大气的能见度降低相联系。

烟雾：是一种固、液混合态的气溶胶，具有烟和雾的两重性。当烟和雾同时形成时，就构成了烟雾。粒子的粒径小于 1μm。

细颗粒物（$PM_{2.5}$）：空气动力学直径小于 2.5μm，它能较长时间悬浮于空气中，对空气质量和能见度等有重要的影响。与较粗的大气颗粒物相比，$PM_{2.5}$ 粒径小，面积大，活性强，易附带有毒、有害物质（例如重金属、微生物等），且在大气中的停留时间长、输送距离远，对人体健康和大气环境质量的影响很大。

② 气态污染物：主要有五大类，以 SO_2 为主的含硫化合物、以 NO 和 NO_2 为主的含氮化合物、碳的氧化物、碳氢化合物及含卤素的化合物。

含硫化合物：大气污染物中的含硫化合物包括硫化氢（H_2S）、二氧化硫（SO_2）、三氧化硫（SO_3）、硫酸（H_2SO_4）、亚硫酸盐（SO_3^{2-}）、硫酸盐（SO_4^{2-}）和有机硫气溶胶。其中最主要的污染物为 SO_2、H_2S、H_2SO_4 和硫酸盐，SO_2 和 SO_3 总称为硫的氧化物，以 SO_x 表示。

含氮化合物：大气中以气态存在的含氮化合物主要有氨（NH_3）及氮的氧化物，包括氧化亚氮（N_2O）、一氧化氮（NO）、二氧化氮（NO_2）、四氧化二氮（N_2O_4）、三氧化二氮（N_2O_3）及五氧化二氮（N_2O_5）等。其中对环境有影响的污染物主要是 NO 和 NO_2，通常统称为氮氧化物（NO_x）。其他还有 NO_2^-、NO_3^- 及铵盐。

碳的氧化物：一氧化碳（CO）是低层大气中最重要的污染物之一。CO 的来源有天然源和人为源。二氧化碳（CO_2）是动植物生命循环的基本要素，通常它不被看作是大气的污染物。但其对人类环境的影响，尤其对气候的影响是不容低估的，是"温室效应"最主要的成分之一。

含卤素化合物：存在于大气中的含卤素化合物很多，在废气治理中接触较多的主要有氟化氢（HF）、氯化氢（HCl）等。

碳氢化合物（HC）：碳氢化合物（含碳化合物）统称烃类，是指由碳和氢两种原子组成的各种化合物。为便于讨论，把含有 O、N 等原子的烃类衍生物也包括在内。碳氢化合物主要来自天然源。在大气污染中较重要的碳氢化合物有 4 类：烷烃，烯烃，芳香烃，含氧烃。

(二) 大气主要污染物

按照《空气质量 词汇》（HJ 492—2009）下的定义，"由于人类活动或自然过程，排放到大气中对人或环境产生不利影响的物质"统称空气污染物（air pollutant）。本书称之为大气污染物（atmospheric pollutant）。大气污染物种类繁多，在实际环境保护工作中应按照一定的原则，因时、因地制宜确定出需要进行重点控制的大气主要污染物。

确定大气主要污染物的原则主要有以下 3 点：

① 量大面广，对全球环境或区域环境有明显不良影响的；
② 对环境有严重危害的有毒有害污染物；
③ 在当前技术经济条件下可以实现控制管理的。

根据我国的国情，在环境标准、环境政策法规中确定了下列大气主要污染物。

① 为履行国际公约而确定的。主要有：二氧化碳 CO_2（温室气体），氟里昂 CCl_3F，CCl_2F_2（破坏臭氧层）。

② 全国性大气主要污染物。主要有：烟尘，工业粉尘，二氧化硫（SO_2），氮氧化物（NO_x），一氧化碳（CO），光化学氧化剂（O_3）。

③ 地区性（或局部地区）主要污染物。在我国，除了国家确定的污染物之外，由于各地区的资源分布和工业分布不同，有些污染物虽不属于全国性主要污染物，但却是某地区的主要污染物。这些污染物主要有：氟化物（HF 等），氯及氯化氢（Cl，HCl），硫化氢（H_2S），二硫化碳（CS_2），铅（Pb），恶臭气体以及汽车尾气等。

(三) 大气污染物的时空分布

① 大气污染物的时间分布：大气污染物的质量浓度变化是有规律的，与污染源的排放状况和气象条件（如风速、风向和大气湍流等）密切相关。而有些污染源（指采暖用）的排放规律和气象条件又随季节和昼夜的不同而不同。因此，同样的污染源对同一地点或地区所造成

的污染物的地面质量浓度就随时间不同而异。图 3.1 为我国北方某城市大气中 SO_2 质量浓度的时间分布图。从图 3.1 可以看出,大气污染物的质量浓度分布与时间有密切的关系:就一年的变化规律来看,属于采暖期 1 月、2 月、11 月、12 月四个月内 SO_2 的质量浓度比其他几个月高;在一天内,早晨 6~10 时和晚间 6~9 时都是供热的高峰期,因此这两个时段内,SO_2 的质量浓度比其余时间高。

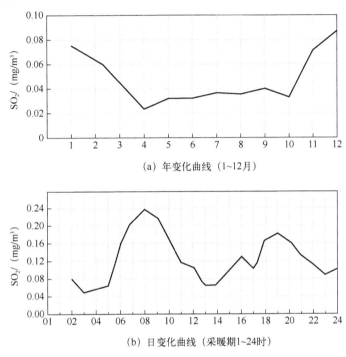

图 3.1 我国北方某城市 SO_2 质量浓度的时间变化曲线

② 大气污染物的空间分布:它也与污染源的种类、分布情况和气象条件等因素有关。一个点源,如烟囱,排放出的污染物常常形成一个较小的气团,能使地面污染物质量浓度分布产生较大的变化,即不同距离各点间的质量浓度差别较大。这种情况通常发生在离污染源较近的地面上,称为小尺度空间污染,其直线范围从 1000m 以下到数千米。大量的地面小污染源,如小工业炉窑、分散供热锅炉以及千家万户的炊炉等,造成的污染物地面质量浓度分布一般是比较均匀的,同时污染物质量浓度的分布有较强的规律。图 3.2 是美国某城市(包括附近的郊区和农村)SO_2 质量浓度的分布图。

从图中可以看出,污染源和人口集中的城区 SO_2 质量浓度最高,靠近郊区的农村最低,郊区质量浓度居中。由大量的地区小污染所引起的污染空间,称为中尺度污染空间,其直线范围达十千米至数十千米。大尺度

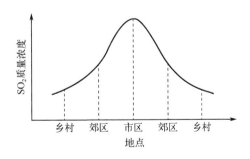

图3.2 美国某城市 SO_2 质量浓度空间分布曲线图

污染空间是指离污染源很远，受污染影响越来越小的地区，其直线范围从数十千米至数百千米。

总之，由于大气污染物在空间的分布是不均匀的，所以在大气污染监测工作中，除了注意选择适当的时间外，还应根据监测目的和污染物的空间分布特点，选择适当的测定（采样）地点，使获得的结果具有代表性。

第二节 大气污染监测方案的制订

制订空气污染监测方案的程序同制订水和废水监测方案一样，首先要根据监测目的进行调查研究，收集相关的资料，然后经过综合分析，确定监测项目，布设监测点，选定采样频率、采样方法和监测方法，建立质量保证程序和措施，提出进度、安排计划和对监测结果报告的要求等。下面结合我国现行的技术规范，对空气污染监测方案的制订进行介绍。

一、大气污染监测的目的

大气环境监测是大气环境保护和大气污染评价等工作的先决条件，是有效地进行定量化管理不可缺少的重要手段，它为制订和修改标准、法规及治理措施，仲裁环境纠纷等提供科学依据。

大气环境监测分为两大类：一类是常规性监测，一类是研究性监测。常规监测的目的是对确实存在或潜在有大气污染问题的地区进行例行监测，判断环境空气是否符合大气质量标准，观察污染的长期趋势以及评价控制污染方案的有效程度。研究性监测的目的是对环境科学中的某些课题进行系统研究，如研究污染扩散规律，验证污染的数学模式，评价污染对人体健康和对生物生态的影响，以及确定城市土地功能分区规划。通常，一个大气污染监测计划的初步设计由以下几个方面组成（图3.3）。

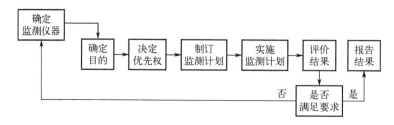

图 3.3　计划和安排大气监测的程序

二、大气污染监测的准备工作

大气监测的目的确定之后,即可研制并实施一项能够实现这些目的的现场监测计划,在资金、人力和时间允许的条件下,根据这个目的确定监测计划的重点。

(一) 监测方案制订的要求与方法

制订监测方案首先要考虑解决监测的对象(污染物)、监测的区域或地点、监测的目的、监测的方法等一系列基本问题,才能着手进行监测网点细节的设计。每个中型或大型监测网设计通常采用下列两种方法之一:
① 设立许多监测点,每一个监测点只要求测定1种或2种污染物;
② 设立少量监测点,每一个监测点测定数种污染物。
另外,还要从监测的目的、对象、人力、物力等条件来考虑仪器的类型、数据的利用等。

(二) 基本资料的调查与收集

① 有关污染源的资料。在进行监测网点设计时,首先要收集有关该地区大气污染源的污染物和排出量的资料,并绘制成图和表。城市中大气污染的来源通常包括:机动车辆、发电厂、锅炉、焚化炉和加热设备等。应收集关于它们的数量、类型、大小和位置等资料,对所用燃料的类型、数量和组成(含硫量、含灰量和微量元素质量浓度等)也要调查清楚。固定污染源所用的燃料与交通运输工具所用的燃料应分别予以考虑。在收集上述资料的基础上,用扩散计算公式粗略地估计周围环境中预计可能达到的大气污染质量浓度。这样,在短期内,用较少的人力、物力即可对可能存在的污染问题作出初步估计。

在考虑污染源分布时,要注意把较大的污染源(一般常从高烟囱排出)和较小的污染源(一般常从较低的烟囱排出)区别开来。由于排出高度较低,较小的污染源对周围地面污染物质量浓度的影响在比例上比大型工业污染源大得多。另外,还要注意区别直接从污染源排出的污染物(一次污染物)和由于光化学反应产生的二次污染物。后者对交通运输工具和石油化工排出物尤为重要。二次污染物是在大气中形成的,其最高质量浓度往往在距离污染源一定距离以外的地方。这一点在设计大气污染监测网点时应予以考虑。

② 有关流行病学和社会调查资料。为了评价居民受污染的影响,进行大气污染流行病学调查而做大气质量监测时,不仅通常要在若干个大气污染程度明显不同的居住区中进行,而且还需要有该地区的人口分布、年龄和社会经济情况的资料。另外,收集群众对污染情况提出申诉的来源、地区分布、类型和数量的资料,收集污染物对该地区的植物、动物和建筑材料造成损害的资料,对设计监测网点亦是需要的。

③ 有关气象资料。在设计监测网点和随后对监测数据进行解释时,都需要一定的气象资料。因此,要在大气污染监测计划的区域内请气象部门或者由环境监测部门增设若干气象观测仪器进行观测。当地气象部门通常有该地区气候情况的一般资料。较常见的测定参数有风向、风速、温度和气压的逐日、逐年变化资料,还有降水量、日照时间、相对湿度和绝对湿度

以及与雾的形成有关的参数等。温度梯度和逆温层底部高度的资料是很有用的,要尽量观测或收集到。我国目前统一要求在各监测点采样的同时,测定和记录气压、气温、湿度、风速及天气情况等,有条件时,尽可能观测记录逆温等资料。

④ 有关地形和地物的资料。地形和地物对当地的风和大气稳定情况有一定的影响。因此,地形和地物的资料在选择监测地点时有重要作用。位于丘陵地带的城市中,市区内大气污染物的质量浓度会有大的变化。影响污染扩散的地形和地物有山、河谷、湖泊、海洋和建筑物等。地形和地物愈复杂,所需要的采样点便愈多。

⑤ 有关以往大气监测的资料。无论是连续监测还是不定期采样取得的大气质量资料(如卫生部门、气象部门、高等院校、科学研究机关和工矿企业等收集的资料),都应该尽可能全部收集起来,最好能汇编成图表,以便对大气污染程度作出初步的估计。在使用这些资料时,值得注意的是各自的采样和分析方法可能有所不同。

⑥ 有关土地功能分区的资料。根据污染源及各地区活动情况的特点,把目前土地实际使用的情况划分成不同功能分区。通常进行现场观察,即可定出多种地区的性质。有的地方把各个分区土地使用的情况绘制成地图,标明居住区、商业区、工业区或混合区等,并以建筑密度,有无公园或其他空地等进一步分类。这不仅可用于设立监测网点,而且在把某一地区大气污染数据,应用于估算类似情况下其他地区的污染物质量浓度时也是必要的。

(三) 人力、物力的组织安排

① 组织安排。在监测网点的计划、设计与运行时都需要和各工矿企业、统计部门、城市规划部门、气象部门、卫生部门与科学研究机构等进行合作,并得到他们的帮助。污染物及排放量、人口密度及分布、污染源位置、交通情况、土地功能分区以及气象等资料都可以全部从这些部门获得或者得到一部分。同时,亦需要和其他环境监测部门,如负责水的监测部门,环境辐射、土壤与植物监测部门互相配合和协作。当新调查的地区大气污染扩散特征(与地形和气象有关)涉及附近地区的时候,监测网点的安排和发展还应当和有关地区进行合作。

② 人员、设备和经费。在我国目前的条件下,大多数环境保护监测单位,依靠有一定水平的专业人员,使用简单的设备和有限的经费,仍然可以取得良好的初步结果。所得的初步结果和收集的资料是发展完善监测网的基础。在这个阶段如能得出污染物大的扩散模式,则可以指导监测网点的进一步发展。

(四) 设计监测网点时应考虑的问题

在取得设计监测网点各种有用的资料,并加以评价后,即可制订监测工作计划。它包括如下内容。

(1) 选择目前和今后拟测定的污染物

污染物的选择通常有下述两种方式。

① 先测定飘尘和二氧化硫,如果交通运输等情况表明有必要,也测定一氧化碳、氮氧化物等。随着工作计划的逐步发展和同其他地区的资料进行比较,可能发现有别的污染物存在。这是最常用的选择拟测定污染物的途径。它也可以表明当污染物的质量浓度超过或将要超过可引起危害的程度时,或者虽然质量浓度还能符合环境质量指标,而估计人口将有明显增加

时，制定或提出质量浓度标准的必要性。

② 依赖于对污染物排放的调查，不仅要监测对人的健康和环境有危害的污染物质，还应考虑到监测工作计划处于不同发展阶段时应优先考虑的项目。这种方法最好与大气污染模式结合起来，以计算各种污染物在环境中的预计质量浓度。通常，先对主要污染物进行排放量调查，再开始进行监测工作。然后，再对排放某些污染物的某些工矿企业进行调查，而这些污染物不是监测区域中各处都有的，例如硫化氢、砷、氟、石棉等。

在选择污染物时，可利用上述两种方式中的一种。但是，在大多数情况下，都是把这两种方式综合起来进行选择。这取决于监测的目的和需要提供的数据，还取决于监测工作所处的发展阶段。监测工作必须逐步开展，逐年按所取得的经验而选择新的拟测定的污染物。确定增加或减少监测站（点）的数目，使之更精确地反映建立监测系统所达到的目的和要求。

(2) 监测区域的选择和确定

由于大气污染物能扩散到很远距离，尤其是在高空排放时，污染物的影响能达到距排出口很远的地方。所以，对于一个城市来说，在大多数情况下，监测网点应包括整个城市。为了全面地研究大气污染状况，监测网点应遍布整个大气盆地（air-basin）。有时，也需要和邻近的地区在监测工作中进行合作。在确定监测区域时，地形等方面的某些特征是重要的。例如，高耸的山脉和巨大的水体常常可以成为监测区域的边缘。在环绕某单个污染源的区域设立监测网点，以提供该污染源周围大气中污染物质的质量浓度时，监测区域的选择主要取决于排放烟囱的高度、地形和气象条件。一部分采样点应位于预计将发生最高质量浓度的地方。一般来说，最大地面质量浓度可能发生在离污染源相当于烟囱高度的 1~20 倍距离的地方。

(3) 确定采样站（点）的数量和分布

① 采样站（点）数量的决定因素包括监测网点设计的目的；监测网点所包括区域的大小；污染物质量浓度变化的程度；所需提供的数据（这与监测目的有关）；所具备的人力、物力条件。

确定采样站（点）的数目，应使其监测结果尽可能反映该城市（或区域）的实际污染情况。目前，我国对大气监测时采样监测站（点）数量的大致规定列于表 3.1 中。

表 3.1 城市大气监测站点数目表

建成区城市人口/万人	建成区面积/km^2	最少监测点数
<25	<20	1
25~50	20~50	2
50~100	50~100	4
100~200	100~200	6
200~300	200~400	8
>300	>400	按每 50~60km^2 建成区面积设 1 个监测点，并且不少于 10 个点

除上表所提出的监测站（点）数以外，同时还应在该区域主导风向的上风侧设立清洁对照气点 1~2 个。

对于降尘的监测站（点）的数目，根据实际情况应多于二氧化硫、氮氧化物、飘尘等项目规定的监测站（点）的数目。同时，根据城市工业化程度、燃料和交通运输等具体情况，应当增加或减少某些项目的监测站（点）数量。在用于其他监测目的时，特别是与流行病学调查要求有关时，采样站（点）的数目一般应增加。

② 大气监测区域中监测站（点）分布的基本类型。监测网（点）呈几何形状分布，采样站（点）位于各方格交叉处或在各三角形的中点。在多数情况下，这种几何形状分布的监测网，是充分地反映监测区域内大气污染物质量浓度特征所需监测站（点）数量的调查手段之一。在另外一些情况下，这种布点方式则用于进行常规大气污染测定。方格布局中所有的交叉点上都可以设置监测站（点），或者只在部分交叉点上设置。在对监测数据进行分析后，如果发现减少监测站（点）的数量而不致影响数据的精确程度时，可以对原监测站（点）数量进行削减。另外也可以用流动式采样设备，按随机程序到各方格的交叉点上采样，用统计方法计算该区域大气污染物质量浓度。上述方格状的监测网有某些缺点，例如，对采样和分析来说不够经济，操作时常要花费许多时间。这样，它的使用便受到了一定的限制。

根据调查区域内污染源的分布和人口等因素，有选择性地分布监测网。针对性较强的监测网，选择有代表性的采样点，在污染最严重而人口较多的地区增设监测站（点），同时在空气比较好的市郊减少监测站（点），这样可以得到污染严重、人口较多地区大气污染程度较详尽的资料。通过运用污染物扩散的数学模式、内插法，可获得预计最大污染物质量浓度或相距较远的两个监测站（点）之间环绕污染物质量浓度空间分布的资料。一个监测站（点）可以用来测定几种不同的污染物，但对不同的污染物来说，这却并不都是能提供最大量信息的方法。例如，几乎所有监测一氧化碳的站（点）均应布置在交通运输密度高的地点，因为离开这些地区时，一氧化碳质量浓度即迅速下降。另外，由于在大气中形成氧化剂一类物质要经过一段时间，所以氧化剂的最大质量浓度可能出现于城市下风侧的边缘或在市区以外。因此，监测氧化剂的网点应该包括位于市区边缘或在市区以外的地点。这些都同二氧化硫和飘尘的监测地点不完全相同。

监测站（点）可以设在固定地方，也可以利用流动式监测站在不同地点进行测定。在某些情况下，最好将两种类型的监测站（点）结合起来使用。用流动式监测站（点）可以补充固定站（点）监测网的资料。但值得注意的是，当地点改变时，设备的性能不得改变，并要经常进行校正，以防止发生这种情况。另外，从这种流动式监测站（点）所获得的污染分布情况的资料，通常是在一年中很少一部分时间内取得的，因此要注意保证使所有测定能代表短时间的实际污染情况，而不能把这些数据引申到一年中其他时间里。

三、大气监测采样点的布置

（一）采样布点的根据和原则

大气污染物在空间的分布是较为复杂的，受到工业布局、气象条件、地形地物、城市功能分区和人口密度等因素的影响。所以在大气污染监测中，要根据影响污染物空间分布的各项因素，合理分配采样点的位置和数目。其基本原则是：

① 采样点的设点位置应包含整个监测地区污染物质量浓度分布高、中、低三类不同地区；
② 在污染源比较集中、主导风向比较明显的情况下，以污染源下风向为主要监测区域应多设采样点，而上风向应布置较少的采样点作为对照；
③ 在工业比较集中的城区和工矿地区，采样点设置数目要多些，而在郊区和农村则可少些；
④ 在人口密度大的地方应多设采样点，人口密度小的地方则可少些；
⑤ 在污染超标地区采样点设置数目可多些，未超标地区则可少一些。

（二）布置采样点的方法

① 扇形布点法。在孤立源（高架点源）的情况下采用此法。布点时，以点源所在位置为顶点，以烟云流动方向（决定于主导风向）为轴线，在烟云下风方向的地平面上，划出一个扇形地区作为布点范围。扇形的角度一般为45°，也可取大一些，但不能超过90°。采样点应设在扇形平面内距点源不同距离的若干条弧线上（图3.4）。每条弧线上设三四个采样点，相邻两采样点之间夹角为10°～20°。

② 放射式（同心圆）布点法。这种布点方法，主要用于有多个污染源（污染群）且大污染源比较集中的情况下，以研究污染群所引起的污染水平的发生频率随污染源的方向和距离变化而变化的规律。布点时，以污染源或污染源群为中心，在监测地区划分若干个同心圆，从圆心向周围以一定角度引出若干条放射线，采样点布置在放射线与同心圆的交点上。这种方法适用于调查点源。采样时要注意主导风向，主轴与主导风向要一致，主要布点在下风向位置，如图3.5所示。同心圆的间距要根据污染源排放高度、地形及气象条件来决定。理论上，最大地面质量浓度发生地与污染源的距离相当于排放高度10～20倍。因此，在最大地面质量浓度发生点附近布点应多些，向外逐步减少一些。同时在上风向处也应布设一个背景监测对照点。

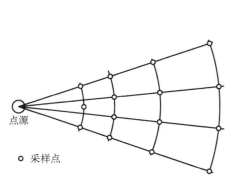
图3.4 扇形布点法

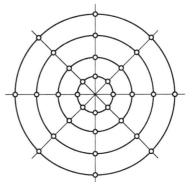
图3.5 放射式(同心圆)布点法

③ 网格布点法。在污染源相对分散或多个点源且分布均匀的情况下，采用此方法，适用于调查面源。将监测范围内的地面划分成网状方格，采样点就设在两条线的交点或方格的中心。网格的大小、距离和采样点的数目，要根据人力物力、污染源强度、地区功能等因素而决定。但在主导风向明显时，下风向的采样点应多设一些，通常约占总采样点数目的60%。见图3.6和图3.7。

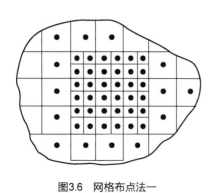
图3.6 网格布点法一

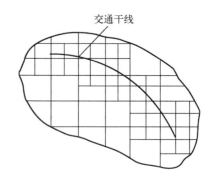
图3.7 网格布点法二

④ 功能区布点法。此法适用于区域性常规监测,便于了解工业污染源对其他功能区的影响。布点时,先将监测地区按工业区、居民住宅区、商业区、交通枢纽、公园等划分成若干个"功能区",再按具体污染情况和人力、物力条件,在各功能区设置一定数量的监测点。各功能区点的数量不要求平均,一般在污染源集中的工业区和人口较多的居住区应设较多的监测点,其他功能区则可少些。在实际布点时,通常将几何图形布点法与按功能分区布点法结合使用。

四、采样时间和频率

采样时间(时段)是指每次采样所需时间的长短。采样频率是指一定时间范围内的采样次数。采样时间和采样频率都由大气污染物的时间分布特征所决定,也与监测的目的和要求有关。

(1) 采样时间

采样时间可分为3种:短期的、长期的和间歇性的。

① 短期采样。通常只适用于某种特定的目的或在广泛测定前作初步调查之用。因受采样时间的气象条件和污染物排出量的影响,所获得的数据具有一定的局限性,采集到的试样缺乏代表性,因而测定结果不能反映普遍规律。

② 长期采样。在一段较长的时间范围(如一天甚至一年)内,连续自动采样并测定。它不仅能反映污染物质量浓度随时间的变化规律,而且能取得任何一段时间(例如一天或一年)的代表值(平均值),是一种最佳的采样方式。根据长期监测能对数据进行远期趋势分析,这对于建立必要的大气污染控制规划,制定相应的法则或规程是非常重要的。因此,监测地点也应保持长期不变。但此法因受仪器条件的限制未能被普遍采用。

③ 间歇性采样。一般用于人工采样。在需要将样本带回实验室分析的情况下,为使监测结果有较好的代表性,每隔一定时间采样、测定一次,用多次测定的平均值作代表值。这种采样的可靠性介于上述两者之间。在缺乏连续自动监测仪器的情况下,如果应用得当,间歇性采样还是一种较好的采样方式。用此法年复一年地积累监测数据,就能从中找出大气污染物质量浓度的变化规律,并求得有代表性的监测数据。在我国目前条件下,一般大气监测都采用间歇性的定期采样。

(2) 采样频率

采样频率的高低,也是取得有代表性数据的重要因素之一。不同采样频率所得监测数据平均值的可靠性和代表值的正确性都随采样频率的增加而提高。

在确定采样频率时,应考虑以下两种因素:

① 污染物质内在的变异性,如昼夜变化、周期变化和季节性变化。

② 大气质量数据所需的精确程度,这与监测的目的有关。

对于日平均质量浓度的测定来讲,在条件允许时,每隔 2~4 小时采样一次,测定结果尚能较好地反映实际情况。在条件差的情况下,每天至少采样 3 次,各次采样时间要分配在大气稳定的夜间、不稳定的中午和中性的早晨或黄昏。测定年平均值的采样,最好是每月进行一次,每次 3~5 天,每天的采样次数和时间与测定日平均质量浓度相同。

大气污染物质量浓度的季节性变化与污染源排放量和气象变化都有关系。

为了确定污染物质量浓度的波动规律,采样次数比预计要多。如果要确定昼夜的变化规律,应在一天内进行连续测定或者在一天中均匀分布采样时间,一般每隔一小时采样一次,这样,才能得到有代表性的结果。如果要了解一周间的变化规律,除了逐日进行采样外,应同时在工作日和周末假日采样。在生产日和在节假日采样,对评价工业污染的影响和汽车交通运输对大气污染物质量浓度的影响,能够提供很有用的资料。

如果要计算年平均值,则全年的各种时候(如季节)都要有等量的数据。如果每季度所作监测量不少于全年监测量的 20%,则认为监测工作计划是平衡的。

此外,应注意在将大气质量的数据与大气质量标准或评价指标进行比较时,采样时间必须与标准所要求的平均时间相适应。不同的平均时间所取得的结果是不能直接进行比较的,这是由于平均时间对检样的变异数有很大的影响,从而影响其最大值和百分位数值。在可能的情况下,最好采用可供比较的采样时间和平均时间。

在我国目前条件下,一般要求每年冬季(1 月)、春季(4 月)、夏季(7 月)、秋季(10 月)的中旬,对二氧化硫、氮氧化物、总悬浮微粒(粒径在 100μm 以下)及飘尘(粒径在 10μm 以下)各连续采样测定 5 天,每天间隔采样不得少于 4 次。具体的时间选择,应根据本地区污染物质量浓度的日变化规律来确定。有条件的地方,可以增加采样次数。北方也可以在采暖期每半月采样一次,以较好地反映出污染水平。采样期间,如遇特殊天气情况(大雨、雪、大风等),采样时间应该顺延。

对于降尘,每年采样 12 个月,每月采样(30 ± 20)天。如有困难,也可暂定每季度 1 次,每次 1 个月。北方采暖期可适当增加采样次数。

五、采样方法和仪器

采样方法的合理选择,是获得正确监测结果的另一个重要因素。选择采样方法的根据是:污染物在大气中的存在状况;污染物质量浓度的高低;污染物的物理、化学性质;分析方法的灵敏度。

(一)采样方法

大气中污染物质样品的采集方法大致分为两大类:直接采样法和浓缩采样法。

1. 直接采样法

直接采样法是用仪器直接采集一定量大气样品的方法。此法适用于大气中污染物质量浓度高，或所用测定方法较灵敏的情况，这时不必浓缩，只需用仪器直接采集少量大气样品，即可用来分析测定。测定结果表示某污染物的瞬时质量浓度。采用直接采样法可以比较快地得到分析结果。常用的直接采样法如下。

（1）真空采气瓶法

真空采气瓶是具有活塞的耐压玻璃瓶，容积一般为500～1000mL，如图3.8（a）所示。采样前，先将采气瓶抽成真空（压力为133Pa左右）。为使污染物利于被吸收，也可在瓶中加入吸收液，这时需用气泵抽

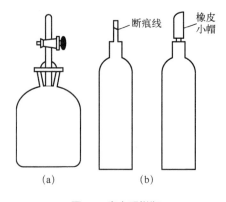

图3.8 真空采样瓶

至溶液冒泡时为止。将真空采气瓶携至现场，打开瓶塞，被测空气立即充满瓶中。关闭瓶塞，带回实验室分析测定。采样体积即为真空采气瓶的体积。若真空度抽不到133Pa左右，则采样体积可以通过下式求出：

$$V = V' \times \frac{P - P'}{P} \tag{3.1}$$

式中　V——采样体积，L；

　　　V'——采样瓶的容积，L；

　　　P——大气压力，kPa；

　　　P'——瓶中剩余压力，kPa。

真空采气瓶必须保证不漏气才能使用，所以在使用前应进行检漏。由于真空瓶磨口处容易漏气，所以也有将采气瓶做成如图3.8（b）所示的形状的。抽真空后将瓶口拉封，采样时，在瓶口断痕线处折断，空气即充进瓶内，然后用橡皮帽封住瓶口，带回实验室分析测定。

（2）采气管法

采气管是两端具有活塞的玻璃管（图3.9），采气时以置换法充进被测空气，一端接抽气泵，打开两端的活塞，使通过采样管的空气量是采样管容积的6～10倍，以保证采气管中原来的空气完全被置换掉，然后关闭活塞带回实验室分析测定，采样体积即为采气管的容积。常用的采气管容积一般为100～1000mL，在使用前也应对采气管进行漏气检查。

图3.9 采气管

（3）注射器采样

采样时，先用现场空气抽洗注射器2～3次，然后抽取大气样品，密封进样口，带回实验室分析测定。气相色谱分析法常采用此法取样。采样前应对注射器进行磨口密封性检查。选择密封性好的做采样用。取样后，应将注射器进气口朝下，垂直放置，以使注射器内压略大于外压。

（4）塑料袋采样

采样用的塑料袋（图3.10）必须与所采集测定的物质不发生化学反应，对该物质不吸附，

而且塑料袋密封性要好，不漏气。采样时，先用现场空气冲洗袋子2～3次，然后采集现场空气，夹封袋口，带回实验室分析测定。

常用于采样的塑料袋有聚氯乙烯、聚乙烯和聚四氟乙烯袋，此外还有用金属薄膜作衬里（如衬钡、衬铝）的袋子，这种袋子对样品反应性差，吸附小，样品损失小。

2. 浓缩采样法

大气中污染物的体积分数一般很低（10^{-6}～10^{-9}数量级），用直接采样法往往不能达到测定的要求，因此必须采用浓缩采样法。浓缩采样法是使大量的样气通过吸收液或固体吸收剂得到吸收或阻留，使原来质量浓度较小的污染物质得到浓缩，以利于分析测定。这种采样方法一般采样时间较长，所得的分析结果是在浓缩采样时间内的平均质量浓度。从污染物对人体影响的角度来考虑，浓缩采样的分析结果有较重要的意义。

常用的浓缩采样方法有：溶液吸收法、固体吸收法、滤纸滤膜阻留法、低温冷凝法及电离沉降法等。

（1）溶液吸收法

在装有吸收液的气体吸收管后面装一个抽气装置，以一定的流量通过吸收管抽入空气样品，使被测物质的分子阻留在吸收液中，以达到浓缩的目的。采样结束后，测定吸收液中被测物的质量浓度。

溶液吸收法主要用于气态和蒸气态物质的采集。

根据作用原理和用途，吸收管可分为3种：气泡型吸收管、冲击式吸收管和多孔玻板吸收管。

气泡式吸收管主要用于吸收气态或蒸气态的物质，有大型和小型两种规格，如图3.11所示。吸收管内可放入吸收液5～10mL。

当空气通过管内的吸收液时，在气泡和液体的界面上被测组分的分子由于溶解作用或化学反应很快地进入吸收液中，同时气泡中间的分子则由于以单分子存在，运动速度很快，又由于质量浓度梯度的存在而迅速地扩散到气-液界面上，因而整个气泡中的所测物质很快地被吸收液吸收。

冲击式吸收管如图3.12所示，有大型和小型两种规格。小型冲击式吸收管可装吸收液5～10mL，大型冲击式吸收管可装吸收液50～100mL，冲击式吸收管主要用于采集气溶胶样品和易溶解的气体样品。

气溶胶样品单用气泡通过吸收液的办法来收集效率很低，因为气溶胶颗粒是多分子聚合体，颗粒表面有一层蒸汽，当气泡通过吸收液时，小颗粒不易被吸收完全，扩散速度也较慢。为提高吸收效率，制作了冲击式吸收管。吸收管内有一尖嘴玻璃管作冲击器，采样时抽气速度很高，使气溶胶颗粒由于惯性作用而被冲击到瓶底部，

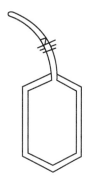

图3.10 采样用塑料袋

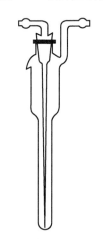

图3.11 气泡式吸收管

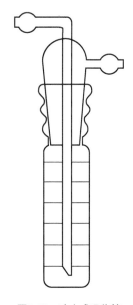

图3.12 冲击式吸收管

然后被吸收液吸收。

冲击式吸收管不适于采集气态物质，因为气体分子惯性小，扩散速度快，在高速抽气情况下易随空气跑掉。只有在吸收液中溶解度很大或与吸收液反应速度很快的气体分子，吸收效率才高。

多孔玻板吸收管有各种型式：U型多孔玻板吸收管、多孔玻柱吸收管、小型多孔玻板吸收管和大型多孔玻板吸收管（如图3.13所示）。

多孔玻板吸收管是在内管出气口熔接一块多孔性的砂芯玻板，当气体通过多孔板时，一方面被分散成很小的气泡，增大了与吸收液的接触面积；另一方面被弯曲的孔道所阻留，然后被吸收液吸收，所以多孔玻板吸收管对气态或蒸气态物质以及气溶胶均有较高的吸收率。

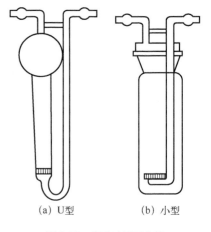

图3.13 多孔玻板吸收管

① 吸收液。溶液吸收法常用的吸收液有水、水溶液及有机溶液等。在选择吸收液时应从以下几个方面来考虑：一是被测物质在吸收液中有较大的溶解度，或与吸收液有较快的化学反应速度，而且反应是不可逆的，这样吸收效率较高。在实际应用中，有时采用显色剂作吸收液，在吸收的同时进行显色，可以简化操作步骤。二是被测物质在吸收液中要有足够的稳定时间。一般来说采集的样品在吸收液中比较稳定，但也有的稳定性只有几个小时，所以采集的样品应尽快分析，否则对于稳定时间较短的样品，测定结果会有较大的误差。三是选择吸收液还应考虑以后的分析测定，如不带入杂质、不影响测定等。四是吸收液应该价格便宜，易于得到，并尽可能回收利用。

② 吸收效率。吸收管的吸收效率取决于尖嘴或玻板孔径的大小、吸收液液面的高度及抽气速度3个主要因素。一是尖嘴或玻板孔径越小，产生的气泡越小，气体与溶液接触面积越大，吸收效率就越高。但尖嘴或玻板孔径过小，阻力加大，所用抽气动力负荷加大，所以尖嘴或玻板的孔径应适当。二是吸收液液面越高，气泡在溶液中通过的距离越长，吸收效率相应提高，但吸收液用量过大不仅会降低吸收液中待测物的质量浓度，而且也是一种浪费，所以吸收液的用量也要适当。三是抽气速度越慢，气体分子与吸收液的作用时间越长，吸收效率就越高，但抽气速度减慢，采集一定量的气体所需的时间就要加长，所以抽气速度也要适当。

（2）固体吸收法

在一根内径3~5cm，长6~10cm的玻璃采样管内装入颗粒状或纤维状的固体填充剂（图3.14）。填充剂可以是吸附剂或在颗粒状的单体上涂以某种化学试剂，当空气样品以一定流速被抽过填充柱时，大气中被测组分因吸附、溶解或化学反应而被阻留在填充剂上，以达到浓缩采样的目的。采样后，将采样管进行加热、吹气或溶剂洗脱等处理，使待测物质脱离填充柱，然后进行分析测定。

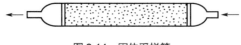

图3.14 固体采样管

根据填充柱的性能和作用，固体采样管可分为吸附型、分配型和反应型3种型式。所用

的固体填充剂也相应地分为:

① 吸附型:如硅胶、活性炭、分子筛、素烧陶瓷等。

② 分配型:当大气样品通过采样管时,分配系数大的或溶解度大的组分阻留在填充剂表面的固定液上,如耐火砖粒上外涂5%油可用来吸附有机汞。

③ 反应型:被测物在填充剂表面发生化学反应而被阻留。例如用银丝毛或金膜微粒浓缩大气中的汞,使之形成汞齐,再用测汞仪测定。

固体采样法有以下优点:

① 用固体采样管可以长时间采样,测得大气中日平均或一段时间内的平均质量浓度值。溶液吸收法则由于液体在采样过程中会蒸发,采样时间不宜过长。

② 只要选择合适的固体填充剂,对气体或气溶胶都有较好的采样效率,而溶液吸收法一般对气溶胶吸收效率要差些。

③ 浓缩在固体填充柱上的待测物质比在吸收液中稳定时间要长,有时可以放置几天或几周也不发生变化。

由于固体采样法具有上述优点,它在大气污染监测中大有发展前途。

(3) 滤纸滤膜阻留法

滤料采样的装置如图 3.15 所示,将滤料(滤纸或滤膜)放在采样夹上,通过滤料抽入空气,大气中颗粒物就被阻留在滤料上。分析滤料上被浓缩的污染物质的质量,再除以采样体积,得到的即是大气中污染物的质量浓度。

滤料采样法主要用于采集大气中的气溶胶,如飘尘、烟、雾等。滤料采样法采集大气中的颗粒物质是利用滤料对颗粒物的直接阻挡作用、颗粒物的惯性作用、颗粒物的扩散沉降,以及滤料与颗粒物间的静电力作用等的影响。采样效果与采样流速、滤料性质及气溶胶的性质有着密切关系。

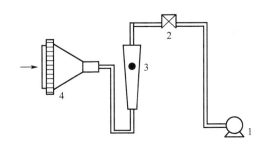

图 3.15 滤料采样装置示意图
1—泵;2—流量调节阀;3—流量计;4—采样夹

滤料采样中常用的滤料有定量滤纸、玻璃纤维滤纸、有机合成纤维滤纸、微孔滤膜、直孔滤膜和浸渍试剂滤料等。

① 定量滤纸(中速和慢速)是采集颗粒物质的常用滤料之一。它的优点是价格便宜、灰分低、纯度高、机械强度大、不易断裂。缺点是抽气阻力大,有时孔隙不均匀。国产滤纸对一些金属尘粒采样效率很好,并且易于消化处理、空白值低。但由于其吸水性较强,在用质量法测定飘尘质量浓度时,不宜采用定量滤纸。

② 玻璃纤维滤纸。采用玻璃纤维制成,价格较定量滤纸贵,机械强度差,但具有吸水性小、耐高温、阻力小等优点。可用于采集飘尘,并作飘尘中多环芳烃、无机盐和某些元素的成分分析。但由于其中有些元素质量浓度较高,因此它不能用于这些元素的分析。

③ 合成纤维滤料。由直径 1μm 以下的聚苯乙烯或聚氯乙烯合成纤维交织而成。该滤料气阻、吸水性均比定量滤纸小,且由于它带静电荷,采样效率也高,被广泛用于飘尘采样。缺点是机械强度差。

④ 微孔滤膜和直孔滤膜。微孔滤膜是由硝酸纤维素或醋酸纤维素做成的一种具有多孔性的有机薄膜；直孔滤膜是把 10μm 厚的聚碳酸酯膜与铀箔接触，经中子照射，打出一定大小的孔。这两种膜的优点是质量轻，杂质质量浓度低，灰分可以忽略不计，并可溶于多种有机溶剂中，便于对采集的样品进行物理和化学分析。缺点是颗粒物沉积在其表面后阻力迅速增加，收集物易从滤料上脱落，采样量受到限制。

⑤ 浸渍试剂滤料。用某种化学试剂浸渍在滤纸或滤膜上作为采样滤料，在采样过程中，大气污染物与滤料上的试剂迅速起化学反应，同时将颗粒物质或气态或蒸气态物质有效地采集，这就是浸渍试剂滤料的特点。这种滤料还可采集大气中的硫酸雾。

滤料采样法的条件如下：

① 所选用的滤料和采样条件要有足够高的采样效率。

② 滤料中某些元素的本底值要低，且比较稳定。采样时应选用那些含被测元素最低或几乎近于零的滤料进行采样，分析时，要从测定结果中扣除本底值。

③ 滤料的阻力要尽量小，这样不仅易解决采样动力问题，而且可以提高采样速度，在采样时间内获得足够的分析样品量。此外滤料在采样过程中阻力增加的速度也要小。

④ 选择滤料时要考虑分析的目的和要求。

⑤ 选择滤料时还应考虑滤料的机械强度、本身质量及价格等。

（4）低温冷凝法

它是借制冷剂的制冷作用使空气中某些低沸点气态物质被冷凝成液态物质以达到浓缩的目的。这种方法常用于采集低沸点的有机物。

常用的制冷剂有冰、食盐（-100℃）、干冰-乙醇（-72℃）、液氧（-183℃）、液氮（-195℃）及半导体制冷器等。采样装置由一支 U 形或螺旋形的玻璃采样管插入冷阱中构成（图 3.16）。采样时，被测物质被收集在采样管中，测定时只要将采样管撤离冷阱，样品便可在常温下（或经加热）气化，通以载气，可被送至色谱仪中分离和测定。

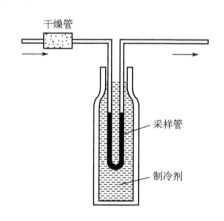

图 3.16　低温冷凝浓缩采样

（5）电离沉降法

这种方法是将空气通过 1200～2000 V 电压的电场，使气体分子电离，所产生的离子附着在尘粒上，使粒子带电而沉降在电极上。这种方法常用于颗粒污染物的采集。

（二）采样仪器

用于大气采样的仪器主要由收集器、流量计和采样动力 3 部分组成。前面在介绍直接采样法和浓缩采样法时已对收集器进行了介绍，下面介绍流量计和采样动力。

1. 流量计

流量计是测量空气流量的仪器，当用抽气泵作抽气动力时，通过流量计的读数和采样时间可以计算所采空气的体积。

（1）孔口流量计[图 3.17（a）]

由一支 U 形管内装指示液而构成，有隔板式和毛细管式两种。当气体通过隔板或毛细管小孔时，因阻力而产生压差，气体的流量越大，阻力越大，产生的压差也越大。因此，由 U 形管下部两端的液柱差可直接读出气体的流量。孔口流量计所使用的指示液可以是水、酒精、汞等。由于各种液体相对密度不同，在同一流量下，流量计所指示的液差也不同。液体相对密度越小，液差越大。常用的指示液是水，为读数方便可向水中加几滴红墨水。

（2）转子流量计

转子流量计由一支上粗下细的锥形玻璃管和一个转子组成[图 3.17（b）]。当气流自下而上通过玻璃管时，由于转子下端的环形孔隙截面积大于转子上端环形孔隙的截面积，下端气流速度小、压力大，而上端气流速度大、压力小，因而转子上升，直至转子上、下两端压力差与转子的质量相等，转子才保持平衡。因此，可以从转子上升的高度读出气体的流量。应该指出的是，进入转子流量计的气体必须保持干燥。若湿度太大，会使转子增重或转子转动不灵，而影响测量的准确性。因此，常在流量计进气端设一个干燥管。

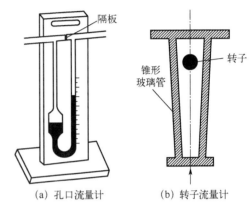

图3.17　孔口流量计和转子流量计

为了获得准确的采样体积，除了要正确地使用流量计外，流量计本身的刻度值首先要准确可靠。为此，在使用前应对流量计进行校准。通常用皂膜流量计或湿式流量计对转子流量计进行校准。

2. 采样动力

在大气采样时，应根据采样流量、采样体积及现场条件选用合适的采样动力。一般要求抽气动力的流量范围较大、抽气稳定、造价低、噪声小、便于携带和维修。

大气采样动力可分为非电源抽气动力和电力抽气动力两种。

（1）非电源抽气动力

当采样现场没有电源时，可以用连续式手动抽气筒、玻璃注射器、水抽气瓶、双连球等作为抽气动力，这种抽气动力只适用于在采样时间不长、采样量不大的情况下采集气体或蒸气态样品。

（2）电力抽气动力

在有电源的采样现场，可采用各种电动抽气机和电动抽气泵为采样动力，如吸尘器、真空泵、刮板泵、薄膜泵、电磁泵等，还可采用大气采样器、飘尘采样器（大流量采样器、低流量采样器）采集大气中气态或蒸气态物质及颗粒物质。

第三节 气态污染物的测定

大气中气态状污染物质种类很多。本节主要介绍目前普遍关注的二氧化硫、氮氧化物和一氧化碳。

一、二氧化硫的测定

大气中的含硫污染物质有 H_2S、SO_2、SO_3、CS_2、H_2SO_4 和各种硫酸盐（如硫酸铵等）。在硫氧化物的监测中常常以二氧化硫作为大气污染的主要指标之一，它在各种大气污染物质中分布最广，影响最大。SO_2 来源于煤和石油等燃料的燃烧、含硫矿石的冶炼、硫酸等化工产品生产排放的废气。SO_2 是一种无色、易溶于水、有刺激性气味的气体，能通过呼吸进入气管，对局部组织产生刺激和腐蚀作用，是诱发支气管炎等疾病的原因之一，特别是当它与烟尘等气溶胶共存时，可加重对呼吸道黏膜的损害。

测定二氧化硫的方法很多，选用何种方法主要取决于分析的目的、时间及实验室条件等因素。通常采用的方法有盐酸副玫瑰苯胺分光光度法、库仑滴定法、溶液电导法等。

1. 四氯汞盐吸收-副玫瑰苯胺分光光度法

四氯汞盐吸收-副玫瑰苯胺分光光度法是最常用的测定 SO_2 的方法，因其灵敏、可靠，所以在国内外环境监测中被规定为标准分析方法，也是我国国标《环境空气质量标准》中推荐的大气中 SO_2 的监测方法。用氯化汞和氯化钾（或氯化钠）配制成采样用的吸收液——四氯汞钾（或四氯汞钠），采样时大气中的二氧化硫被四氯汞钾溶液吸收，生成稳定的二氯亚硫酸盐配合物，向采样后的溶液中加入甲醛和盐酸副玫瑰苯胺时，先生成羟甲基磺酸，生成物再与盐酸副玫瑰苯胺反应，生成比色用的紫色配合物。

本法适用于大气中 SO_2 的测定，检出限为 $0.15\mu g/5mL$，质量浓度范围为 $0.015\sim0.500mg/m^3$。用此法测定大气中的二氧化硫时，氮氧化物对测定有干扰，因为它能使紫色配合物褪色。若在溶液中加入氨基磺酸（或其铵盐），即可消除其干扰。此外，操作条件如温度、酸度等也影响测定结果。

2. 甲醛吸收-副玫瑰苯胺分光光度法

用甲醛吸收-副玫瑰苯胺分光光度法测定 SO_2，避免了使用毒性大的四氯汞钾吸收液，在灵敏度、准确度方面均可与使用四氯汞钾吸收液的方法相媲美，且样品采集后相对稳定，但操作条件要求较严格。

① 原理：空气中的 SO_2 被甲醛缓冲溶液吸收后，生成稳定的羟基甲基磺酸加成化合物，加入氢氧化钠溶液使加成化合物分解，释放出 SO_2 与盐酸副玫瑰苯胺反应，生成紫红色配合物，其最大吸收波长为 577nm，用分光光度法测定。

② 测定要点：对于短时间采集的样品，将吸收管中的样品溶液移入 10mL 比色管中，用少量甲醛缓冲溶液洗涤吸收管，洗液并入比色管中并稀释至标线。加入 0.5mL 氨基磺酸钠溶液，混匀，放置 10min 以除去氮氧化物的干扰。测定空气中二氧化硫的检出限为 0.007mg/m^3，测定下限为 0.028mg/m^3，测定上限为 0.667mg/m^3。

对于连续 24h 采集的样品，将吸收瓶中样品移入 50mL 容量瓶中，用少量甲醛缓冲溶液洗涤吸收瓶后再倒入容量瓶中并稀释至标线。吸取适当体积的样品于 10mL 比色管中，再用甲醛缓冲溶液稀释至标线，加入 0.5mL 氨基磺酸钠溶液，混匀，放置 10min 以除去氮氧化物的干扰。测定空气中二氧化硫的检出限为 0.004mg/m^3，测定下限为 0.014mg/m^3，测定上限为 0.347mg/m^3。

用分光光度计测定由亚硫酸钠标准溶液配制的标准色列、试剂空白溶液和样品溶液的吸光度，以标准色列二氧化硫的质量浓度为横坐标，相应吸光度为纵坐标，绘制标准曲线，并计算出斜率和截距，按下式计算空气中二氧化硫质量浓度：

$$\rho = \frac{(A - A_0 - a)}{bV_s} \times \frac{V_t}{V_a} \tag{3.2}$$

式中 ρ——空气中二氧化硫的质量浓度，mg/m^3；
A——样品溶液的吸光度；
A_0——试剂空白溶液的吸光度；
b——标准曲线的斜率，μg^{-1}；
a——标准曲线的截距（一般要求小于 0.005）；
V_t——样品溶液的总体积，mL；
V_a——测定时所取样品溶液的体积，mL；
V_s——换算成标准状况（101.325kPa，273K）时的采样体积，L。

③ 注意事项：在测定过程中，主要干扰物为氮氧化物、臭氧和某些金属元素。可利用氨基磺酸钠来消除氮氧化物的干扰；样品放置一段时间后臭氧可自行分解；利用磷酸及环己二胺四乙酸二钠盐来消除或减少某些金属离子的干扰，当样品溶液中的二价锰离子质量浓度达到 1μg/mL 时，会对样品的吸光度产生干扰。

本方法适用于环境空气中二氧化硫的测定，是我国大气环境监测中所推荐的二氧化硫监测方法。当用 10mL 吸收液采样 30L 时，最低检出限为 0.007mg/m^3；当用 50mL 吸收液连续采样 24h，采样 300L 时，最低检出限为 0.003mg/m^3。

3. 钍试剂分光光度法

此法于 1980 年被国际标准化组织（ISO）定为标准方法，也是我国大气环境监测中所推荐的方法。其原理是：大气中二氧化硫被过氧化氢吸收液吸收并氧化成硫酸，硫酸根离子与过量高氯酸钡反应生成硫酸钡沉淀，过量的钡离子与钍试剂结合生成钍试剂-钡配合物，这是一种褪色反应，根据颜色深浅，进行比色定量。本方法适用于测定大气中二氧化硫日平均质量浓度，比色测定范围为 0.8~8.0μg/mL。当吸收液体积为 50mL，采样体积为 2m^3 时，最低检出质量浓度为 0.01mg/m^3。当烟气中二氧化硫质量浓度较高时，可采用碘量法。其原理是烟气中二氧化硫被氨基磺酸铵和硫酸铵混合液吸收，用碘标准溶液滴定亚硫酸，再算出二氧化硫质量浓度。

4. 库仑滴定法

库仑滴定法的理论基础是法拉第电解定律。根据动态库仑滴定原理制成的二氧化硫分析仪，是将被测气体连续地抽入仪器，首先经过选择性过滤器，以除去气体中的干扰物质，然后进入库仑池。库仑池有 3 个电极：铂丝阳极、铂网阴极和活性炭参考电极。电解液为碱性碘化钾。由恒流电源供电，电流由阳极流入，经阴极和参考电极流出。电极反应为：

$$\text{阳极} \quad 2I^- \longrightarrow I_2 + 2e^- \qquad\qquad \text{阴极} \quad I_2 + 2e^- \longrightarrow 2I^-$$

如果库仑池中的气体不含二氧化硫，碘质量浓度达到动态平衡，阳极氧化的碘等于阴极还原的碘；即阳极电流 i_a 等于阴极电流 i_c，参考电极没有电流输出。但是，若气样中含有 SO_2，则 SO_2 被电解液吸收，并可与碘分子产生下列反应：

$$SO_2 + I_2 + 2H_2O \longrightarrow SO_4^{2-} + 2I^- + 4H^+$$

这个反应在库仑池中定量进行。1 个 SO_2 分子消耗 1 个 I_2 分子。减少 1 个碘分子，阴极将少给出 2 个电子。这 2 个电子将在参考电极上由碳的还原作用而给出，以维持电极间氧化还原的平衡。根据法拉第定律，参考电极电流的大小与 SO_2 的质量浓度成正比。气样经铂丝网、硫酸亚铁等选择性过滤器去除硫化氢、氮氧化物、臭氧、氯气等干扰物，然后以恒定流速经库仑池，测量参考电极电流即可算出气样中二氧化硫质量浓度。本法适用于大气中低含量二氧化硫的测定，最低检出体积分数为 20×10^{-9}。

5. 溶液电导法

溶液电导法的原理是将空气通过用硫酸酸化了的过氧化氢溶液，来作吸收液，使含二氧化硫的气样通过吸收液时，二氧化硫被吸收后氧化为硫酸，根据吸收前后溶液电导率的变化进行测定。该方法灵敏，可测定体积分数为 20×10^{-9} 的 SO_2。适用于污染源如烟气这样的二氧化硫的体积分数较高的情况，但测定结果一般略高。

6. 火焰光度法

火焰光度法（FPD）的原理是：含硫化合物在富氢火焰中燃烧时产生蓝色火焰，这时被激发的硫原子回到基态时发出的波长为 300~420nm，其中（394±5）nm 波长的强度与含硫化合物质量浓度有关，可测出质量分数为 10^{-9} 级的二氧化硫。本法对二氧化硫并非特效。当气相色谱仪与火焰光度鉴定器联用时，可测出各种含硫化合物，如二氧化硫、硫化氢、硫醇等的质量浓度。这种仪器需要氢气在连续自动运行时采取安全措施。

7. 紫外荧光法

紫外荧光法是近年提出的新测定方法。它利用氙气放电管发射的连续光谱经单色器获得波长为 200nm 的紫外线。用此紫外线激发二氧化硫分子时能发射出紫外区荧光，其强度与二氧化硫质量浓度成正比。通过用荧光检测器在与入射光源垂直的方向测量荧光的强度，可测得二氧化硫质量浓度，水汽及碳氢化合物等干扰物质需加选择性过滤器去除。

8. 红外线吸收法

红外线吸收法是利用二氧化硫能吸收红外线的性质进行测定的方法，一氧化碳及水分等干扰物质需预先除去。红外线吸收测定仪多用于污染源或烟气中二氧化硫的测定。不适于测定环境大气中低含量的二氧化硫。

二、氮氧化物的测定

氮氧化物包括 NO、NO_2、N_2O、N_2O_3、N_2O_4、N_2O，主要来源于石化燃料高温燃烧，硝酸、氮氧化物和化肥等生产排放的废气和汽车尾气等，主要以 NO、NO_2 形式存在。

NO 为无色、无臭、微溶于水的气体，在空气中易被氧化成 NO_2。NO_2 为棕红色、具有强烈刺激性气味的气体，毒性比 NO 高 4 倍，是引起气管炎、肺损伤等疾病的有害物质。空气中 NO、NO_2 常用的测定方法有盐酸萘乙二胺分光光度法、化学发光法及库仑滴定法。

（一）盐酸萘乙二胺分光光度法

该方法与显色同时进行，操作简便，灵敏度高，是国内外普遍采用的方法。因为测定 NO_x 或单独测定 NO 时，需要将 NO 氧化成 NO_2，主要采用酸性高锰酸钾溶液氧化法。当吸收液体积为 10mL，采样 4~24L 时，NO_x（以 NO_2 计）的最低检出质量浓度为 $0.005mg/m^3$。

盐酸萘乙二胺分光光度法的基本原理：用冰乙酸、对氨基苯磺酸和盐酸萘乙二胺配成吸收-显色液。采样时大气中的氮氧化物经氮化管后，将气样中一氧化氮氧化成二氧化氮，气样中的氮氧化物以 NO_2 形式被吸收液吸收，生成亚硝酸和硝酸。在冰乙酸存在下，亚硝酸与对氨基苯磺酸起重氮化反应，然后再与盐酸萘乙二胺偶合成玫瑰红色氮化物，其颜色深浅与气样中 NO_2 质量浓度成正比。最后，用分光光度法进行测定，根据颜色的深浅在波长 540nm 下进行比色定量。

用此法最后测定的是溶液中 NO_2^- 的质量浓度。在吸收液中并不能将气样里的 NO_2（包括原有的和氧化得来的）全部转化为 NO_2^-（液），转换系数不仅与吸收液的组成有关，还与吸收管的形状、采气流速、气体质量浓度等因素有关。不少学者研究认为，k 应在 0.72~0.76 之间。世界卫生组织（WHO）全球监测系统推荐值为 0.74。因此，测定的结果应按下式计算：

$$c = \frac{a}{kV_0} \tag{3.3}$$

式中　c——氮氧化物的质量浓度，以 NO_2 计，mg/m^3；
　　　a——比色标准曲线中查得的 NO_2^- 质量，μg；
　　　k——转换系数，可取 0.72~0.76；
　　　V_0——标准状态下的采样体积，L。

如果要分别测出气样中 NO 和 NO_2 的质量浓度，可用下述方法：二氧化氮用装有吸收液的多孔玻板吸收管直接吸收测定。一氧化氮测定是在装有吸收液的多孔玻板吸收管进气口连接一支 Ag_2CO_3 过滤管和三氧化铬-石英砂氧化管，此时气样中的 NO_2 被 Ag_2CO_3 过滤掉，而 NO 则可完全通过并经氧化管氧化成 NO_2，再进行测定。

（二）化学发光法

氮氧化物连续自动测定方法有库仑滴定法和化学发光法等。库仑滴定法测定氮氧化物的工作原理与其测定二氧化硫相类似。这里重点介绍化学发光法。

化学发光法是根据 NO 和臭氧气相发光反应的原理制成的。被测气样连续抽入仪器,其中的氮氧化物经过 NO_2-NO 转化器后,都变成 NO 进入反应室。在反应室内,NO 与臭氧反应,生成激发态二氧化氮(NO_2^*),当 NO_2^* 回到基态 NO_2 时,就会产生发光现象,放出光子。

光子通过滤光片和光电倍增管转变为电流。当有过量臭氧参加反应时,化学发光的强度导致电流的大小与 NO 的质量浓度成正比。记录器上可以直接显示出氮氧化物的质量浓度。如果气样不经过转化器而经旁路直接进入反应室,则测得的是 NO 量。将氮氧化物量减去 NO 量就可得 NO_2 量。

NO_2 需先经转化器转化为 NO 后测定。转化器中所用催化剂有碳钼催化剂、碳金催化剂、玻璃碳催化剂等多种。转化的条件应使 NO_2 转化成 NO 而不使氨氧化。因此,化学发光法氮氧化物测定仪具有灵敏度高、反应速度快、选择性强、连续自动监测的优点,能测定出氮氧化物的瞬时值。这种仪器的测量范围为 $0\sim 8mg/m^3$,检出下限为 $0.02mg/m^3$。

三、一氧化碳的测定

一氧化碳(CO)是大气环境中普遍存在的气态污染物之一,它与人体健康关系密切,所以是空气质量的重要指标之一。CO 主要来自石油、煤炭燃烧不充分的产物和汽车尾气;一些自然现象如火山爆发、森林火灾等也是来源之一。

CO 是一种无色、无臭的有毒气体,燃烧时呈淡蓝色火焰。它容易与人体血液中的血红蛋白结合,形成碳氧血红蛋白,使血液输送氧的能力降低,造成缺氧症。中毒较轻时,会出现头痛、疲倦、恶心、头晕等感觉;中毒严重时,则会发生心悸、昏迷、窒息甚至造成死亡。

测定空气中 CO 质量浓度的方法主要是仪器法,包括非分散红外吸收法、气相色谱法、定电位电解法和汞置换法。汞置换法具有灵敏度高、响应时间快及操作简便等特点,适于空气中低质量浓度 CO 的测定和本底调查。目前,我国对空气中 CO 的测定适用的国标方法为非分散红外线吸收法。

(一)非分散红外线吸收法

气样进入 CO 红外分析仪,在前吸收室吸收 $4.67\mu m$ 谱线中心的红外辐射能量,在后吸收室吸收其他辐射能量,两室因吸收能量不同,破坏了原吸收室内气体受热产生相同振幅的压力脉冲,变化后的压力脉冲通过毛细管加在差动式薄膜微量器上,被转化为电容量的变化,通过放大再转变为与质量浓度成比例的直流测量值。

CO 对红外线的选择性吸收,在一定范围内吸收值与其质量浓度成正比。但因为 CO 特征吸收峰为 $4.65\mu m$,CO_2 为 $4.3\mu m$,水蒸气在 $6\mu m$ 和 $3\mu m$ 附近,而大气中 CO_2 和水蒸气的质量浓度又远远大于 CO 的质量浓度,所以它们的存在干扰 CO 的测定。在测定前用制冷剂或通过干燥的方法可以除去水蒸气,使用窄带光可以除去 CO_2 的干扰。

此标准适用于测定空气中的 CO,其测定范围为 $0\sim 6.25mg/m^3$,最低检出质量浓度为 $0.3mg/m^3$。

(二）气相色谱法

气相色谱法是使 CO 在氢气流中，经分子筛与碳多孔小球串联柱分离后，在镍催化剂及 380℃作用下转化成甲烷，再用氢火焰离子化检定器测定。根据保留时间定性，而以峰高定量。

空气中 CO、CO_2 和甲烷经 TDX-01 碳分子筛柱分离后，于氢气流中在镍催化剂（360℃±10℃）作用下，CO、CO_2 都能转化为甲烷，然后用氢火焰离子化检测器测定上述 3 种污染物的质量浓度，以保留时间定性，以峰高定量。反应式如下：

$$CO + 3H_2 \xrightarrow{Ni (360℃)} CH_4 + H_2O$$

本法测量 CO 时，其峰前有较大的空气峰干扰测定。为使空气峰宽度压缩，可选择适当载气与流量，载气以高纯氢气为最好，这样可提高方法的灵敏度。进气量为 2mL 时，检出限为 $0.2mg/m^3$。

(三）定电位电解法

含 CO 的空气扩散流经传感器，进入电解槽，被电解液吸收，在恒电位工作电极上发生氧化反应，反应式如下：

阳极：$CO + H_2O \rightleftharpoons CO_2 + 2H^+ + 2e^-$

阴极：$O_2 + 4H^+ + 4e^- \rightleftharpoons 2H_2O$

总反应：$2CO + O_2 \rightleftharpoons 2CO_2$

与此同时产生相应的极限扩散电流，其大小与 CO 质量浓度成正比。根据电流的大小可测定 CO 的质量浓度。

本方法是 20 世纪 70 年代发展起来的技术。主要仪器是定电位电解一氧化碳监测仪。它具有灵敏、快速、干扰小、便携等优点，测量精度为不大于±5%，检出限为 1×10^{-6}（$1.25mg/m^3$）。

(四）置换汞法

空气样品经选择性过滤器去除干扰物及水蒸气后，只有 CO、甲烷及氢气通过，然后进入固体氧化汞反应室中，CO 与活性氧化汞在 180～200℃温度下反应，置换出汞蒸气，汞蒸气对 253.7nm 的紫外线具有强烈吸收作用，利用光电转换检测器测出汞蒸气质量浓度，换算成 CO_2 质量浓度。反应式如下：

$$CO（气）+ HgO（固）\longrightarrow Hg（蒸气）+ CO_2（气）$$

空气中丙酮、甲酸、乙烯、乙炔、二氧化硫及水蒸气干扰测定，使测定结果偏高。其中水蒸气是影响灵敏度及稳定性的一个重要因素，故载气和样品气均需经过 5A 和 13X 分子筛以及变色硅胶管过滤，以除尽干扰物及水蒸气。当烯烃质量浓度较高时，可在 5A 分子筛管后串联一支硫酸亚汞硅胶管，以除尽乙烯、乙炔等。

本法具有较高选择性，灵敏度很高，可测定大气本底 CO 质量分数（10^{-9}级）。仪器可自动、连续进行监测。本方法检出限为 $0.04mg/m^3$。

另外，还有检气管法，它是将 CO 注射进入装有五氧化二碘（I_2O_5）和三氧化硫（SO_3）的检气管内，发生下列反应：

$$5CO + I_2O_5 \longrightarrow 5CO_2 + I_2$$

$$I_2+SO_3 \longrightarrow 绿色配合物$$

根据管内生成绿色配合物的长度，确定气样中 CO 的质量浓度。此法只适用于 20mg/m³ 以上较高质量浓度的情况。

四、光化学氧化剂和臭氧的测定

（一）硼酸碘化钾分光光度法测定光化学氧化剂

光化学氧化剂主要成分为臭氧、过氧乙酰硝酸（PAN）、酮类和醛类等，其刺激性和危害性较大。我国对光化学氧化剂所采用的监测方法是硼酸碘化钾分光光度法。本方法灵敏，简易可行。用硼酸碘化钾分光光度法测定的总氧化剂质量浓度中，扣除氮氧化物参加反应的部分，得光化学氧化剂质量浓度。

二硼酸碘化钾分光光度法的原理是气样中的臭氧及其氧化剂将硼酸碘化钾吸收液中的碘离子氧化，析出碘分子，反应式如下：

$$O_3+2KI+H_2O \longrightarrow I_2+O_2+2KOH$$

二氧化硫有干扰，使测定结果偏低，在吸收管前加一个三氧化铬-石英砂氧化管，可以除去相当于 100 倍氧化剂的二氧化硫，而不会引起氧化剂的损失。硫化氢亦被氧化除去。

其他氧化剂如过氧乙酰硝酸（PAN）、卤素、过氧化氢、有机亚硝酸酯等，都能氧化碘离子为碘（I_2）。

三氧化铬-石英砂氧化管能将 NO 氧化为 NO_2，NO_2 亦能氧化碘化钾，析出碘分子。试验表明，有 26.9% 的 NO_2 与碘化钾反应。因此，在测定氧化剂时，应同时测定空气中的氮氧化物，从总氧化剂中扣除氮氧化物参加反应的部分，可得光化学氧化剂质量浓度。

本法检出限为 0.19μg/10mL（按与吸光度 0.01 相对应的臭氧质量浓度计）。当采样体积为 30L 时，最低检出质量浓度为 0.006mg/m³。

（二）靛蓝二磺酸钠分光光度法测定臭氧

臭氧是氧化性最强的氧化剂之一，它是空气中的氧在太阳紫外线的照射下或受雷击形成的。臭氧具有强烈的刺激性，在紫外线的作用下，参与烃类和氮氧化物的光化学反应。同时，臭氧又是高空大气的正常组分，能强烈吸收紫外线，保护人和生物免受太阳紫外线的辐射。但是，当臭氧超过一定浓度，对人体和某些植物生长会产生一定危害。近地面层空气中可测到 0.04～0.1mg/m³ 的臭氧。

目前测定空气中臭氧的方法主要有紫外光度法、化学发光法和靛蓝二磺酸钠分光光度法。其中紫外光度法和化学发光法多用于自动监测中。

1. 方法原理

空气中的臭氧在磷酸盐缓冲溶液存在下，与吸收液中蓝色的靛蓝二磺酸钠等反应，褪色生成靛红二磺酸钠，在 610nm 处测量吸光度，根据蓝色减退的程度定量测得空气中臭氧的浓度。

2. 适用范围

当采样体积为 30L 时，本标准测定空气中臭氧的检出限为 $0.010mg/m^3$，测定下限为 $0.040mg/m^3$。当采样体积为 30L 时，吸收液质量浓度为 $2.5\mu g/mL$ 或 $5.0\mu g/mL$ 时，测定上限分别为 $0.50mg/m^3$ 或 $1.00mg/m^3$。

3. 测定方法

用内装 $10.00mL\pm0.02mL$ 靛蓝二磺酸钠（IDS）吸收液（制备方法详见 HJ 504—2009）的多孔玻板吸收管，罩上黑色避光套，以 0.5L/min 流量采气 5~30L。当吸收液褪色约 60%时（与现场空白样品比较），应立即停止采样。样品在运输及存放过程中应严格避光。

用靛蓝二磺酸钠标准溶液和磷酸盐缓冲溶液配制已知臭氧浓度的标准色列，用 20mm 比色皿，以水作参比，在波长 610nm 下测量吸光度，绘制标准曲线。

采样后，在吸收管的入气口端串接一个玻璃尖嘴，在吸收管的出气口端用吸耳球加压将吸收管中的样品溶液移入 25mL（或 50mL）容量瓶中，用水多次洗涤吸收管，使总体积为 25.0mL（或 50.0mL）。用 20mm 比色皿，以水作参比，在波长 610nm 下测量吸光度。空气中臭氧的质量浓度按式（3.4）计算：

$$\rho(O_3)=\frac{(A_0-A-a)\times V}{b\times V_0} \tag{3.4}$$

式中　$\rho(O_3)$——空气中臭氧的质量浓度，mg/m^3；

　　　A_0——现场空白样品吸光度的平均值；

　　　A——样品的吸光度；

　　　b——标准曲线的斜率；

　　　a——标准曲线的截距；

　　　V——样品溶液的总体积，mL；

　　　V_0——换算为标准状态（101.325kPa、273 K）的采样体积，L。

空气中二氧化硫、硫化氢、过氧乙酰硝酸酯（PAN）和氟化氢的质量浓度分别高于 $750\mu g/m^3$、$110\mu g/m^3$、$1800\mu g/m^3$、$2.5\mu g/m^3$ 时，干扰臭氧的测定。

第四节　颗粒物的测定

大气中悬浮颗粒物有固体和液体两种状态。当它们以细小颗粒形式分散在气流或大气中时，都可以叫作气溶胶（aerosol），其直径范围从几十纳米到几百微米，如烟、煤烟、尘粒、雾、烟气、粉尘、降尘等。大气中的悬浮颗粒污染物，特别是细小颗粒对人的健康损害极大，各种呼吸道疾病的产生，无不与它有关。悬浮颗粒污染物对环境也有严重的影响，如大雾弥漫、减弱太阳辐射和照度使局部区域气候恶化等。监测大气中悬浮颗粒物的质量浓度，对治理悬浮颗粒污染物，保护自然、保护人类十分重要。

一、总悬浮颗粒物（TSP）的测定

（一）概念

总悬浮颗粒物（total suspended particulates），即总悬浮微粒，简称 TSP，系指空气动力学直径在 100μm 以下的固态和液态颗粒物。测定总悬浮颗粒物的方法很多，按所依据的原理可分为质量法、透光率法和分散度测定法等。目前测定总悬浮颗粒物多采用质量法。

（二）测定方法

质量法，即 GB/T 15432—1995 中测定总悬浮颗粒物的方法，是测定总悬浮颗粒物质量浓度的最准确可靠的方法，也是国家推荐的标准方法。其原理是通过具有一定切割特性的采样器，以恒速抽取定量体积的空气，使一定体积的空气通过滤膜，空气中粒径小于 100μm 的悬浮颗粒物被截留在质量恒定的滤膜上，根据采样前后滤膜质量之差及采样体积，计算总悬浮颗粒物的质量浓度。滤膜经处理后，可进行组分分析。采样前、后滤膜的质量之差即为颗粒物的质量。根据此原理所设计的采样方法有大流量采样法、低流量采样法和石英压电晶体法。质量法所用的采样器按采样量不同，可分为大流量（0.967~1.14m^3/min）、中流量（0.05~0.15m^3/min）及小流量（0.01~0.05m^3/min）等。为能够采集到空气中空气动力学直径小于 100μm 的颗粒物，3 种采样器均应符合以下技术要求：

① 采样口必须向下，空气气流垂直向上进入采样口，采样口抽气速度规定为 0.30m/s。

② 滤膜平行于地面，气流自上而下通过滤膜，单位面积滤膜在 24h 内滤过的气体量 Q，应满足下式要求：

$$2 < Q[m^3/(cm^2 \cdot 24h)] < 4.5$$

用超细玻璃纤维或过氯乙烯滤膜采样，在测定总悬浮颗粒物的质量浓度后，样品滤膜可用于测定金属元素（如铍、铬、锰、铁、镍、铜、锌、镉、锑及铅等）、无机盐（如硫酸盐、硝酸盐及氯化物等）和有机化合物（如苯并[a]芘等）。

质量法适合于大流量或中流量总悬浮颗粒物采样器进行空气中总悬浮颗粒物的测定。检测限为 0.001mg/m^3。总悬浮颗粒物质量浓度过高或雾天采样，致使滤膜阻力大于 10kPa 时，此标准不适用。

二、降尘的测定

（一）概念

在大气常规监测中，通常要测定灰尘的自然沉降量。根据降尘量的测定结果可以观察大气污染的范围和污染程度。自然降尘量简称降尘量，是大气污染物中因受重力和雨水的洗刷作用而降落到地面上的尘粒及夹杂物，指每个月沉降于单位面积上的灰尘质量，单位为 t/(km^2·月)。

(二) 测定方法

大气中的降尘量最常用的测定方法是质量法。在降尘测定中，除测定总降尘量外，有时还要测定降尘中的可燃性物质、水溶性物质、非水溶性物质以及降尘的某些化学组分如 SO_4^{2-}、NO_3^-、Cl^-和焦油等。它的原理是空气中灰尘自然沉降在集尘缸内，经蒸发、干燥、称重后，计算灰尘自然沉降量。

(三) 采样方法和要求

降尘试样的采集方法有干法采样和湿法采样两种，其中湿法采样应用较普遍。

湿法采样的主要用具为集尘器，我国规定用内径15m，高30cm的玻璃缸或塑料缸作集尘器。采样时，将集尘器放在采样点上，并向其中加入 300～500mL 蒸馏水，防止尘粒被风吹失。放置集尘器的地方（采样点）不要接近高大建筑物和其他遮蔽物，也要离开显著的污染源，如烟囱及施工现场。为避免扬尘的影响，集尘器离地面的高度应在 5～15m 之间。如在建筑物顶点采样，相对高度应为 1～1.5m。

1. 采样要求

① 采样点附近不应有高大的建筑物，也不应受局部污染源的影响。

② 集尘缸放置高度应距地面 5～15m，以 5～12m 为宜，北方地区以 5～8m 为宜，采样口距基础面 1.5m 以上，以避免屋面扬尘的影响。

③ 在清洁区设置对照点。

在采集降尘的过程中，还要注意以下几方面的问题：

a. 在夏季采样时，为防止藻类繁殖，应在集尘器中加入 2mL 0.05mol/L 的 $CuSO_4$。

b. 在冬季，特别是寒冷的地方，应以 300mL，20%的甲醇或乙醇代替水，防止结冰和集尘器冻裂。

c. 为了防止不属于降尘范围内的异物（如鸟类、树叶、小昆虫等）落入集尘器，集尘器要用尼龙网罩盖。

d. 干旱天气应防止水分蒸干，必要时应补加适量的蒸馏水；多雨天气则应防止积水的溢出（引起损失），必要时可另换集尘器收集，测定时将全部收集物合并处理。

集尘器应每月更换一次，每次放置（采样）30天±2天。取换时间统一规定为每月 1～5 日。

2. 采样方法

尽可能采用湿法收尘。在严寒或干燥地区，湿法收尘困难大，可采用干法收尘。

（1）湿法

① 集尘缸口用塑料袋罩好，携至采样点后，取下塑料袋，根据当地的月降雨量和蒸发量，加适量水。例如华北地区，冬春季加 1500mL；夏秋季加 2000～3000mL，在整个采样期间应保持缸内有水。记录放缸地点、缸号和时间（年、月、日、时）。

② 在夏季，可加入 0.05mol/L 硫酸铜溶液 2.00～8.00mL，以抑制微生物及藻类的生长。在多雨季节要及时更换降尘缸，以防止水满溢出。

③ 在冰冻季节，要根据当地的冰冻情况加适当质量浓度的乙醇或乙二醇溶液。

（2）干法

① 将集尘缸洗干净，在缸底放入塑料圆环，塑料筛板放在圆环上，以防止已沉降的尘粒被风吹出，缸口用塑料袋罩好，见图 3.18。携至采样点后，取下塑料袋进行采样。记录放缸地点、缸号和时间（年、月、日、时）。

② 在夏季可加入 0.05mol/L 硫酸铜溶液 2.00～8.00mL，以抑制微生物及藻类的生长。按月定期取换集尘缸一次（30 天±2 天），取缸时应校对地点、缸号、记录取样时间（年、月、日、时），罩好塑料袋，带回实验室。

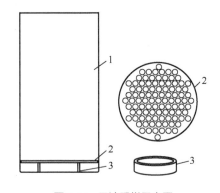

图 3.18　干法采样示意图

1. 集尘缸；2. 筛板，直径 14cm，厚 1～1.5mm 聚乙烯塑料片，孔口直径约为 7mm，孔的面积约为总面积的 1/2；3. 圆环

取缸时间规定为月初的 5 日前。

通常对于所收集的降尘样品，不仅对它作质量分析，并且还要作其他成分的分析，如非水溶性物质、苯溶性物质、非水溶性物质的灰分、非水溶性可燃物质、pH 值、硫酸盐和氯化物质量浓度、水溶性物质、水溶性物质的灰分、水溶性的可燃物质灰分总量、可燃性物质总量、固体污染物总量等。图 3.19 是降尘的分析程序，其中非水溶性物质灰分质量浓度+水溶性物质灰分质量浓度为灰分总量；非水溶性可燃物质量浓度+水溶性可燃物质质量浓度为可燃物质总量。

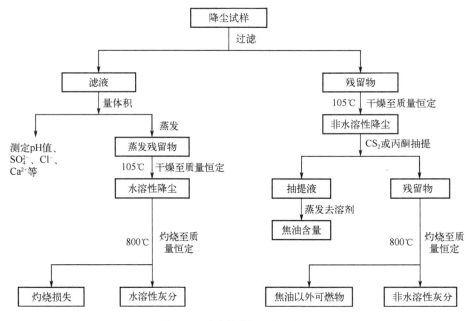

图 3.19　降尘的分析程序示意图

三、可吸入颗粒物和细颗粒物的测定

分别通过具有一定切割特性的采样器，以恒速抽取定量体积空气，使环境空气中 PM_{10} 和

PM$_{2.5}$被截留在已知质量的滤膜上,根据采样前后滤膜的质量差和采样体积,计算出 PM$_{10}$ 和 PM$_{2.5}$ 的浓度。

采样时,将已称重的滤膜用镊子放入洁净采样夹内的滤网上,滤膜毛面应朝进气方向。将滤膜牢固压紧至不漏气。如果测定任何一次浓度,每次需更换滤膜;如测日平均浓度,样品可采集在一张滤膜上。采样结束后,用镊子取出。将有尘面两次对折,放入样品盒或纸袋,并做好采样记录。滤膜采集后,如不能立即称重,应在 4℃ 条件下冷藏保存。将滤膜放在恒温恒湿箱(室)中平衡 24h,用感量为 0.1mg 或 0.01mg 的分析天平称量滤膜,记录滤膜质量。

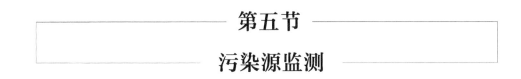

第五节 污染源监测

空气污染源包括固定污染源和移动污染源。固定污染源又分为有组织排放源和无组织排放源。有组织排放源指烟道、烟囱及排气筒等。无组织排放源指设在露天环境中的无组织排放设施或无组织排放的车间、工棚等。它们排放的废气中既含有固态的烟尘和粉尘,也含有气态和气溶胶态的多种有害物质。移动污染源指汽车、火车、飞机、轮船等交通工具排放的废气,含有一氧化碳、氮氧化物、碳氢化合物、烟尘等。

一、固定污染源监测

(一) 基本参数测定

1. 监测目的和方法

污染源监测的目的在于处理好污染源、环境和人群健康这一大体系,确定排放什么东西?排放的量有多少?有什么特点?污染的途径和对人体健康的影响。然后根据技术的、经济的、法律的以及其他管理手段和措施,制定排污标准,控制排放量,提出治理方案,为大气质量管理与评价提供重要依据。

大气中固定污染源的监测,国家已有标准 GB/T 16157—1996,即《固定污染源排气中颗粒物测定与气态污染物采样方法》。该方法主要规定了大气固定污染源中颗粒物的采样测定及计算。该标准中规定的大气污染源中气态污染物的采样方法,只属一般性要求。采样时,还应遵守有关排放标准和气态污染物分析方法标准的有关规定。标准适用于各种炼炉、工业炉窑及其他固定污染源排气中颗粒物的测定和气态污染物采样。

标准还规定了排气参数温度、压力、水分、成分的测定;排气密度和气体分子量的计算;排气流速和流量的测定;排气中颗粒物的测定和排放质量浓度、排放率的计算;排气中气态污染物采样和排放质量浓度、排放率的测定。

2. 基本参数的测量

（1）温度测量

测温仪器有热电偶或电阻温度计（图3.20）、玻璃温度计等。测定温度时，将温度计元件插入烟道中测量点处，封闭测孔，待温度稳定后读数。玻璃温度计不能抽出烟道外读数。

（2）压力测量

烟道的压力分为全压 p（指气体在管道中流动具有的总能量，是气体的总压力）、静压 p_s（指单位体积气体所具有的势能，表现为气体在各个方向上作用于器壁的压力）和动压 p_a（单位体积气体具有的动能，是气体流动的压力），它们之间的关系如下：

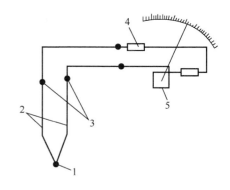

图3.20 电阻温度计
1. 工作端；2. 热电偶；3. 自由端；
4. 调整电阻；5. 高温毫伏计

$$p = p_s + p_a \tag{3.5}$$

可见，只要测出3项中的任意2项，即可求出第三项。

① 测压管。常用的测压管有标准型皮托管（见图3.21）和S形皮托管（见图3.22）。标准型管测压孔小，用于测定排气静压，而且必须是含尘量小的较清洁烟气。S形皮托管测压孔口大，不易被颗粒物堵塞，可作一般烟气的测定。面向气流的开口测得的压力为全压，背向气流的开口接受气流的静压，由于气体绕流的影响，测得的静压比实际值小，所以使用前必须用标准皮托管校正。

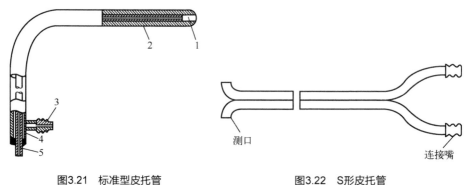

图3.21 标准型皮托管
1. 全压测孔；2. 静压测孔；3. 静压管接口；
4. 全压管；5. 全压管接口

图3.22 S形皮托管

② 测压计。常用的测压计有U形压力计、斜管式微压计和大气压力计。

U形管压力计用于测定排气的全压和静压，其最小分度值不得大于10Pa，管内常装水、酒精或汞，其量根据被测压力范围来选定。U形管压力计常用作较大压力的测定，测得压力（p）用下式计算：

$$p = \rho g h \tag{3.6}$$

式中 ρ ——工作液体密度，kg/m^3；
g ——重力加速度，m/s^2；

h ——两液面高度差，m。

倾斜式微压计（参见图 3.23）用于测定排气的动压，精度不低于 2%，最小分度不得大于 10Pa。管内常装酒精或汞。测得的压力（p）用下列公式计算。

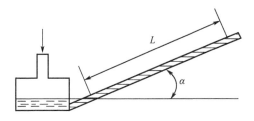

图3.23　倾斜式微压计

$$p = L \times \left(\sin\alpha + \frac{f}{F}\right) \times \rho g \tag{3.7}$$

$$K = \left(\sin\alpha + \frac{f}{F}\right) \times \rho g \tag{3.8}$$

$$p = LK \tag{3.9}$$

式中　L ——斜管内液柱长度，m；
　　　α ——斜管与水平面夹角，(°)；
　　　f ——斜管截面积，mm²；
　　　F ——容器截面积，mm²；
　　　ρ ——工件液密度，kg/m³，常用乙醇ρ=0.84kg/m³；
　　　K ——修正系数。

③ 测定方法。先把仪器调节至水平无气泡，调节液面为零点，连接皮托管与压力计（见图 3.24），把测压管的测压口伸进烟道内测样点位置，对准气流方向，从 U 形压力计读出液面差或从斜面微压计（测压连接方法见图 3.25）读出斜管液柱长度，按相应公式计算测得压力。

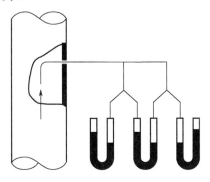

图3.24　标准皮托管与U形压力计连接方法

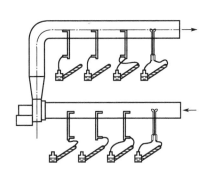

图3.25　测压连接方法

④ 流速的计算。排气的流速与其动压力平方根成正比，根据测得的某点处的动压、静压以及温度等参数，计算该测点的排气流速（v_s）：

$$v_s = K_p \times \sqrt{\frac{2p_d}{p_s}} = 128.9 K_p \times \sqrt{\frac{(273+T_s)p_d}{M_s(B_a+p_s)}} \tag{3.10}$$

当排气成分与空气相近、排气露点温度在 35~55℃，排气的绝对压力在 97~103kPa 之间时，排气流速计算式可简化为下列形式：

$$v_s = 0.076 K_p \sqrt{273+T} \sqrt{p_d} \tag{3.11}$$

接近常温条件时为：

$$v_s = 1.29 K_p \sqrt{p_d} \tag{3.12}$$

式中　v_s——湿排气的气体流速，m/s；
　　　B_a——大气压力，Pa；
　　　K_p——皮托管修正系数；
　　　p_d——排气动压，Pa；
　　　p_s——排气静压，Pa；
　　　M_s——湿排气的摩尔质量，kg/kmol；
　　　T_s——排气温度，℃。

平均流速，可根据各点测出压力计算：

$$\overline{v}_s = \frac{\sum_{i=1}^{n} v_{si}}{n} = 128.9 K_p \times \sqrt{\frac{273+T_s}{M_s + (B_a+p_s)}} \times \frac{\sum_{i=1}^{n}\sqrt{p_{di}}}{n} \tag{3.13}$$

当排气成分与空气相近时，按下式计算：

$$\overline{v}_s = 0.076 K_p \sqrt{273+T_s} \times \frac{\sum_{i=1}^{n}\sqrt{p_{di}}}{n} \tag{3.14}$$

常温常压下：

$$\overline{v}_a = 1.29 K_p \times \frac{\sum_{i=1}^{n}\sqrt{p_{di}}}{n} \tag{3.15}$$

式中　p_{di}——某一测点的动压，Pa。

⑤ 排气流量的计算。工况下的流量，按下式计算：

$$Q_s = 3600 F \overline{v}_s \tag{3.16}$$

式中　Q_s——工况下湿气排气流量，m³/h；
　　　F——测定断面面积，m²；
　　　$\overline{v}_s$——测定断面的湿气平均流速，m/s。

若换算成干气，则

$$Q_{sn} = Q_s \times \frac{B_a+p_a}{101300} \times \frac{273}{273+T_s}[1-\varphi(H_2O)] \tag{3.17}$$

式中　Q_{sn}——标准状况下干气流量，m³/h；
　　　$\varphi(H_2O)$——排气中水分体积分数，%。

在常温常压条件下通风管道中的空气流量按下式计算：

$$Q_{\mathrm{s}} = 3600 F \bar{v}_{\mathrm{a}} \tag{3.18}$$

式中 $\bar{v}_{\mathrm{a}}$ ——常温常压下通风管道的空气流速，m/s。

（二）排气中水分的测定

排气中水分的测定方法有冷凝法、干湿球法或质量法，可根据不同条件和不同测量对象选择其中一种。

1. 冷凝法

由烟道中抽出一定量的气体，通过冷凝器，根据冷凝出的水量，加上从冷凝器排出的饱和气体中含有的水蒸气量，计算排气中的水分。装置见图3.26。

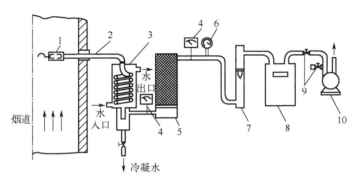

图 3.26 冷凝法测定排气中水分的装置
1. 滤筒；2. 采样管；3. 冷凝器；4. 温度计；5. 干燥器；
6. 真空压力表；7. 转子流量计；8. 累积流量计；9. 调节阀；10. 抽气泵

含水量按下式计算：

$$\varphi(\mathrm{H_2O}) = \frac{461.8(273+T_{\mathrm{r}})G_{\mathrm{w}} + p_{\mathrm{r}}V_{\mathrm{a}}}{461.8(273+T_{\mathrm{r}})G_{\mathrm{w}} + (B_{\mathrm{a}}+p_{\mathrm{t}})V_{\mathrm{a}}} \tag{3.19}$$

式中 $\varphi(\mathrm{H_2O})$ ——排气中的水分体积分数，%；
G_{w} ——冷凝器中的冷凝水量，g；
p_{r} ——流量计前气体压力，Pa；
p_{t} ——冷凝出口饱和水蒸气压力，Pa；
T_{r} ——流量计前温度，℃；
V_{a} ——测量状态下抽取烟气的体积，L。

2. 干湿球法

如图3.27，气体在一定流速下流经干湿温度计，根据干、湿球温度计读数及有关压力，计算排气中的水分。计算公式如下：

$$\varphi(\mathrm{H_2O}) = \frac{p_{\mathrm{bv}} - 0.00067(T_{\mathrm{c}} - T_{\mathrm{b}})(B_{\mathrm{a}} - p_{\mathrm{b}})}{B_{\mathrm{a}} + p_{\mathrm{b}}} \tag{3.20}$$

式中 p_{bv} ——温度为0℃时饱和水蒸气压力，Pa；

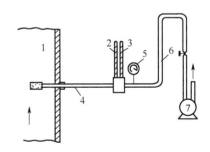

图 3.27 干湿球法测定排气中水分的装置
1. 烟道；2. 干球温度计；3. 湿球温度计；
4. 保温采样管；5. 真空压力表；
6. 转子流量计；7. 抽气泵

T_b——湿球温度,℃;

T_c——干球温度,℃;

p_b——通过湿球温度计表面的气体压力,Pa。

3. 质量法

抽取一定量的烟道气,使之通过装有吸湿剂的吸湿管,则排气中的水分被吸湿剂吸收,称量吸湿管的质量变化,增加部分便是排气中的水分。装置见图3.28。

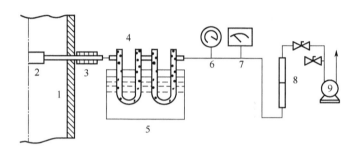

图3.28 质量法测定排气水分的装置

1. 烟道;2. 过滤器;3. 加热器;4. 吸湿器;5. 冷却水槽;
6. 真空压力表;7. 温度计;8. 转子流量计;9. 抽气泵

吸湿管有两种,U形吸湿管和雪菲尔德吸湿管,内装氯化钙或硅胶等吸湿剂,见图3.29和图3.30。

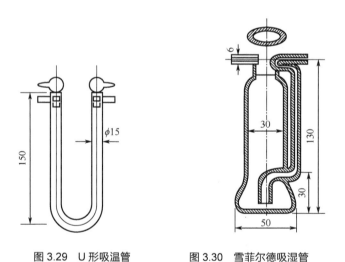

图3.29 U形吸湿管　　图3.30 雪菲尔德吸湿管

排气中水分体积分数按下式计算:

$$\varphi(H_2O) = \frac{1.24G_m}{V_d \times \left(\frac{273}{273+T_r} \times \frac{B_a+p_r}{101300}\right) + 1.24G_m} \quad (3.21)$$

式中　$\varphi(H_2O)$——排气中水分体积分数,%;

G_m——吸湿管吸收的水分质量,g;

V_d——测量状况下抽取的干气体体积，L；

p_r——流量计前排气表压，Pa；

1.24——标准状况下 1g 水蒸气的体积，L；

其他参数意义同前。

(三) 测定方法

对于排气中的 CO、CO_2、O_2 等气体成分，可用奥氏气体分析仪吸收法或仪器分析进行测定。

① 奥氏气体分析仪吸收法的基本原理。用不同的吸收液分别对排气的各成分逐一进行吸收，根据吸收前、后排气体积的变化，计算出该成分在排气中各被测组分的体积分数（X）。例如，用 KOH 溶液吸收 CO_2；用焦性没食子酸溶液吸收 O_2；用氯化亚铜溶液吸收 CO 等，依次吸收 CO_2、O_2 和 CO 后剩余气体主要是 N_2。图 3.31 示意图为奥氏气体分析仪。

② 计算：

二氧化碳：$$X_{CO_2}=(100-a)\times100\% \tag{3.22}$$

氧气：$$X_{O_2}=(a-b)\times100\% \tag{3.23}$$

一氧化碳：$$X_{CO}=(b-c)\times100\% \tag{3.24}$$

氮气：$$X_{N_2}=c\times100\% \tag{3.25}$$

式中　a——KOH 溶液吸收 CO_2 后的余气体积，mL；

b——用焦性没食子酸溶液吸收 O_2 后的余气体积，mL；

c——用氯化亚铜溶液吸收 CO 后的余气体积，mL。

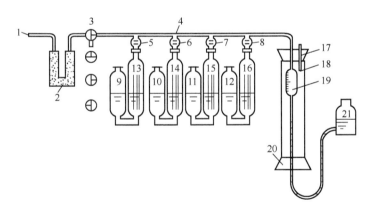

图 3.31　奥氏气体分析仪

1. 进气管；2. 干燥器；3. 三通旋塞；4. 梳形管；5～8. 旋塞；9～12. 缓冲瓶；
13～16. 吸收瓶；17. 温度计；18. 水套管；19. 量气管；20. 胶塞；21. 水准瓶

(四) 排气中颗粒物的测定

排气中颗粒物的测定方法较简单，抽取一定体积的排气，通过已知质量的捕尘装置，然后再根据捕尘装置在采样前后的质量差，以及采样体积计算颗粒物质量浓度。不过，由于排气烟道中气体具有一定流速和压力，还具有较高的温度和湿度，因而其采样方法就比较复杂。

烟道气体中颗粒物的测定，必须用等速采样法。所谓等速采样法是将烟尘采样管内采样孔插入烟道中的采样点上，下对气流，在采样嘴的吸气与测点处气流速度相等时，抽取气样。采样时吸气速度大于或小于测点处气流速度均会给测定带来误差。等速采样法又有预测流速法（普通型采样管法）、皮托管平行测速采样法、动压平衡型等速采样管法、静压平衡型等速采样管法等4种方法。

① 普通型采样管法。采样前预先测出各采样点处排气温度、压力、水分质量浓度和气体流速等参数，结合所选用的采样嘴直径，计算出等速采样条件下各采样点所需的采样流量，然后按此流量在各点采样。

② 皮托管平行测速采样法。将普通采样管、S型皮托管和热电偶温度计固定在一起，采样时将3个测头插入烟道中同一测点，根据测得的参数计算。

③ 动压平衡型等速采样管法。通过装置在采样管中的孔板在采样抽气时产生的压力与从平行放置的皮托管所测出气体的动压相等来实现等速采样。

④ 静压平衡型等速采样管法。利用在采样管入口配置的专门采样嘴，在嘴的内外壁上分别开有测量静压的条缝，调节采样流量，使采样嘴内外条缝处静压相等，以实现采样。此法用于测量低含尘量的排放源，操作简单、方便。

（五）烟尘中气态污染物的采样方法

由于烟气中气态污染物质量浓度不稳定，有高有低，所以各污染物的测定方法也无法固定，这里仅简要介绍化学采样法。

化学采样法是烟尘中气态污染物的主要采样方法。其基本原理是通过采样管将样品抽到装有吸收液的吸收瓶或装有固体吸收剂的吸附管、真空瓶、注射器或气袋中，样品溶液或气态样品经化学分析或仪器分析测定污染物质量浓度。采样装置如图3.32。

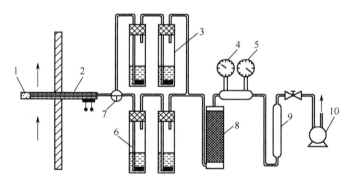

图 3.32 烟尘中气态污染物的采样装置
1. 烟道；2. 加热采样器；3. 旁路吸收瓶；4. 温度计；5. 真空压力表；
6. 吸收瓶；7. 三通阀；8. 干燥器；9. 流量计；10. 抽气泵

二、移动污染源监测

移动污染源（简称移动源）主要是指交通运输工具，如机动车、火车、飞机等。目前我国对移动源的监测主要是对汽油车、柴油车的采样监测，多采用非分散红外 CO、HC 气体分析仪。

（一）移动源颗粒物

移动源颗粒物采样包括两类：一是采集燃煤蒸汽机排放的颗粒物；二是为测量柴油机排气烟度而采集碳烟烟炱。前者的采样原理、质量控制要点和采样方法与固定源颗粒物采样原则上相同，此处只叙述及对碳烟烟炱采样的要求。

1. 采样原理

烟度是指一定容量排气所透过的滤纸的染黑度。利用一种采样装置，从柴油机排气管中抽出一定容量的排气，使之通过一张滤纸，废气中的碳烟存留在滤纸上，将滤纸染黑，用检测装置测定滤纸的染黑度，即代表柴油机的排气烟度。

2. 采样的质量控制要点

（1）对采样头的要求
① 采样头不应受到排气动压的影响；
② 采样头分台架试验用和整车试验用两种形式。
（2）对活塞式抽气泵的要求
① 抽气泵应保证每次的抽气量为 300mL±15mL；
② 抽气泵的抽气速度不应变化过大。每次吸气动作的时间为 1.4s±0.2s；
③ 1 分钟内，外界空气的渗入量不应大于 15mL；
④ 应保证滤纸的有效工作面直径为 32mm；
⑤ 滤纸夹持器应夹持可靠，保证密封。
（3）对检测装置的要求
光电传感器、指示电表、控制装置等应满足国家标准《柴油车污染物排放限值及测量方法（自由加速法及加载减速法）》（GB 3847—2018）。

3. 采样方法和标准

应按《柴油车污染物排放限值及测量方法（自由加速法及加载减速法）》（GB 3847—2018）的规定进行。监测结果应符合《汽油车污染物排放限值及测量方法（双怠速法及简易工况法）》（GB 18285—2018）及《柴油车污染物排放限值及测量方法（自由加速法及加载减速法）》（GB 3847—2018）的有关规定。

（二）移动源气体

对汽油车、柴油车等移动污染源气体采样与污染所处工况有密切关系。对汽油车要求在怠速工况下测量排气中的 CO 及 HC 质量浓度。

1. 采样装置

移动源气体采样用的采样装置与烟道烟度测量时所用的采样头及采样管相同。

2. 测量仪器及质量控制要点

用非分散红外 CO、HC 气体分析仪。仪器须经仪器仪表权威部门鉴定合格。

测量仪器的技术条件为：

① 使用环境温度为±5℃～±40℃。

② 最大量程为 CO 不大于 10%，HC 不大于 1%。

③ 零点漂移及量程漂移，每小时应小于满量程的±3%。

④ 对同一气体连续测量 5 次，仪器指示值与平均值的最大偏差应小于满量程的±2%。

⑤ 从气体样品进入取样管口起到仪器指示值为该气样标称值的 90%时止，其响应时间应小于 10s。

3. 仪器的准备

受检车辆的采样及测量程序应满足国家标准中的有关规定。

4. 采样方法和标准

轻型汽车排气污染物测试方法执行国家标准《轻型汽车污染物排放限值及测量方法（中国第六阶段）》（GB 18352.6—2016）的规定；车用汽油机排气污染物测量方法引用 GB/T 14762 标准；汽油车燃油蒸发污染物测量方法按 GB/T 14763 的规定执行；汽车曲轴箱污染物测量方法按 GB 11340 的规定执行；汽油车污染物测量方法参照 GB 18285—2018 执行。监测结果应满足《轻型汽车污染物排放限值及测量方法（中国第六阶段）》（GB 18352.6—2016）的有关规定。

第六节 大气污染生物学监测

大气是生物赖以生存的环境之一，当大气受到污染时，生物也会不同程度地作出反应，如某些动物的生病、死亡或成群迁移，植物叶片的变色、脱落或枯死等。所谓大气生物监测（biological monitoring for atmosphere）是指利用指示生物对大气污染的灵敏反应，对大气环境质量监测和评价，测定大气中有害物质的成分和质量浓度，了解大气质量状况的监测方法。

大气污染的生物监测，包括动物监测和植物监测。由于动物的管理比较困难，所以目前尚未形成比较完整的动物监测方法，动物监测应用较少，但也能起到指示环境污染的作用。例如，美国的多诺拉事件调查表明，金丝雀对二氧化硫最敏感，其次是狗，再次是家禽。日本有人利用鸟类与昆虫的分布来反映环境质量的变化。

利用植物进行大气污染监测，在 20 世纪初就引起了生态学家的注意。几十年来，这方面的研究取得了许多成就，现在进行的生物监测大量采用的是植物监测，如：①指示植物的选择和利用；②根据植物受害症状确定大气污染物；③根据叶片含污量估测环境污染程度等。我国在 70 年代初，也开展了利用植物监测大气污染的研究工作，在筛选指示植物、建立植物受害"症状学"、利用多种植物的含污量和生长情况综合评价大气环境质量等方面，都取得了进展。鉴于上述情况，本节主要介绍植物监测。

一、植物受害过程和植物监测依据

由于有些植物对大气污染具有反应敏感性，在污染物达到人和动物受害的质量分数之前，它们能显示出可察觉的症状。例如，二氧化硫危害棉花等植物，使其叶片发黄的质量分数为$(0.1\sim1)\times10^{-6}$；而人能察觉的质量分数大约是棉花发黄时质量分数的2.5倍。可见，利用植物作为大气污染物的"指示器"，警报和监测大气污染状况，是一种既灵敏又经济简单的方法。

大气污染对植物的危害，是由叶部侵入的，因为植物叶子的表层特别是下部表层，细胞排列比较松弛，孔隙较多。这些孔隙通常能自动启闭，借以呼吸空气，并与大气进行物质交换。当叶孔张开时，有害气体就随大气一同进入叶组织中，并发生一系列生化反应。当有害气体的质量浓度很低时，植物仍能进行正常的代谢作用，而不引起危害。若质量浓度较高或在植物体中积累较多时，就会使植物的组织遭到破坏，受害后产生的现象因污染物的种类、质量浓度以及受害植物的品种不同而有差异，一些共同的特征是叶黄素被破坏，叶细胞组织脱水，从而发生各种异常现象。例如，叶面失去原有的光泽，出现不同颜色（灰白色、黄色或褐色等）斑点，叶片脱落，甚至全株枯死。这些不同的症状，就是大气污染植物监测的基本依据。

通常情况下，污染物的质量浓度越大，植物受害越严重。植物受害的最低质量浓度称为临界质量浓度（threshold concentration）。植物从接受临界质量浓度以上的有毒气体时起，到它出现受害症状时为止，这时段称为临界时间（threshold time）。一般情况下，污染物的质量浓度越高，植物受害的临界时间越短；质量浓度越低，临界时间越长。临界质量浓度与临界时间，也因植物的种类而异。如氟化氢质量分数为10×10^{-9}时，20h可使唐富蒲开始受害；质量分数为50×10^{-9}时，$6\sim9$h可使棉花开始受害。

二、大气污染的指示植物

大气污染指示植物（indicator plant for atmospheric pollution）指能对大气污染物作出灵敏反应的植物，可用来监测和指示大气污染程度。例如利用柳杉、红松、冷杉等植物的敏感性来综合指示城市环境污染程度，用紫花苜蓿、胡萝卜、菠菜的敏感反应指示大气的二氧化硫污染，用唐富蒲、郁金香、杏的敏感反应来指示大气中氟化氢污染。此外如地衣、苔藓类低等植物，生长于树干、岩石上，不受土壤因素的影响和干扰，指示效果尤优于种子植物。指示植物的敏感反应表现在：叶片出现肉眼可见的伤斑，内部生理活动受到影响，如蒸腾作用降低，呼吸作用加强，叶绿素质量分数减少，光合作用强度降低；植物体内某些成分（如含硫量、含氟量）质量分数的异常增高等。

1. 二氧化硫污染的指示植物

对二氧化硫敏感的植物有紫花苜蓿、棉株、苹果树等。低质量分数的二氧化硫短时间作用于紫花苜蓿，就会使叶面出现灰白色的斑点，这是典型的二氧化硫伤害；棉株受二氧化硫的损害时,叶下部变为灰绿色;苹果树受害后,则变为赤褐色。这些都是二氧化硫危害的特异症状。在这些指示植物中,紫花苜蓿对二氧化硫更为敏感。有人试验过,紫花苜蓿在二氧化硫质量分数为 1.2×10^{-6} 的条件下暴露 1h,就会产生可见的症状;若质量分数为 20×10^{-6},只要暴露 10min,即会出现症状。

除上述植物之外,菠菜、萝卜、扁豆、水稻、葡萄以及针叶松等,受污染物的侵害后症状随植物而异,但一般是:阔叶植物表现为叶边缘干枯,呈现赤色;针叶松的叶尖端呈褐色;水稻的叶变为灰绿色;蔬菜的叶面出现白色伤斑或浅黄色斑点。

2. 氟化物污染的指示植物

大气中氟化物都是水溶性的,氟化物被植物叶片吸收后,会向叶子的边缘和尖端扩散,并能逐渐积累。当氟的积累量超过一定限度时,就使叶子遭受伤害,被伤害组织和正常组织之间的区带呈现明显的褐色特征。在一般情况下,叶尖和叶边缘(尤其是前叶边缘)最先受害,变成灰白色或褐色。在叶脉间也形成类似被二氧化硫伤害所出现的斑点。作为氟化物污染的指示植物有唐菖蒲、郁金香、葡萄、雪松等,它们对氟化物都很敏感,例如氟化氢的质量分数为 5×10^{-6} 时,$7 \sim 9$ 天就会使葡萄受害,轻者脱色,重者坏死。由于唐菖蒲受氟化氢危害的临界质量分数很低,因此在氟化物污染的指示植物中,唐菖蒲是更受重视的。

3. 氮氧化物和氧化剂的指示植物

氮氧化物的指示植物有烟草、菠菜、豆类和番茄等。在一般情况下,质量分数为 3×10^{-6} 的 NO_2 经过 $4 \sim 8h$ 后,就能使某些农作物或植物受害,其中烟草和菠菜最为敏感。质量分数为 25×10^{-6} 的 NO_2 在 7h 内,可使豆类和番茄的叶子变白,进而枯萎死亡。一般人的嗅觉能够察觉的质量分数大约是烟草枯死质量分数的 3 倍。

包括臭氧、过氧乙酰硝酸酯在内的光化学烟雾对植物的危害更大,植物吸收光化烟雾后,叶表面特别是下部叶表面显钡白色或青铜色,并呈半透明状。对光化烟雾敏感的植物有:烟草、菠菜、大麦、燕麦、甜菜、牵牛花、番茄、秋海棠、蔷薇等。

三、植物监测方法

(一) 现场调查

现场调查是选用当地的现有植物了解该地的污染情况。如敏感植物受害,表明大气已受到污染;抗性中等的植物受害,表明污染比较严重;抗性强的植物受害,表明大气污染已很严重。在严重污染区,敏感植物已基本消失。根据植物叶片的受害症状,可以判断大气中的主要污染物;根据受害症状面积的大小,也可以判断大气污染的程度。综合不同抗性植物的受害状况,还可以绘制出大气污染的分级分区图,确定区域性污染的程度和范围。

(二) 盆栽定点监测

将指示植物栽在选定的各监测点上,定期观察,记录其受害症状和受害程度,可估测大气污染物的成分、质量分数和污染范围。因为敏感植物对污染物的反应是很敏锐的,一旦这些敏感植物受害，就等于发出空气被污染的"警报"。

采用盆栽植物进行监测，可以根据需要设置监测点。这种方法不受污染现场条件的限制，在厂区、车间、室内、室外处处皆可，便于开展群众性的监测活动，同时兼有美化环境的作用。

（三）利用地衣、苔藓植物的监测

地衣和苔藓植物都属隐花植物，它们对二氧化硫、硫化氢等的反应很敏锐。二氧化硫的年平均质量分数达到$(0.015～0.105)×10^{-6}$，就能使地衣绝迹，没有地衣生长的地带称为"地衣沙漠"。苔藓是仅次于地衣的指示植物，如大气中二氧化硫质量分数超过$0.017×10^{-6}$，大多数苔藓植物就不能生存。1968年，在荷兰格罗宁根举行的大气污染对动植物影响讨论会上，附生隐花植物（主要指地衣和苔藓）被推荐为大气污染的指示植物。

用生态学方法调查污染区树干上距地面1～2.5m高度范围内的苔藓生地衣或附生苔藓植物的种类、数量和分布，在污染源附近会发现"地衣沙漠区"。苔藓植物也是越靠近污染源种类越少，甚至完全消失。根据地衣、苔藓植物的多度、盖度、频度以及种类数量的变化，绘制污染分级图，能清楚地显示出大气污染的程度和范围，还可以在一定程度上反映污染历史。

把非污染区的附生地衣或苔藓植物连同基质一同取下，制成直径为5cm的圆盘，移到地衣和苔藓植物已经消失的污染区的监测点上挂在8～10m高处，圆盘面向污染源，定期观察受害情况和受害面积，即可监测大气污染情况。

（四）植物体内污染物质量分数的分析

植物叶片对重金属、二氧化硫、氟化物、氯等有一定的富集能力。对叶片中的这些物质进行质量分数分析，可以了解大气污染物的种类、污染范围和污染程度。例如，植物氟的自然质量分数为$(0.5～20)×10^{-6}$，硫的自然质量分数一般为0.1%～0.3%，如果排除根系吸收等因素，测得叶片中氟和硫的质量分数高于上述自然质量分数，就表明大气中存在氟或二氧化硫的污染。树皮全年都能固定大气中的氟，监测树皮中含氟量的工作，在植物休眠期仍可进行，因此不受季节的限制。

利用指示植物监测大气污染的优点是：取材方便，方法简单，不需要复杂、昂贵的仪器，因而费用低廉，且有直观效果。但其缺点是，在自然界难于获得精确可靠的定量数据。

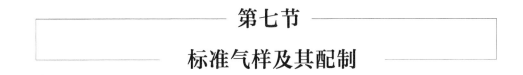

第七节　标准气样及其配制

一、标准参考物质

在标准参考物质出现之前，环境物质中的元素分析，特别是痕量元素分析的准确度存在着许多问题：对于同一元素的分析，往往不同的实验室、不同的分析方法、不同的分析人员，甚至不同的分析条件都会给出不同的分析结果。为了克服痕量分析方法中的系统误差，保证分析的准确度，提高环境分析的质量，Bowen 在 1964 年首次制备了供环境和生物样品分析用的标准参考物质——甘蓝粉，这给环境和生物物质的痕量元素分析带来了重大的变革。在这以后，随着环境监测重要性的日益增长，许多国家都设立了专门机构，组织大量人力、物力进行标准参考物质的制备、鉴定和推广工作。目前，供环境分析用的标准参考物质已有几十种。

(一) 标准参考物质的定义

1. 标准物质与标准参考物质

在分析化学中使用的标准物质（或基准物质）是一种纯度高（99.9%以上）、稳定性强、具有化学计量关系的物质。在元素分析中，标准物质的基本性质是其组成元素的质量分数。而标准参考物质则是一种组成均匀且稳定的物质，它的组成与试样的组成相近，且能以足够的准确度确定，可用它来检验分析实验室或分析方法的准确度和精确度。标准参考物质与标准物质的区别在于后者是一种纯的物质，而前者则是与样品基体相似的混合物。

2. 标准参考物质应具备的条件

标准参考物质在质量控制中起着重要的作用，用它作为校准测量装置或验证测量方法正确与否的标准尺度。作为标准参考物质，必须具备如下条件：a. 基体代表性好；b. 均匀度好，样品量大于 1g 时，均匀度应好于 1%；c. 稳定性好，可贮存多年，不潮解、不变质和不离析；d. 在指定条件下干燥时，样品质量损失可重复；e. 能制备出一定数量（50kg 以上），在全国范围内满足方法验证、仪器校准、质量控制等方面的需要；f. 其组成必须用两种或两种以上相互独立且准确度已知的方法加以测定。

(二) 标准参考物质的制备流程

采样→干燥→研磨粉碎→过筛→混匀→辐照消毒→分装→均匀度鉴定→分析鉴定。

以参考物质果叶的制备为例，制备过程为：采摘果叶，剔除叶柄，经干燥后置于粉碎机中磨细，过 80 目不锈钢筛，进一步在 80℃下烘干，然后放在搅拌器中仔细混匀，用 $^{60}Co\ \gamma$ 源辐照，杀菌消毒，以利存放。最后将其分散，每份 80g，用统计方法作均匀度检验，用准确度已知的各种分析方法对其中的元素质量分数作出鉴定。

(三) 标准参考物质在环境工程中的作用

① 用于质量控制和质量评价，用于各分析实验室之间的比较。例如在一项大规模的环境分析任务进行之前，先用标准参考物质检查所有参加单位的分析方法的准确度和精确度。

② 作为已知样品来检验新的环境分析方法的可靠性。

③ 直接用标准参考物质作为环境分析用的标准。这种做法不仅具有简便、能作多元素分析等优点，而且可以克服基体效应。

④ 作校准物，用标准参考物质对分析仪器进行校准或标定。

二、标准气体的配制

标准气样在环境空气监测工作中是很重要的，在定性、定量及质量控制等方面是检验监测方法、监测仪器及监测技术的重要依据。在大气污染监测工作中，常要绘制某些分析方法的定量标准曲线、校准分析仪器的量程、评价一个采样方法的效率，以及在毒理学上制定容许质量浓度范围等，这些都需要用标准气体作基准物质或参考物质。所谓标准气体，是已知含有一定体积的某种物质的气体。标准气体准确与否直接关系到监测方法、监测数据的准确度。配制低质量浓度标准气体的方法分为静态配气法和动态配气法两种。

(一) 静态配气法

静态配气法是把一定量的气态或蒸气态的原料气，加到已知体积的容器中，然后再加入稀释气体并混合均匀，根据所加原料气的量及容器的容积，即可计算气体的体积分数。静态配气所用的原料气可以是纯气体、易挥发液体，也可以是已知体积分数的混合气体。这种配气法的最大优点是所用设备简单，操作容易。缺点是由于大气中的污染物化学性质比较活泼，长期与容器器壁接触会发生化学反应或有吸附现象，放置过久会使质量浓度发生变化。特别是在配制体积分数很低的气体时，常会引起较大误差。所以，通常对于活泼性较差的气体，且用量不多时，为操作方便起见，常采用静态配气法配气。

静态配气方法按配气容器的不同可分为配气瓶配气、注射器配气、塑料袋配气、高压钢瓶配气等。

1. 配气瓶（常压）配气

将 20 L 玻璃瓶或聚乙烯瓶洗净烘干，精确标定体积，抽成负压，用稀释气冲洗几次，以排除瓶中原有的全部空气。再加入一定的原料气，然后充进稀释气至大气压力，摇动瓶中翼形搅拌片，使瓶中气体混合均匀，即可使用。瓶中气体的体积分数可通过加入原料气的量及玻璃瓶的体积进行计算。

若加入的原料气在常温下是气体，则可用气体定量管加入。气体定量管的体积应事先准确标定。这时瓶中气体的体积分数可按下式计算：

$$c = \frac{ab}{V} \times 100\% \tag{3.26}$$

式中　c——气体的体积分数，%；
　　　a——原料气的体积，L；
　　　b——原料气的纯度，%；
　　　V——瓶子的容积，L。

若所加入的原料气是易挥发的液体，则可将液体先装在一个洗净烘干的小安瓿中，熔封安瓿上的毛细管口，精确称取液体的质量，将安瓿放进大配气瓶中（图 3.33），按前述方法抽成负压，摇动配气瓶，使安瓿撞击在瓶壁上破碎，液体挥发，然后充进干净空气至瓶内压力与大气压相等。

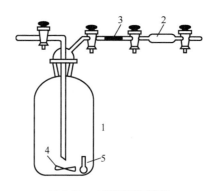

图 3.33 大瓶子配气装置
1. 配气瓶；2. 气体定量管；3. 连接管；4. 翼状铝片；5. 玻璃小安瓿

混合均匀后瓶中气体的体积分数可通过下式计算得到：

$$c = \frac{22.4(1+\dfrac{t}{273})\dfrac{ab}{M}}{V} \times 100\% \tag{3.27}$$

式中 c ——气体体积分数，%；
a ——加入液体的质量，g；
b ——液体的纯度，%；
M ——液体的分子量；
V ——瓶子的体积，L。

如果已知液体的密度，也可用微量注射器精确地量取一定量的液体，经装有硅橡胶垫的取样口注入已抽成真空的配气瓶中，待液体挥发后再充进稀释气。根据液体的密度和所加入的体积，即可计算加入的液体的质量，然后按式（3.27）计算气体的体积分数。

为了减少瓶壁的吸附作用对气体体积分数的影响，可将第一次配的气放置一段时间后，抽真空，进行第二次配气。这样瓶壁的吸附已近饱和，第二次配气吸附的影响可大大减小。另外，当从大瓶子中取气时，为保持瓶内压力不变，瓶外的清洁空气将由另一支管进入瓶中，将气体稀释而使瓶中气体的体积分数逐渐降低。为避免这种现象，常将气体体积分数相同的几个瓶子串联，干洁空气进入最后一个瓶中，这样可获得较为稳定且量较大的标准气体。

2. 注射器配气

配制少量的混合气体，可用 100mL 注射器多次稀释制得。气体体积分数可根据原料气的体积分数和稀释倍数来计算。例如配一氧化碳气，用注射器取纯（或已知体积分数）的一氧化碳 10mL，用净化空气稀释至 100mL，摇动注射器中的聚四氟乙烯薄片，使气体混合均匀。打出 90mL 混合气，剩余 10mL，再用净化空气稀释至 100mL。如此重复 6 次，最后所得的气体即为一氧化碳体积分数为 1×10^{-6} 的混合气。

用注射器配气时，所用注射器应严密不漏气，且进行刻度校准。

3. 塑料袋配气

使用塑料袋配气时，应先用净化空气将袋子洗 2~3 遍，向塑料袋内注入一定量的原料气，并充进一定体积的净化空气，然后挤压塑料袋，使其混合均匀。根据所加入原料气的量和充进的净化空气的量，即可求出袋内气体的体积分数。

使用塑料袋配气时，应该注意的是塑料袋应对所配气体不吸附，不发生化学反应，且塑料袋密封性好、不渗气。

4. 高压钢瓶配气

高压配气是用压缩机将混合气充入高压容器（如钢瓶）。混合气经过减压阀从钢瓶中释放出来，气体的体积分数即为钢瓶中混合气的体积分数。高压配气按配气计量方法可分为压力法、流量法、容量法和质量法4种，其中以质量法最为精确。近年来，已把质量法作为配制标准气体的基准方法，广泛用于 CO、CH_4 和 NO 等标准气体的配制。

质量法配气是应用高载荷量的精密天平称量装入钢瓶中的各气体组分的质量，根据各组分的质量比，计算钢瓶中气体的质量分数，所用天平的负荷量应大于所称钢瓶的质量，天平分度值一般应为每格10mg。

质量法配气的精度不仅取决于天平的精度和最大称量，还与钢瓶的质量有关。一些比较活泼的气体如 NO、NO_2、SO_2 等对钢瓶有腐蚀作用，并能被瓶壁吸附，会使质量分数降低或产生痕量杂质。因此钢瓶要用不锈钢或其他特种材料（如铝合金）制成，有的还需对钢瓶内壁进行特别处理，如电镀或加涂层（如石蜡、聚砜等）。有些易氧化的气体（如 NO）需用高纯氮作为稀释气，以保证钢瓶中气体体积分数的精度和稳定性。

（二）动态配气法

动态配气法是将已知体积分数的原料气，以较小的流量，连续不断地按一定比例与稀释气体混合，得到一定体积分数的标准气体的配气方法。与静态配气法相比，动态配气法设备较复杂，但配气方法和设备一经建立，就可以很方便地获得大量的恒定体积分数的标准气体。而且由于连续流动终能达到平衡，避免了在静态配气中因微量组分被吸附和发生化学反应而造成体积分数不稳定的缺点。常用的动态配气法有渗透膜法、连续稀释法、负压喷射法、气体扩散法及饱和蒸气压法等。

1. 连续稀释法

它是将已知体积分数的原料气以较小的流量稳定地送入气体混合器中（图3.34），被较大流量的净化过的稀释气加以稀释。稀释后的混合气连续不断地从混合器中流出，以供使用。准确测定这两个气流流量之比，也即稀释倍数，即可算出混合气的体积分数。调节气流比可得到所需体积分数的标准气体。标准气体的体积分数可由下式求得：

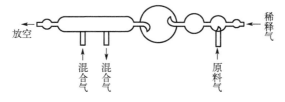

图3.34 气体混合器

$$c = c_0 \times \frac{F_0}{F + F_0} \times 100\% \tag{3.28}$$

式中　c ——混合气体积分数，%；
　　　c_0 ——原料气体积分数，%；
　　　F ——稀释气流量，m³/min；
　　　F_0 ——原料气流量，m³/min。

一般原料气的体积分数是已知的，可控制一定的流量从钢瓶中放出来，也可用纯气体或用静态法配成已知体积分数的气体作原料气源。若想配制更低体积分数的标准气体，可用第一次稀释后的气体作为原料气，进行第二次稀释，依次类推，逐级稀释，直至得到所需体积分数的气体。这种配气方法的精度主要取决于原料气和稀释气两个气流的稳定程度和测量精度。

2. 渗透膜法

渗透膜法是动态配气中最常用的方法，其原理是物质的分子通过惰性渗透膜渗透到稀释气流中，根据渗透量和稀释气的流量，可以计算出气体的体积分数。在渗透膜法中最重要、应用最多的是渗透管法。

渗透管法是 1966 年以后发展起来的一种制备恒定体积分数混合标准气样的方法，现在已被广泛应用于大气污染物的分析方面。渗透管主要由一个盛有液体的小容器和渗透膜所组成，小容器是由耐腐蚀和耐一定压力的惰性材料（如硬质玻璃、不锈钢、硬质塑料等）做成，内装易挥发的纯液体。如果此液体在常温下是气体物质，可用冷冻或压缩的方法制成液体，然后灌至容器中。渗透膜是用惰性塑料膜（如聚四氟乙烯、聚氟乙烯、丙烯等）制成，厚度在 1mm 以下。所选用的渗透膜可长期使用不变质。图 3.35（a）和图 3.35（b）分别为二氧化硫（或二氧化氮）渗透管和硫化氢渗透管。由于 H_2S 在常温下的蒸气压较大，所以不能用玻璃安瓿，而要用耐高压的钛钢材料轧制成小容器。

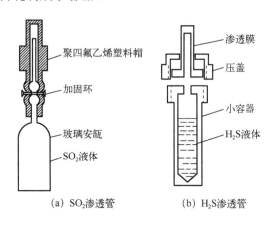

(a) SO_2 渗透管　　(b) H_2S 渗透管

图 3.35　渗透管

气体分子在其本身蒸气压力的作用下，通过渗透面向外渗透，单位时间内的渗透量即渗透率可用下式表示：

$$\rho = -DA\mathrm{d}P/\mathrm{d}L \tag{3.29}$$

式中　ρ ——渗透率；
　　　A ——渗透面积；

D ——气体分子渗透常数；

dP/dL ——渗透管内外气体分子压力梯度。

负号表示从管内到管外压力减小。

管内压力为在一定温度下液体的饱和蒸气压 P，渗透出来的气体分子由于立即被稀释气带走而扩散开来，所以管外压力近似为零。若渗透膜厚度为 L，则有：

$$\rho = -DAP/L \tag{3.30}$$

由此可知，渗透率 ρ 与液体的饱和蒸气压 P 和渗透面积 A 成正比，与壁厚 L 成反比。由于一定的渗透管仅与液体的饱和蒸气压 P 和气体分子的渗透系数 D 有关，而 P、D 又是温度的函数，所以渗透管的温度恒定时渗透率不变。如果改变温度，或渗透面积，或渗透管壁厚，则可改变渗透率，从而得到所需体积分数的标准气体。

影响渗透管配气法精度的因素较多，主要有稀释气体的纯度、配气用的管路材料、稀释气的流量控制是否稳定，以及流量计的精度、渗透管的温度控制精度等。渗透管法是配制恒定的低体积分数混合标准气体的一种较精确的方法，可用来校准连续自动分析仪器的读数，制备模拟现场采用的标准曲线，作为气相色谱的定量标准，测定一个采样方法的浓缩效率等。此法在大气污染物的分析中得到了广泛的应用。

3. 饱和蒸气压法

饱和蒸气压法是利用恒定温度下液体饱和蒸气作原料气的一种配气方法。一定温度下液体的饱和蒸气压可从理化手册上查得，饱和蒸气质量浓度可用下式计算：

$$d_t = \frac{P_t M}{RT} \times 10^6 \tag{3.31}$$

式中 d_t ——饱和蒸气质量浓度，μg/mL；

P_t ——在温度 t℃时的饱和蒸气压；

M ——液体的摩尔质量，g/mol；

R ——理想气体常数；

T ——绝对温度（$T=273+t$），K。

饱和蒸气压法配气装置如图 3.36 所示。

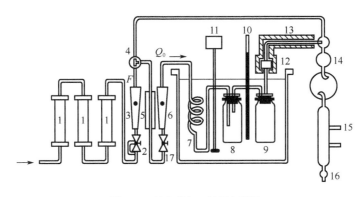

图 3.36 饱和蒸气压法配气装置

1. 净化管；2. 稳流器；3. 流量计；4. 分流阀；5. 阻力毛细管；6. 小流量计；7. 气体预热管；8,9. 饱和蒸气发生瓶；10. 温度计；11. 搅拌器；12. 雾滴过滤器；13. 加热器；14. 气体混合室；15. 标准气体取样口；16. 放空口

经净化后的稀释空气,用稳压、稳流系统控制一定流量 Q(mL/min),由分流阀分成两路,一路气流经过阻力毛细管控制很小流量 Q_0(L/min),进入恒温水浴中的气体预热管和两个饱和蒸气发生瓶,将瓶中饱和蒸气吹出,再进入雾滴过滤器后,在气体混合室中与另一路气体混合。气体质量浓度可按下式计算:

$$c = \frac{d_t Q_0}{Q} \tag{3.32}$$

式中　c ——气体质量浓度,μg/L;
　　　d_t ——在温度 t 时的饱和蒸气质量浓度,μg/mL;
　　　Q_0 ——流经饱和蒸气发生瓶中的气体流量,mL/min;
　　　Q ——稀释气总流量,L/min。

4. 气体扩散法

气体扩散法基本原理是气体分子从液相中扩散到气相中,然后被稀释气带走。根据扩散速度和稀释气流量可计算出所配标准气体的质量浓度,控制扩散速度和调节稀释气的流量,就可得到各种质量浓度的标准气体。气体扩散法常见的有毛细管扩散法和扩散瓶法。

① 毛细管扩散法。图 3.37 为毛细管扩散法配气示意图。毛细管内装纯试剂,并保持恒温。稀释气以一定流速通过混合管,将从毛细管中扩散出来的蒸气带走。控制毛细管中液体的扩散率和稀释气的流量,就可以配制各种质量浓度的标准气体。

② 扩散瓶法。扩散瓶种类很多,最常见的结构如图 3.38 和图 3.39 所示。在扩散瓶内装入纯溶剂,置于恒温水浴中,温度控制精度为±0.1℃,气体分子由液相扩散到气相中被稀释气带走,根据扩散率和稀释气流量,可配制各种质量浓度的标准气体。

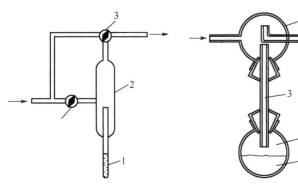
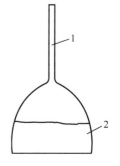

图3.37　毛细管扩散法配气示意图
1. 毛细管(内装液体); 2. 混合室;
3. 三通活塞

图3.38　蒸气扩散瓶1
1. 毛细管(内装液体); 2. 混合瓶;
3. 毛细管; 4. 液体

图3.39　蒸气扩散瓶2
1. 毛细管; 2. 液体

 复习与思考题

1. 什么是大气污染?常见的大气污染物有哪些?如何对它们进行分类?
2. 大气污染物的时空分布有何特点?分布规律与哪些因素有关?环境监测的采样工作与大气污染物的时空分布有何关系?

3. 大气试样的代表性对监测结果有何重要意义？如何获得具有代表性的试样？
4. 大气中一氧化碳的测定方法有哪些？检气管法的基本原理是什么？
5. 当空气中 SO_2 体积分数达 $0.5×10^{-6}$ 时，某些植物很快能变黄，问此时质量浓度是多少？
6. 已测得现场的气温为 29℃，气压是 980kPa，某空气 40L，求此空气在标准状况下体积是多少？
7. 用液体吸收法采集大气中的 SO_2 时，每次取 5mL 四氯汞钾吸收液分析，分析方法的灵敏度为 0.4μg/5mL，居住区大气中日平均最大允许质量浓度为 $0.15mg/m^3$，问最小采气体积为多少？若采用流量为 0.24 L/min 的多孔玻板吸收管，应采样几分钟？
8. 已知居住区大气中容许灰尘自然沉降量是 $3t/(km^3·月)$。现测得称量瓶、滤纸和灰尘质量是 19.4785g，称量瓶与滤纸质量是 19.1425g。集尘缸口直径为 15cm，采样 30 天，问灰尘自然沉降量是否超标？
9. 用大瓶子法配制氯标准气时，已知瓶子的容积为 2L，原料气的体积为 500mL，氯气纯度为 30%，计算配气后氯气的体积分数。
10. 测定粒子状污染物的粒度分布有何实际意义？用什么方法测定？原理何在？
11. 什么是总悬浮颗粒物？其测定方法是什么？
12. 什么是标准参考物质？标准参考物质和标准物质有何不同？标准参考物质在环境分析中有何意义？
13. 简述库仑滴定法测定二氧化硫的原理。
14. 什么是动态配气？试述其优缺点？
15. 一氧化碳的仪器测定法有哪几种？简述各方法的原理。
16. 标准气样在环境监测中有何作用？配制标准气样的方法有哪几种？各有何优缺点？
17. 大气污染生物监测法的依据是什么？监测方法有哪几种？生物监测法的优点是什么？有何不足之处？

第四章
固体废物监测

第一节
固体废物的定义和分类

固体废物（solid waste）是指人类在生产建设、日常生活和其他活动中产生的，在一定时间和地点无法利用而被丢弃的污染环境的固体、半固体废弃物质。废物包括固态、液态和气态废弃物质。在液态和气态废弃物中，大部分废弃的污染物质混掺在水和空气中，直接或经处理后排入水体或大气。在我国，它们被习惯地称为废水和废气。而其中不能排入水体的液态废物和不能排入大气的气态废物，由于多具有较大的危害性，在我国归入固体废物管理体系。

固体废物主要来源于人类的生产和消费活动。它的分类方法很多：按其组成可分为有机废物和无机废物；按其形态可分为固态废物、半固态废物和液态废物；按其污染程度可分为危险废物和一般废物等。根据 2020 年公布的《中华人民共和国固体废物污染环境防治法》分为生活垃圾、工业固体废物、建筑垃圾、农业固体废物和危险废物等。

生活垃圾是指在城市居民日常生活中或为城市日常生活提供服务的活动中产生的固体废物。工业固体废物是指在工业、交通等生产过程中产生的固体废物。危险废物是指列入国家危险废物名录或是根据国家规定的危险废物鉴别标准和鉴别方法认定具有危险特性的废物。危险废物的特性通常包括毒性、易燃性、反应性、腐蚀性和感染性。根据这些特性，我国于 2021 年公布了《国家危险废物名录（2021 年版）》，其中包括 50 个类别和 479 种危险废物。

一种废物是否对人类和环境造成危害可用下列四点来鉴别：①是否引起或严重导致人类和动、植物死亡率增加；②是否引起各种疾病的增加；③是否降低对疾病的抵抗力；④在贮存、运输、处理、处置或其他管理不当时，对人体健康或环境会造成现实或潜在的危害。

由于上述定义没有量值规定，因此在实际使用时往往根据废物具有潜在危害的各种特性及其物理、化学和生物的标准试验方法对其进行定义和分类。危险废物特性包括易燃性、腐蚀性、反应性、放射性、浸出毒性、急性毒性（包括口服毒性、吸入毒性和皮肤吸收毒性），以及其他毒性（包括生物积累性、刺激性或过敏性、遗传变异性、水生生物毒性和传染性等）。

美国对危险废物的定义及鉴定标准如表 4.1 所示。

表 4.1 美国对危险废物的定义及鉴别标准

序号	特性	定义	鉴别值
1	易燃性	闪点低于定值，或经过摩擦、吸湿、自发的化学变化有着火的趋势，或在加工、制造过程中发热，在点燃时燃烧剧烈而持续，以致管理期间会引起危险	美国 ASTM 法，闪点低于 60°C
2	腐蚀性	对接触部位作用时，使细胞组织、皮肤有可见性破坏或不可治愈的变化；使接触物质发生质变，使容器泄漏	pH>12.5，或 pH<2 的液体；在 55.7°C 以下时对钢制品腐蚀深度大于 0.64cm/年
3	反应性	通常情况下不稳定，极易发生剧烈的化学反应，与水剧烈反应，或形成可爆炸的混合物，或产生有毒的气体、臭气，含有氰化物或硫化物；在常温、常压下即可发生爆炸反应，加热或有引发源时可爆炸，对热或机械冲击有不稳定性	
4	放射性	由于核反应而能放出 α、β、γ 射线的废物中放射性核素含量超过最大允许放射性比活度	^{226}Ra 放射性比活度≥370000Bq/g
5	浸出毒性	在规定的浸出或萃取方法的浸出液中，任何一种污染物的浓度超过标准值。污染物指镉、汞、砷、铅、铬、硒、银、六氯苯、甲基氯化物、毒杀芬、2,4-D 和 2,4,5-T 等	美国 EPA/EP 法试验，超过饮用水 100 倍
6	急性毒性	一次投入给试验动物的毒性物质，半数致死量（LD_{50}）小于规定值	美国国家职业安全与卫生研究所试验方法口服毒性 LD_{50}≤2mg/L，皮肤吸收毒性 LD_{50}≤200mg/[kg（试验动物）]
7	水生生物毒性	用鱼类试验，96h 半数存活浓度（TL_m）小于规定值	TL_m (96h) <1 000×10^{-6}
8	植物毒性	用来评价堆肥过程是否有效去除污染物、产物不对植物产生毒害作用的指标	半数存活浓度 TL_m<1 000mg/L
9	生物积累性	生物体内富集的某种元素或化合物达到环境水平以上，试验时结果呈阳性	阳性
10	遗传变异性	由毒物引起的有丝分裂或减数分裂细胞的脱氧核糖核酸或核糖核酸分子的变化所产生的致癌、致畸、致突变的严重影响	阳性
11	刺激性	使皮肤发炎	皮肤发炎≥8 级

我国对危险废物有害特性的定义如下。

（1）急性毒性

能引起小鼠（或大鼠）在 48h 内死亡半数以上的固体废物，参考制订的有害物质卫生标准的试验方法，进行半数致死量（LD_{50}）试验，评定毒性大小。

（2）易燃性

经摩擦或吸湿和自发的变化具有着火倾向的固体废物（含闪点低于 60°C的液体），着火时燃烧剧烈而持续，在管理期间会引起危险。

（3）腐蚀性

含水固体废物，或本身不含水但加入定量水后其浸出液的 pH≤2 或 pH≥12.5 的固体废物，或在 55℃以下时对钢制品每年的腐蚀深度大于 0.64cm 的固体废物。

（4）反应性

当固体废物具有下列特性之一时为具有反应性：①在无爆震时就很容易发生剧烈变化；②和水剧烈反应；③能和水形成爆炸性混合物；④和水混合会产生毒性气体、蒸气或烟雾；⑤在有引发源或加热时能爆震或爆炸；⑥在常温、常压下易发生爆炸或爆炸性反应；⑦其他法规所定义的爆炸品。

（5）放射性

含有天然放射性元素，放射性比活度大于 37000Bq/kg 的固体废物；含有人工放射性元素的固体废物或者放射性比活度（以 Bq/kg 为单位）大于露天水源限值 10～100 倍（半衰期＞60d）的固体废物。

（6）浸出毒性

按规定的浸出方法进行浸取，所得浸出液中有一种或者一种以上有害成分的质量浓度超过表 4.2 所示鉴别标准的固体废物。

表 4.2 中国危险废物浸出毒性鉴别标准（GB 5085.3—2007）（节选）

序号	项目	浸出液的最高允许质量浓度/（mg/L）
1	汞	0.1（以总汞计）
2	镉	1（以总镉计）
3	砷	5（以总砷计）
4	铬	5（以六价铬计）
5	铅	5（以总铅计）
6	铜	100（以总铜计）
7	锌	100（以总锌计）
8	镍	5（以总镍计）
9	铍	0.02（以总铍计）
10	无机氟化物	100（不包括氟化钙）

第二节

固体废物样品的采集和制备

一、样品的采集

在固体废物的监测中，采样是一个十分重要的环节。在分析技术越来越先进的今天，采样可能是造成分析结果变异的主要原因，在某种情况下，它甚至起着决定性作用。

（一）采样点确定的原则

① 避免采样误差。固体废物存在着很大的不均匀性，这种不均匀性易造成采样误差。固体废物的不均匀性主要表现在废物的粒度大小与分布不均匀；废物的物理与化学组成分布不均匀；废物中某种组分或污染物质量浓度呈现定向或周期性变化。可通过选择恰当的采样方法减少采样误差。

② 方便采取样品。

③ 考虑影响废物组成的各种因素。产生废物的生产工艺与废物的产生位置、产生废物的批次和批量、废物组成都可能随工艺温度或压力的变化而有明显改变；开车、停车、维修和事故排放时产生的废物，不能代表正常情况下产生的废物，要根据不同情况确定采样点位置。

（二）采样工具

采样工具的选择，应当根据所需采取废物的种类、特点、形态、特性，废物产生、贮存、排放方式以及工作场地条件等因素来确定。

选择的采样工具应满足以下要求：

① 不得污染样品或与样品发生化学反应；
② 应便于洗涤，尽量避免或减少在连续采样过程中发生的样品交叉污染；
③ 应能尽量满足物理或化学分析所需用的样品体积；
④ 应能方便用于采样点的现场工作条件并安全可靠；
⑤ 应尽量不破坏废物原有的基本物理形态，不破坏废物原有的组分结构。

固体废物常用的采样工具包括：尖头钢锹、钢尖镐（腰斧）、采样铲（采样器）、具盖采样桶或内衬塑料的采样袋。

（三）采样程序

① 根据固体废物批量大小确定应采份样的个数。份样是指由一批废物中的一个点或一个部位，按规定量取出的样品。

② 根据固体废物的最大粒度（95%以上能通过的最小筛孔尺寸）确定份样量。

③ 根据采样方法，随机采集份样，合在一起，组成总样，然后再进行样品制备。

（四）采样数与份样量

应采份样数与批量大小有关，见表4.3。

表4.3 确定应采份样数

批量大小	最少份样数	批量大小	最少份样数
<1	5	≥100	30
≥1	10	≥500	40
≥5	15	≥1000	50
≥30	20	≥5000	60
≥50	25	≥10000	80

注：固体单位为t，液体单位为m^3。

所采的每个份样量应大致相等,其相对误差不大于20%。每个份样应采的最小质量按表4.4确定。

表4.4 最小份样量和采样铲容量

最大粒度/mm	最小份样质量/kg	采样铲容量/mL
>150	30	
100~500	15	16000
50~100	5	7000
40~50	3	1700
20~40	2	800
10~20	1	300
<10	0.5	125

表中要求的采样铲容量为保证一次在一个地点或部位能取到足够数量的份样量。

(五) 采样方法

1. 采样方法分类

固体废物的采样方法有简单随机采样法、分层随机采样法、系统随机采样法、多段式采样法和权威采样法等。

① 简单随机采样法是最简单、最基本的采样方法。它分为抽签法和随机数表法。抽签法是先将采样总体的各个独立单元顺序编号,同时将号码写在纸片上(纸片上的号码代表各采样单元),掺混均匀后从中随机抽取所需最少样品数的纸片,抽中的号码即为采样单元的号码。此法只宜用在采样单元较少时。随机数表法是先将采样总体的各个独立单元顺序编号,然后从随机数表的任意一栏、任意一行的数字数起,小于或等于编号序列的数码即为采样单元(不重复),直至取到所需的最少样品数。

② 分层随机采样法是将总体划分为若干个组成单元或将采样过程分为若干个阶段(均称之为"层"),然后从每一层中随机采取样品。与简单随机采样法相比,该法的优点是:当已知各层间物理化学特性存在差异,且层内的均匀性比总体要好时,通过分层采样,可降低层内的变异,使得在样品和样品量相同的条件下,误差小于简单随机采样法。这种方法常用于批量产生的废物和当废物具有非随机不均匀性并且可明显加以区分时。

③ 系统随机采样法是利用随机数表或其他目标技术从总体中随机抽取某一个体作为第一个采样单元,然后从第一个采样单元起按一定的顺序和间隔确定其他采样单元。对连续产生或排放的废物、用较大数量件装容器存放的废物等常采用此法,有时也用于散状堆积的废物或渣山采样。这种方法与简单随机采样法相比,具有简便、快速、经济的优点,但当废物中某一种待测组分有未被认识的趋势或周期性变化时,将影响采样的准确度和精密度。

④ 多段式采样法是将采样的过程分为两个或多个阶段来进行,先抽取大的采样单位,再从大的采样单位中抽取采样单元。多段式采样法常用于对生活垃圾采样。

⑤ 权威采样法是一种依赖采样者的工作经验确定采样位置的方法。

2. 现场采样

在生产现场采样,首先应确定样品的批量,然后按下式计算出采样间隔,进行流动间隔采样。

采样间隔≤批量（t）/规定的份样数

注意事项：采第一个份样时，不准在第一间隔的起点开始，可在第一间隔内任意确定。

（1）运输车及容器采样

在运输一批固体废物时，当车数不多于该废物规定的份样数时，每车应采份样数=规定份样数/车数。当车数多于规定的样数时，按表 4.5 选出所需最少采样车数，然后从所选车中各随机采一个份样。

表 4.5　所需最少的采样车数表

车数（容器）	所需最少采样车数
＜10	5
10～25	10
25～50	20
50～100	30
＞100	50

在车中，采样点应均匀分布在车厢的对角线上（如图 4.1），端点距车角应大于 0.5m，表层去掉 30cm。

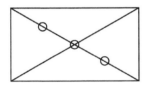 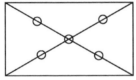 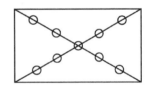

图4.1　车厢中的采样布点

对于一批由若干容器盛装的废物，按表 4.5 选取最少的容器数，并且每个容器中均随机采 2 个样品。

当把一个容器作为一个批量时，就按表 4.3 中规定的最少份样数的 1/2 确定；当把 2～10 个容器作为一个批量时，就按下式确定最少容器数。

最少容器数=最少份样数/容器数

（2）废渣堆采样

在废渣堆侧面距堆底 0.5m 处画一横线，然后每隔 0.5m 画一条横线，再在横线上每隔 2m 画一条垂线，其交点作为采样点（见图 4.2）。按表 4.3 确定的份样数确定采样点数。在每点上从 0.5～1m 深处各随机采样一份。

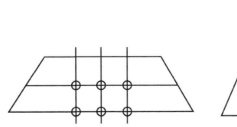 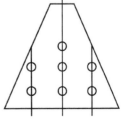

图4.2　废渣堆中采样点的布设

二、样品的制备

（一）制样工具

制样工具包括粉碎机（破碎机）、药碾、钢锤、标准套筛、十字分样板、机械缩分器。

（二）制样要求

① 在制样过程中，应防止样品产生化学变化和污染。若可能对样品的性质产生显著影响，则应尽量保持原态。

② 样品应在室温下自然干燥，使其达到适于破碎、筛分、缩分的程度。

（三）制样程序

① 粉碎。用机械或人工方法把全部样品逐级破碎，通过 5mm 筛孔。粉碎过程不可随意丢弃难于破碎的粗粒。

② 缩分。把样品置于清洁、平整、不吸水的板面上堆成圆锥形，每铲物料自圆锥顶端落下，使其均匀地沿锥尖散落，不可使圆锥中心错位。反复转堆，至少 3 周，使其充分混合。然后将圆锥顶端轻轻压平，摊开物料后，用十字板自上压下，分成 4 等份，取两个对角的等份。重复操作数次，直至不少于 1kg 试样为止，在进行各项测定前，可根据要求的样品量进一步缩分。

三、样品水分的测定

称取样品 20g 左右，测定无机物时可在 105℃下干燥至恒定质量 0.1g，测定水分的质量浓度。测定样品中的有机物时应于 60℃下干燥 24h，确定水分的质量浓度。

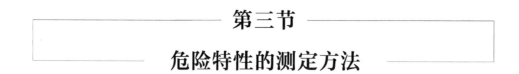

第三节 危险特性的测定方法

一、急性毒性试验

急性毒性是指一次将毒性物质投给试验动物，导致动物半数死亡。急性毒性试验的目的是简便易行地鉴别和表达有害毒物的综合急性毒性。

称取制备好的样品 100g，置于 500mL 具磨口玻璃塞的三角瓶中，加入 100mL（pH=5.8～

6.3）水，振摇 3min 于室温下浸泡 24h，用中速定量滤纸过滤，滤液留待灌胃用。对 10 只小白鼠（或大白鼠）进行一次性灌胃。对灌胃后的小白鼠进行中毒症状观察，记录 48h 内动物死亡数，若出现半数以上的小白鼠（或大白鼠）死亡，则该废物具有急性毒性。

二、易燃性试验

通过测定废物的闪点鉴别其易燃性。闪点较低的液态废物和燃烧剧烈而持续的非液态废物，由于摩擦、吸湿、点燃等自发的化学变化会发热、着火，或可能由于它的燃烧引起对人体或环境的危害。

鉴别试验用专用闭口闪点测定仪测定。测定时按标准要求加热试样至一定温度；停止搅拌，每升高 1℃ 点火一次；当试样上方刚出现蓝色火焰时，立即读出温度计上的温度值，该值即为测定结果。

三、腐蚀性试验

腐蚀性指通过接触能损伤生物细胞组织或腐蚀物体而引起危害。腐蚀性试验是用电位测定废物 pH 值，用以鉴别其腐蚀性。

对含水量高、呈流态状的稀泥或浆状物料，直接进行 pH 测定。对稠状物料离心或过滤后，测其液体的 pH 值。对粉、粒、块状物料需加入规定体积的水，然后放于振荡器上，在一定频率下振荡一定时间，静置后取上清液测 pH。当 pH≥12.5 或 pH≤2.0 时，可判定该废物是具有腐蚀性的危险废物。

四、反应性试验

废物的反应性通常是指在常温、常压下不稳定或在外界条件发生变化时发生剧烈变化，以致产生爆炸或放出有毒有害气体。测定的项目如下。

① 撞击感度测定。确定样品对机械撞击作用的敏感程度。用立式落锤仪进行测定。一定量的样品受一定质量的落锤自一定高度落下的一次冲击作用，观察是否发生爆炸、燃烧和分解，测定爆炸百分数，即为撞击感度值。

② 摩擦感度测定。测定样品对摩擦作用的敏感程度。观察样品受摩擦作用后是否发生爆炸、燃烧和分解。在一定实验条件下的发火率，即为样品摩擦感度的标志。用摆式摩擦仪及摩擦装置进行测定。

③ 差热分析测定。确定样品的热不稳定性。当样品与参比物质以同一升温速度加热时，在记录仪上记录具有吸热或放热的温度-时间曲线。样品受热后分解的情况可以从温度-时间曲线得到。用差热分析仪测定。

④ 爆发点测定。爆发点是测定样品对热作用的敏感度。样品从开始受热到爆炸的这段时间叫延滞期。采用 5s 延滞期的爆发点来比较样品的热感度。用爆发点测定仪测定，得出 5s 延

滞期的爆发点温度。

⑤ 火焰感度测定。确定样品对火焰的敏感程度。被测样品与黑火药柱保持一段距离，用灼热的镍铬丝点燃标准黑药柱，观察黑药柱燃烧产生的热量能否点燃样品。用火焰感度仪测定。

⑥ 释放有害气体的试验。测定项目主要有：氧化氢、硫化氢、砷化氢、乙炔。

五、浸出毒性试验

固体废物受到水的冲淋、浸泡，其中的有害成分将转移到水相而导致二次污染。通过浸出试验制备浸出液，用以鉴别废物的浸出毒性。

按规定要求，称取试样置于浸出容器，加水，一定频率下用振荡器振荡一定时间，静置后通过 0.45μm 滤膜过滤，得浸出液，储存备用。

（一）测定项目

测定项目包括：汞，镉，砷，铬，铜，锌，镍，锑，铍，氟化物，氰化物，硫化物，硝基苯类化合物。

（二）常用的测定方法

1. 汞采用冷原子吸收法或双硫腙分光光度法

汞原子蒸气对波长为 253.7nm 处的紫外光具有强烈的吸收作用，汞蒸气质量分数与吸光度成正比。通过氧化分解试样中以各种形式存在的汞，使之转化为可溶态汞离子进入溶液，用盐酸羟胺还原过剩的氧化剂，用氯化亚锡将汞离子还原为汞原子，用净化空气作载体将汞原子载入冷原子吸收测汞仪的吸收池进行测定。该方法的最低检出限为 0.005mg/kg。

2. 铅、镉采用原子吸收法

① KI-MIBK 萃取火焰原子吸收分光光度法。采用盐酸-硝酸-氢氟酸-高氯酸全分解的方法，破坏试样的矿物晶格，使试样中以各种形式存在的待测元素，转化为离子态进入溶液。在约 1%的盐酸介质中，加入适量的 KI，溶液中的 Pb^{2+}、Cd^{2+} 与 I^- 形成稳定的离子配合物，可被甲基异丁酮（MIBK）萃取。将有机相喷入火焰，在火焰高温下，铅、镉配合物离解为基态原子，并分别对 217.0nm 和 228.8nm 的特征谱线产生选择性吸收。在选择最佳测定条件下，测定吸光度。本方法的检出限分别为铅 0.2mg/kg，镉 0.05mg/kg。

② 石墨炉原子吸收分光光度法。采用盐酸-硝酸-氢氟酸-高氯酸全分解的方法，破坏试样的矿物晶格，使试样中以各种形式存在的待测元素，转化为离子态进入溶液。然后，将试液注入石墨炉中。经过预先设定的干燥、灰化、原子化等升温程序使共存基体成分蒸发除去，同时在原子化阶段的高温下使铅、镉配合物离解为基态原子并分别对 217.0nm 和 228.8nm 的特征谱线产生选择性吸收。在选择最佳测定条件下，通过背景扣除，测定吸光度。本方法的检出限分别为铅 0.1mg/kg，镉 0.01mg/kg。

3. 铜、锌、镍采用火焰原子吸收分光光度法

采用盐酸-硝酸-氢氟酸-高氯酸全分解的方法，破坏试样的矿物晶格，使试样中以各种形式存在的待测元素，转化为离子态进入溶液。在空气-乙炔火焰中形成基态原子，并分别对 324.8nm、213.8nm 和 232.0nm 的特征谱线产生选择性吸收。在选择最佳测定条件下，测定吸光度。本方法的检出限分别为 1mg/kg、0.5mg/kg 和 5mg/kg。

4. 总砷采用二乙基二硫代氨基甲酸银和硼氢化钾-硝酸银分光光度法

① 二乙基二硫代氨基甲酸银分光光度法。通过化学氧化分解试样中以各种形式存在的砷，使之转化为可溶态砷离子进入溶液。在碘化钾和氯化亚锡存在下，使五价砷还原为三价砷，三价砷又被新生态氢还原成气态砷化氢。用二乙基二硫代氨基甲酸银-乙醇胺的三氯甲烷溶液吸收砷化氢，成为红色胶体银，在波长 510nm 处，测定吸收液的吸光度。该方法的检出限为 0.5mg。

② 硼氢化钾-硝酸银分光光度法。通过化学氧化分解，试样中以各种形式存在的砷，转化为可溶态砷离子进入溶液。在一定酸度下，使五价砷还原为三价砷，进而又被硼氢化钾在酸性溶液中产生的新生态氢还原成气态砷化氢（胂）。以硝酸-硝酸银-聚乙烯醇-乙醇溶液为吸收液，银离子被砷化氢还原成单质银，使溶液呈黄色，在波长 400nm 处测量吸光度。

5. 六价铬用二苯碳酰二肼分光光度法和原子吸收法

① 二苯碳酰二肼分光光度法。在硫酸、磷酸消解作用下，试样中以各种存在形式的铬，转化为可溶态铬离子进入溶液。经过离心或过滤分离后，用高锰酸钾将三价铬转化为六价铬。用叠氮化钠还原过量的高锰酸钾。在酸性条件下，铬与二苯碳酰二肼反应生成紫红色化合物，于波长 540nm 处测定吸光度。该方法的最低检出限为 0.25μg 铬。

② 火焰原子吸收分光光度法。采用盐酸-硝酸-氢氟酸全分解的方法，破坏试样的矿物晶格，使试样中以各种形式存在的铬，转化为可溶态 $Cr_2O_7^{2-}$ 进入溶液。$Cr_2O_7^{2-}$ 在富燃性空气-乙炔火焰中形成铬基态原子，并对 357.9nm 特征谱线产生选择性吸收。在选择最佳测定条件下，测定铬的吸光度。本方法的检出限为 5mg/kg。

6. 氟化物用异烟酸-吡唑啉酮法

在 pH 为 6.8～7.5 的水溶液中，氟化物被氯胺 T 氧化生成氯化氰（CNCl），然后与异烟酸反应并经水解生成戊烯二醛，此化合物再和吡唑啉酮进行缩合反应，生成稳定蓝色化合物。在一定质量分数范围内，该化合物的颜色强度与氰质量分数呈线性关系。本方法的最低检出限为 0.05μg。

此外，锑和铍用原子吸收法（亦可用分光光度法）；氟化物用离子选择性电极法；硫化物用亚甲基蓝分光光度法；硝基苯类化合物用气相色谱法；镉、铅、铜、锌也可用极谱法（质量分数高时用滴定法）测定。

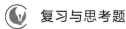 复习与思考题

1. 根据固体废物污染环境防治法，固体废物是怎样分类的？

2. 什么叫危险废物？其判别依据是什么？
3. 如何采集固体废物样品？采集后应怎样处理才能保存？
4. 为什么固体采样量与粒度有关？
5. 什么叫急性毒性试验？

第五章
土壤污染监测

土壤是指陆地地表具有肥力并能生长植物的疏松表层。介于大气圈、岩石圈、水圈和生物圈之间，厚度一般在 2m 左右。土壤是人类环境的重要组成部分，其质量优劣直接影响人类的生产、生活和社会发展。人类的生产和生活活动造成了土壤的污染，反过来又会影响人类的健康。此外，环境是一个整体，污染物质进入环境后，可在大气、水体和土壤等各部分进行迁移、转化运动，从而影响整个环境系统。因此，土壤污染监测是不可缺少的重要内容。

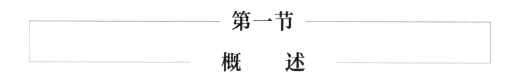

第一节　概　述

一、土壤的组成

土壤是由固、液、气三相物质组成的疏松多孔体。固相物质包括矿物质、有机质和土壤生物。在固相物质之间是形状和大小不同的孔隙，孔隙中存在水分和空气。三相物质的比例因土壤种类而异，经常变化。

从土壤的化学元素组成来看，土壤中含有的常量元素有碳、氢、氧、硅、氮、硫、磷、钾、铝、铁、钙、镁等；含有的微量元素有硼、氯、铜、锰、钼、钠、钒、锌等。

从环境污染角度来看，土壤又是藏污纳垢之处，其中含有各种生物的残体、排泄物、腐烂物；还含有来自大气、水体及固体废弃物中的各种污染物以及农药、肥料残留物等。

二、土壤背景值

通常说的土壤质量是从土壤肥力角度进行分析的。若从环境科学角度来看，着眼点则在于土壤污染问题。

土壤与水和大气不同，空气和水一旦被污染，进入人体后会直接影响人体健康，它们的危害比较明显，而土壤对人体健康的影响是通过农作物间接反映的。这样就产生了什么是土壤污染，各种污染物在土壤中质量分数为多少才算污染等问题。目前，尚没有土壤中毒物质的最高允许质量分数的判定标准。而且土壤中有毒物质的质量分数对植物的生长发育的影响相当复杂。

因此，目前判断土壤是否污染、污染程度如何的办法是将土壤中的有关元素的测定值与本底值相比较。土壤背景值又称土壤本底值，是指在未受或少受人类活动的影响下，尚未受或少受污染和破坏的土壤中元素的质量分数。由于环境污染的普遍性，要想寻找到一个绝对未受污染的土壤环境是十分困难的，土壤背景值实际是一个相对的概念，通常以一个国家或一个地区的土壤元素的平均值作为背景值。

土壤背景值的具体表示方法，国内外尚无统一规定。通常的做法是取算术平均值加减两个标准差表示，即：

$$背景值 = \bar{x} \pm 2S$$
$$S = \sqrt{\frac{1}{n-1}\sum(x_i - \bar{x})^2} \tag{5.1}$$

式中　$\bar{x}$——土壤中某物质的平均质量分数；

　　　S——标准差；

　　　n——分析样品数；

　　　x_i——土污染壤中某污染物的实测值。

三、土壤污染的特点

（1）土壤污染比较隐蔽

水和大气的污染比较直观，有时通过人的感官也能发现。土壤污染往往通过农作物，如粮食、蔬菜、水果以及家畜、家禽等污染，再通过人食用后身体的健康情况来反映。从开始污染到导致后果，有一段很长的、间接的、逐步积累的隐蔽过程。

（2）土壤污染判定比较复杂

到目前为止，国内外尚未制定出类似于水和大气的土壤污染判定标准。因为土壤中污染物质的质量分数与农作物生长改良之间的因果关系十分复杂，有时污染物质的质量分数超过土壤背景值很多，并未影响植物的正常生长，有时植物生长已受影响，但植物内未见污染物积累。

（3）土壤被污染和破坏后很难恢复

土壤的污染和净化过程需要相当长的时间，而且重金属的污染是不可逆的过程，土壤一旦被污染后很难恢复，有时被迫改变用途或放弃。因此对土壤的保护，要有长远观点，尽管污染物质量分数很少，但要考虑它的长期积累后果。

四、土壤污染源和主要污染物质

(一) 土壤污染的来源

土壤污染的来源主要有以下几个方面。

① 化肥农药的污染。为了提高农业产品的数量和质量,大量施用化肥和农药,使许多有毒有害物质随之进入土壤并积累起来。

② 污染水灌溉。利用污水灌溉有许多好处,污水中的营养元素是农作物所必需的,而且可以节省开支。但有害物质的质量分数过高或用量过多,则会造成危害。一些有害元素会在土壤和作物中积累,直接危害人体健康。

③ 大气、水体污染物质的迁移。大气和水中的污染物的迁移、转化进入土壤,造成土壤污染。

④ 生活垃圾、工业废渣及各种废弃物的污染。土壤历来是生活垃圾、工业废渣、污泥和各种废弃物的堆积场所,随雨水淋溶径流,污染物被带入土壤。

⑤ 本来存在于土壤中的重金属元素。由于土壤酸度和氧化还原条件的变化,有可能从非溶性变成溶解性,随土壤水分而移动、扩散,也造成对土壤的污染。

(二) 土壤的主要污染物

土壤污染物质与大气和水体中的污染物质有许多是相同的,主要包括无机污染物、有机污染物和有害微生物。表 5.1 列举了土壤中的主要污染物质及其主要来源。

表 5.1 土壤中的主要污染物质

污染物种类			主要来源
无机污染物	重金属	汞(Hg)	氯碱工业、含汞农药、汞化合物生产、仪器仪表工业
		镉(Cd)	冶炼、电镀、染料等工业,肥料杂质
		铜(Cu)	冶炼、铜制品生产、含铜农药
		锌(Zn)	冶炼、镀锌、人造纤维、纺织工业、含锌农药、磷肥
		铬(Cr)	冶炼、电镀、制革、印染等工业
		铅(Pb)	颜料、冶金等工业,农药,汽车排气
		镍(Ni)	冶炼、电镀、炼油、染料等工业
	非金属	砷(As)	硫酸、化肥、农药、医药、玻璃等工业
		硒(Se)	电子、电器、涂料、墨水等工业
	放射性元素	铯(Cs^{137})	原子能、核工业、同位素生产、核爆炸
		锶(Sr^{90})	原子能、核工业、同位素生产、核爆炸
	其他	氟(F)	冶炼、磷酸和磷肥、氟硅酸钠等工业
		酸、碱、盐	化工、机械、电镀、酸雨、造纸、纤维等工业
有机污染物	有机农药		农药的生产和使用
	酚		炼焦、炼油、石油化工、化肥、农药等工业
	氰化物		电镀、冶金、印染等工业

续表

污染物种类		主要来源
有机污染物	石油	油田、炼油、输油管道漏油
	3,4-苯并芘	炼焦、炼油等工业
	有机洗涤剂	机械工业、城市污水
	一般有机物	城市污水、食品、屠宰工业
有害微生物		城市污水、医院污水、积肥

五、土壤环境质量标准

土壤环境质量标准规定了土壤中污染物的最高允许浓度或范围，是判断环境质量的依据，我国实施的这类标准主要有《土壤环境质量 农用地土壤污染风险管控标准（试行）》（GB 15618—2018）和《土壤环境质量 建设用地土壤污染风险管控标准（试行）》（GB 36600—2018）。

《土壤环境质量 农用地土壤污染风险管控标准（试行）》（GB 15618—2018）中将农业土壤污染风险分为筛选值和管制值。当农用地土壤中污染物含量等于或者低于筛选值，对农产品质量安全、农作物生长或土壤生态环境的风险低，一般情况下可以忽略；超过该值的，对农产品质量安全、农作物生长或土壤生态环境可能存在风险，应当加强土壤环境监测和农产品协同监测，原则上应当采取安全利用措施。当农用地土壤中污染物含量超过管制值，食用农产品不符合质量安全标准等农用地土壤污染风险高，原则上应当采取严格管控措施。农用地土壤污染风险筛选值的基本项目为必测项目，包括镉、汞、砷、铅、铬、铜、镍、锌，风险筛选值见表5.2；风险管制项目包括镉、汞、砷、铅、铬，风险管制值见表5.3。

表5.2 农用地土壤污染风险筛选值（基本项目） 单位：mg/kg

序号	污染物项目		风险筛选值			
			pH≤5.5	5.5<pH≤6.5	6.5<pH≤7.5	pH>7.5
1	镉	水田	0.3	0.4	0.6	0.8
		其他	0.3	0.3	0.3	0.6
2	汞	水田	0.5	0.5	0.6	1.0
		其他	1.3	1.8	2.4	3.4
3	砷	水田	30	30	25	20
		其他	40	40	30	25
4	铅	水田	80	100	140	240
		其他	70	90	120	170
5	铬	水田	250	250	300	350
		其他	150	150	200	250
6	铜	果园	150	150	200	200
		其他	50	50	100	100
7	镍		60	70	100	190
8	锌		200	200	250	300

表 5.3　农用地土壤污染风险管制值　　　　　　　　　　　　　　　单位：mg/kg

序号	污染物项目	风险管制值			
		pH≤5.5	5.5<pH≤6.5	6.5<pH≤7.5	pH>7.5
1	镉	1.5	2.0	3.0	4.0
2	汞	2.0	2.5	4.0	6.0
3	砷	200	150	120	100
4	铅	400	500	700	1000
5	铬	800	850	1000	1300

《土壤环境质量　建设用地土壤污染风险管控标准（试行）》（GB 36600—2018）中根据保护对象暴露情况的不同，将建设用地分为第一类用地和第二类用地。污染物基本项目可分为重金属和污染物、挥发性有机物、半挥发性有机物共 45 项，部分节选的建设用地土壤污染风险筛选值和管制值见表 5.4。

表 5.4　建设用地土壤污染风险筛选值和管制值（基本项目）　　　　　　　单位：mg/kg

序号	污染物项目	风险筛选值		风险管制值	
		第一类用地	第二类用地	第一类用地	第二类用地
1	砷	20	60	120	140
2	镉	20	65	47	172
3	铬（六价）	3.0	5.7	30	78
4	铜	2000	18000	8000	36000
5	铅	400	800	800	2500
6	汞	8	38	33	82
7	镍	150	900	600	2000

第二节　土壤污染物的测定

环境是一个整体。污染物进入哪一部分都会影响整个环境。如大气中所含污染物质，经沉降、降雨和降雪进入土壤，造成土壤酸化或重金属污染；又如引用城市污水和工业废水灌溉引起土壤重金属、有机物和病原菌的污染等。因此，土壤监测必须与大气、水体和生物监测紧密结合才能全面客观地反映实际情况。

一、土壤的监测目的

土壤环境质量监测的目的是判断土壤是否被污染及污染状况，并预测发展变化趋势。根据土壤监测目的，土壤环境监测有4种主要类型：区域土壤环境背景监测、农田土壤环境质量监测、建设项目土壤环境评价监测和土壤污染事故监测。

二、土壤的监测项目

《土壤环境质量 农用地土壤污染风险管控标准（试行）》（GB 15618—2018）中将农用地土壤监测项目分为基本项目和其他项目。其中基本项目为镉、汞、砷、铅、铬、铜、镍、锌，属于必测项目；其他项目为六六六、滴滴涕和苯并[a]芘，属于选测项目。《土壤环境质量 建设用地土壤污染风险管控标准（试行）》（GB 36600—2018）中建设用地土壤监测项目分为基本项目和其他项目。基本项目为砷、镉、铬（六价）等重金属和无机物，四氯化碳、氯仿等挥发性有机物，硝基苯、苯胺等半挥发性有机物共45项，属于初步调查建设用地土壤污染风险筛选的必测项目；其他项目包括甲基汞、氰化物、溴仿、五氯酚、敌敌畏、多氯联苯、石油烃等共40项，可根据建设用地的特征污染因子进行选测。

三、土壤样品的采集

（一）污染土壤的采集

1. 采样点的布设

在调查研究的基础上，选择一定数量，能代表被调查地区土壤状况的地块作为采样单元（0.13~0.2km）。在每个采样单元中，布设一定数量的采样点。同时选择对照采样单元布设采样点。

为了减少土壤空间不均一性的影响，在一个采样单元内，应在不同方位上进行多点采样，并且均匀混合，以使样品具有代表性。在同一采样单元内，若面积不大，在1000~1500m^{2}以内，可以在不同方位上选择5~10个具有代表性的采样点。采样点的分布应尽量照顾土壤的全面情况，不可太集中。

采样点的布设有以下几种方法。

① 对角线布点法（图5.1）：适用于污水灌溉或受废水污染的地形端正的田块。由田块的进水口向对角引一条直线，将对角线划分为若干等份（一般3~5份），在每等分点的中点处取样。

② 梅花形布点法（图5.2）：适用于面积较小、地形平坦、土壤较均匀的田块，中心点设在两线相交处，一般采样点为5~10个。

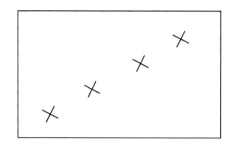

图5.1 对角线布点法

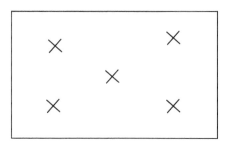

图5.2 梅花形布点法

③ 棋盘式布点法（图5.3）：适用于中等面积、地势平坦、地形开阔，但土壤较不均匀的田地，一般采样点设 10 个以上。此法也适用于受固体废弃物污染的土壤，因为固体废弃物分布不均匀，采样点应设 20 个以上。

④ 蛇形布点法（图5.4）：适用于面积较大、地势不太平坦、土壤均匀的田块，采样点布设较多。

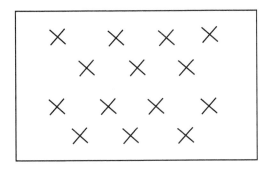

图5.3 棋盘式布点法

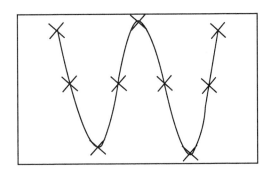

图5.4 蛇形布点法

2. 采样深度

采样深度视监测目的而定。如果只是为了了解土壤污染状况，采样深度只需在 20～40cm 土层处即可。如果要了解土壤污染深度，则应按土壤剖面层次分层采样。其采样方法是先选择挖掘土壤剖面的位置，挖一个 1m×1.5m 的长方形土坑，深度达浅水层或视情况而定。然后按土壤剖面的颜色、结构、质地等情况划分土层，最后由剖面下层向上层逐层采集，在各层内分别用小土铲切取一片片土壤样，每个采样点的取土深度和取样量应一致。根据监测目的和要求可获得分层式样或混合样。用于重金属分析的样品，应将与金属采样器接触部分的土样弃去。

3. 采样时间

为了了解土壤污染状况，可随时采集样品进行测定。如果同时掌握在土壤上生长的作物受污染状况，可依季节变化或作物收获期采集。一年中在同一地点采样 2 次进行对照。

4. 采样量

由上述方法所得土壤样品一般是多点混合而成，取土量往往较大，而一般只需要 1～2kg 即可，因此对所得混合样需反复按四分法弃取，最后留下所需的土量，装入塑料袋或布袋内。

5. 采样注意事项

① 采样点不能设在田边、沟边、路边或肥堆边；
② 要将现场采样点的具体情况，如土壤剖面形态特征等做详细记录；
③ 现场填写标签 2 张（地点、土壤深度、日期、采样人姓名），一张放入样品袋内，一张扎在样品口袋上。

（二）土壤背景值样品的采集

土壤中有害元素自然本底值是环境保护和环境科学的基本资料，是环境质量评价的重要依据。在区域性环境本底值调查中，首先要摸清当地土壤类型和分布规律，样点选择必须包括主要类型土壤并远离污染源，而且同一类型土壤应有 3~5 个以上的重复样点，以检验本底值的可靠性。土壤本底值调查采样要特别注意成土母质的作用，因为不同土壤母质常使土壤的元素组成和质量分数发生很大的差异。其次，要注意与污染土壤采样的不同之处：同一个样点并不强调采样多点混合样，而是选取发育典型、代表性强的土壤样本。采样深度，一般采集 1m 以内的表土和心土，对植物发育完好的典型部分，应按层分别取样，以研究各种元素在土壤中的分配。

四、土壤样品的制备

1. 土样的风干

除了测定挥发酚等在土壤中不稳定项目需要新鲜土样外，多数项目需要风干土样。风干土样比较容易混合均匀，重复性、准确性都比较好。

土壤风干的方法是将野外采回的土样全部倒在塑料薄膜或纸上，趁半干状态时把土块压碎，除去残根等杂物，铺成薄层，经常翻动，在阴凉处使其慢慢风干，切忌阳光直接曝晒。

2. 磨碎与过筛

风干后的土样，用有机玻璃或木棒碾碎后，过筛（筛孔直径 2mm），以除去 2mm 以上的砂砾和植物残体。用四分法再次反复弃取多余样品，最后存留足够用的数量。如进行重金属项目的测定，可保留约 100g，用玛瑙研钵予以磨细，待全部通过 0.16mm 的筛孔为止。过筛后的样品，充分摇匀，装瓶备分析用。

五、样品的预处理

在土壤的监测分析中，根据分析项目不同，首先要经过样品的预处理工作，然后才能进行待测组分质量分数的测定。常用的预处理方法有湿法消化、干法灰化、溶剂提取和碱溶法。

分析土壤样品中的痕量无机物时，通常将其所含的大量有机物加以破坏，使其转变为简单的无机物，然后进行测定。这样可以排除有机物的干扰，提高检测精度。破坏有机物的方法有湿法消化和干法灰化两种。

1. 湿法消化法

湿法消化又称湿法氧化。它是将土壤样品与 1 种或 2 种以上的强酸（如硫酸、硝酸、高氯酸等）共同加热浓缩至一定体积，使有机物分解成二氧化碳和水除去。为了加快氧化速度，可加入过氧化氢、高锰酸钾、过硫酸钾和五氧化二钒等氧化剂和催化剂。表 5.5 为土壤样品中某些金属、非金属组分的消化方法。

表5.5　土壤样品中某些金属、非金属组分的消化方法

元　素	消化方法	元　素	消化方法
Cu，Cb，Pb，Zn	HCl-HNO$_3$-HF-HClO$_4$ HNO$_3$-HF-HClO$_4$	Hg	H$_2$SO$_4$-K$_2$MnO$_4$ 或 HNO$_3$-H$_2$SO$_4$-V$_2$O$_5$
Cr	HNO$_3$-H$_2$SO$_4$-H$_3$PO$_4$	As	HNO$_3$-H$_2$SO$_4$

2. 干法灰化法

干法灰化又称燃烧法或高温分解法。根据待测组分的性质，选用铂、石英、银、镍或瓷坩埚盛放样品，将其置于高温电炉中加热，控制温度450～550℃，使其灰化完全，将残渣溶解供分析用。

对于易挥发的元素，如汞、砷等，为了避免高温灰化损失，可用氧瓶燃烧法进行灰化。此法是将样品包在无灰滤纸中，滤纸包吊在磨口塞的铂丝上（图5.5），瓶中预先充入氧气和吸收液，将滤纸引燃后，迅速盖紧瓶塞，让其燃烧灰化，摇动瓶子让燃烧产物溶解于吸收液中，溶液供分析用。

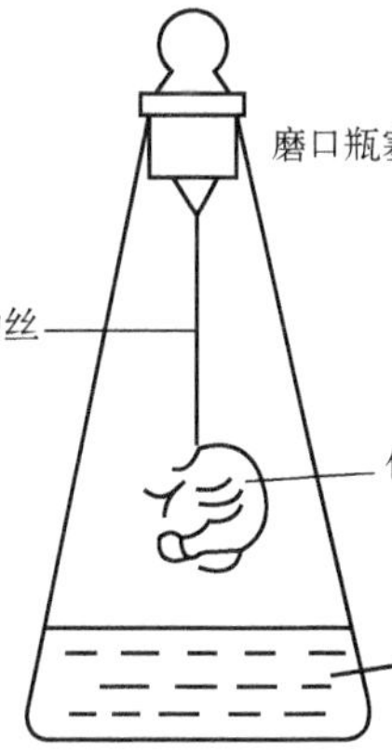

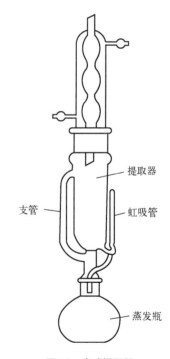

图5.5　干法灰化法

3. 溶液提取法

分析土壤样品中的有机氯、有机磷农药和其他有机污染物时，由于这些污染物质的质量分数多数是很小的，如果要得到正确的分析结果，就必须在两个方面采取措施：一是尽量使用灵敏度较高的先进仪器及分析方法；二是利用较简单的仪器设备，对环境分析样品进行浓缩、富集和分离。常用的方法是溶剂提取法。用溶剂将待测组分从土壤样品中提取出来，提取液供分析用。提取方法有下列几种。

① 振荡浸取法。将一定量经制备的土壤样品置于容器，加入适当的溶剂，放置在振荡器上振荡一定时间，过滤，用溶剂淋洗样品，或再提取一次，合并提取液。此法用于土壤中酚、油类等的提取。

② 索式提取法。索式提取器（如图5.6）是提取有机物的有效仪器，它主要用于土壤中的苯并[a]芘、有机氯农药、有机磷农药和油类的提取等。将经过制备的土壤样品放入滤纸筒中或用滤纸包紧，置于回流提取器中。蒸发瓶中盛装适当有机溶剂，仪器组装好后，在水浴上加热。此

图5.6　索式提取器

时，溶剂蒸气经支管进入冷凝器内，凝结的溶剂滴入回流提取器，对样品进行浸泡提取，当溶剂液面达到虹吸管顶部时，含提取液的溶剂回流入蒸发瓶中，如此反复进行直到提取结束。

选取什么样的溶剂，应根据分析对象来定。例如，对极性小的有机氯农药采用极性小的溶剂（如己烷、石油醚）；对极性强的有机磷农药和含氧除草剂用极性强的溶剂（如二氯甲烷、三氯甲烷）。该法因样品都与纯溶剂接触，所以提取效果好，但较费时。

③ 柱层析法。一般当被分析样品的提取液通过装有吸附剂的吸附柱时，相应被分析的组分吸附在固体吸附剂的活性表面上，然后用合适的溶剂淋出来，达到浓缩、分离、净化的目的。常用的吸附剂有活性炭、硅胶、硅藻土等。

④ 碱溶法。常用氢氧化钠和碳酸钠作为碱溶剂与土壤试样在高温下熔融，然后加水溶解，一般用于土壤中氟化物的测定。因该法添加了大量可溶性的碱溶剂，易引进污染物质，另外有些重金属如 Cd、Cr 等在高温熔融时易损失。

六、土壤污染物的测定

分析测定方法常用原子吸收光谱法、分光光度法、原子荧光色谱法、液相色谱法、气相色谱-质谱法等。选择分析方法的原则需遵循标准方法、权威部门规定或推荐的方法、自选等效方法的先后顺序。部分土壤污染监测项目的测试方法见表 5.6。

表 5.6 部分土壤污染检测项目及测试方法

项目	分析方法	方法来源
镉	石墨炉原子吸收分光光度法	GB/T 17141
汞	微波消解/原子荧光法	HJ 680
	原子荧光法 第1部分：土壤中总汞的测定	GB/T 22105.1
	冷原子吸收分光光度法	GB/T 17136
	催化热解-冷原子吸收分光光度法	HJ 923
砷	王水提取-电感耦合等离子体质谱法	HJ 803
	微波消解/原子荧光法	HJ 680
	原子荧光法第2部分：土壤中总砷的测定	GB/T 22105.2
铅	石墨炉原子吸收分光光度法	GB/T 17141
	波长色散 X 射线荧光光谱法	HJ 780
铬	火焰原子吸收分光光度法	HJ 491
	波长色散 X 射线荧光光谱法	HJ 780
铜	火焰原子吸收分光光度法	GB/T 17138
	波长色散 X 射线荧光光谱法	HJ 780
镍	火焰原子吸收分光光度法	GB/T 17139
	波长色散 X 射线荧光光谱法	HJ 780
六六六总量	气相色谱-质谱法	HJ 835
	气相色谱法	HJ 921

续表

项目	分析方法	方法来源
苯并[a]芘	气相色谱-质谱法	HJ 805/HJ 834
	高效液相色谱法	HJ 784
氯仿	顶空/气相色谱-质谱法	HJ 642
	吹扫捕集/气相色谱-质谱法	HJ 605/HJ 735
	顶空/气相色谱法	HJ 741
甲基汞	吹扫捕集/气相色谱原子荧光法	—
氰化物	分光光度法	HJ 745

土壤污染物质的分析结果通常以 mg/kg（干土）为单位表示。因此无论采用新鲜样品或风干样品，都需要测定土壤含水量，以便按干土为基准进行计算和比较。

土壤含水量的测定常用烘干法，即先称出干净、干燥的铝盒质量，然后用百分之一的天平，称取土样 20~30g，置于铝盒内。在 105~110℃烘箱内烘烤 4~5h，干燥冷却至恒质量。计算水分占烘干土的质量分数。

$$\omega(\text{水分}) = \frac{\text{风干土质量} - \text{烘干土质量}}{\text{烘干土质量}} \times 100\%$$

土壤的含水量还可以用红外线烘干法测定，即利用红外线灯照射所产生的热量，使土样中的水分蒸发烘干。

复习与思考题

1. 土壤污染有哪些特点？
2. 土壤中污染物质主要有哪几类？污染物通过哪些途径进入土壤？
3. 如何布点采集污染土壤样品？用图示法解释说明。
4. 分析比较各种土壤酸式消化法的特点，有哪些注意事项？消化过程中各种酸起何作用？

第六章
生物污染监测

在自然界中,生物和其生存环境之间存在着相互影响、相互制约、相互依存的密切关系,其中,生物需要不断直接或间接地从环境中吸取营养,进行新陈代谢,维持自身生命。当空气、水体、土壤等环境要素受到污染后,生物在吸收营养的同时,也吸收了污染物质,并在体内迁移、积累,从而受到污染。受到污染的生物,在生态、生理和生化指标,污染物在体内的行为等方面会发生变化,出现不同的症状或反应,利用这些变化来反映和度量环境污染程度的方法称为生物污染监测法。进行生物污染监测的目的是通过对生物体内有害物质的检测,及时掌握和判断生物被污染的情况和程度,以采取措施保护和改善生物的生存环境。这对促进和维持生态平衡,保护人体健康具有十分重要的意义。

在我国的环境监测技术路线中规定:空气环境生物监测主要是对二氧化硫开展植物监测,监测指标为叶片中硫含量。测试植物选择当地分布较广、对 SO_2 具有较强吸附与积累能力的植物。

第一节
污染物在生物体内的分布

污染物进入生物体内的途径主要有表面黏附(附着)、生物吸收和生物积累三种形式,由于生物体各部位的结构与代谢活性不同,进入生物体内的污染物分布也不均匀,因此,掌握污染物质进入生物体的途径和迁移,以及在各部位的分布规律,对正确采集样品、选择测定方法和获得正确的测定结果是十分重要的。

一、植物对污染物的吸收及在体内分布

大气中的气体污染物或粉尘污染物,可以通过植物叶面的气孔吸收,经细胞间隙抵达导

管，而后运转至其他部位。例如，气态氟化物，主要通过植物叶面上的气孔进入叶肉组织，首先溶解在细胞壁的水分中，一部分被叶肉细胞吸收，大部分则沿纤维管束组织运输，在叶尖和叶缘中积累，使叶尖和叶缘组织坏死。

植物通过根系从土壤或水体中吸收污染物，其吸收量与污染物的含量、土壤类型及作物品种等因素有关。污染物含量高，作物吸收得就多；作物在沙质土壤中的吸收率比在其他土质中的吸收率要高；作物对丙体六六六（林丹）的吸收率比其他农药高；块根类作物比茎叶类作物吸收率高；水生作物的吸收率比陆生作物高。

植物吸收污染物后，其污染物在植物体内的分布与植物种类、吸收污染物的途径等因素有关。

植物从大气中吸收污染物后，污染物在植物体内的残留量常以叶部分布最多。例如，在含氟的大气环境中种植的番茄、茄子、黄瓜、菠菜、青萝卜、胡萝卜等蔬菜体内氟的含量分布符合此规律。

植物从土壤和水体中吸收污染物，其残留量的一般分布规律是：根＞茎＞叶＞穗＞壳＞种子。例如，在被镉污染的土壤中种植的水稻，其根部的镉含量远大于其他部位。

试验表明，植物的种类不同，对污染物的吸收残留量的分布也有不符合上述规律的。例如，在被镉污染的土壤中种植的萝卜和胡萝卜，其根部的含镉量低于叶部。

二、动物对污染物的吸收及在体内分布

环境中的污染物质，可以通过呼吸道、消化道和皮肤吸收等途径进入动物肌体。

空气中的气态毒物或悬浮颗粒物质，经呼吸道进入人体。从鼻、咽、腔至肺泡。整个呼吸道部分，由于结构不同，对污染物的吸收情况也不同，越入深部，面积越大，停留时间越长，吸入量越大。肺部具有丰富的毛细血管网，吸入毒物速度极快，仅次于静脉注射。毒物能否随空气进入肺泡，与其颗粒大小及水溶性有关。直径不超过 $3\mu m$ 的颗粒物质能到达肺泡，而直径大于 $10\mu m$ 的颗粒物质大部分被黏附在呼吸道、气管和支气管黏膜上。水溶性较大的污染物，如氯气、二氧化硫等，被上呼吸道黏膜所溶解而刺激上呼吸道，极少进入肺泡。水溶性较小的气态物质，如二氧化氮等，则绝大部分能到达肺泡。

水和土壤中的污染物质主要通过饮用水和食物摄入，经消化道被吸收。由呼吸道吸入并沉积在呼吸道表面上的有害物质，也可以由咽到消化道，再被吸收进入肌体。整个消化道都有吸收作用，但以小肠吸收为主。

皮肤是保护肌体的有效屏障，但具有脂溶性的物质，如四乙基铅、有机汞化合物、有机锡化合物等，可以通过皮肤吸收后进入动物肌体。

污染物质被动物体吸收后，借助动物体的血液循环和淋巴系统作用在动物体内进行分布，并发生危害。污染物质在动物体内的分布与污染物的性质及进入动物组织的类型有关，其分布大体有以下五种规律：

① 能溶解于体液的物质，如钠、钾、锂、氟、氯、溴等离子，在体内分布比较均匀。

② 镧、锑、钍等三价和四价阳离子，水解后生成胶体，主要蓄积于肝和其他网状内皮系统。

③ 与骨骼亲和性较强的物质，如铅、钙、钡、锶、镭、铍等二价阳离子在骨骼中含量极高。

④ 对某种器官具有特殊亲和性的物质，则在该种器官中积累较多。如碘对甲状腺、汞对肾脏有特殊亲和性，故碘在甲状腺中积贮较多，汞在肾脏中积贮较多。

⑤ 脂溶性物质，如有机氯化合物（DDT、六六六等），主要积累于动物体内的脂肪中。

以上五种分布类型之间又彼此交叉，比较复杂。往往一种污染物对某一种器官有特殊亲和作用，但同时也分布于其他器官。例如，铅离子除分布在骨骼中外，也分布于肝、肾中；砷除分布于肾、肝、骨骼外，也分布于皮肤、毛发、指甲中。另外，同一种元素可能因其价态或存在形态不同而在体内蓄积的部位也有所不同。例如，水溶性汞离子很少进入脑组织，但烷基汞呈脂溶性，能通过脑屏障进入脑组织。再如进入体内的四乙基铅，最初在脑、肝中分布较多，但经分解转交成为无机铅后，则铅主要分布在骨骼、肝、肾中。

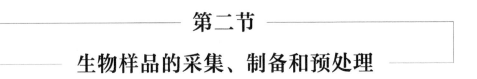

第二节 生物样品的采集、制备和预处理

生物体内污染物的监测，一般也要经过样品的采集、制备、预处理和分析测定几个步骤，下面分别予以介绍。

一、生物样品采集

生物样品的采集常分为植物样品采集和动物样品采集两种情况，而两种样品的采集方式却有较大差别。

（一）植物样品的采集

1. 样品采集的一般原则

采集的植物样品要具有代表性、典型性和适时性。

① 代表性　即采集能代表一定范围污染情况的植株为样品。这就要求对污染源的分布、污染类型、植物的特征、地形地貌、灌溉出入口等因素进行综合考虑，选择合适的地段作为采样区，再在原样区内划分若干小区，采用适宜的方法布点，确定代表性的植株。采集作物或蔬菜时，不要采集田埂、地边及距田埂地边 2m 范围以内的植株。

② 典型性　即采集的植株部位要能充分反映所要了解的情况（常根据污染物在植物体内的分布规律确定采集部位）。

③ 适时性　指在植物不同生长发育阶段，施药、施肥前后，适时采样监测，根据要求分别采集植株的不同部位，如根、茎、叶、果实，不能将各部位样品随意混合，以掌握不同时期的污染状况和对植物生长的影响。

2. 布点方法

根据现场调查和收集的资料，先选择采样区，在划分的采样小区内，常采用梅花布点法或交叉间隔布点法确定代表性的植物，见图6.1。

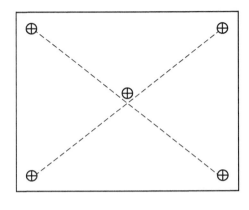
(a) 梅花布点法

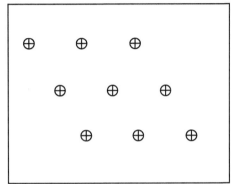
(b) 交叉间隔布点法

图 6.1 采样布点法

3. 采样方法

① 采样前的准备工作 采样前应预先准备好采样工具，如小铲、枝剪、剪刀、布袋或塑料袋、标签、记录本和登记表等。

② 样品的采集量 样品采集量应根据分析项目数量、样品制备处理要求、重复测定次数等情况来确定。一般要求样品经制备后，应有20～50g干样品，新鲜样品可按含80%～90%的水分计算所需样品量，应不少于0.5kg。采集对象可根据需要分别采集根、茎、叶、果实甚至全株。

③ 采样方法 选择优势种植物在采样区内按图6.1的方式采集5～10处的植株混合组成一个代表样品。

若采集根系部位样品，应尽量保持根系的完整，不要损失根毛。带回实验室后，要及时用水洗净，但不要浸泡，并用纱布擦干。如要进行新鲜样品分析，则在采样后要用清洁、潮湿的纱布包住或装入塑料袋中，以免水分蒸发而萎蔫。对水生植物，如浮萍、藻类等，应采集全株。采集果树样品时，要注意树龄、株型、生长势、载果数量和果实着生的部位及方向。从污染严重的水体中捞取的样品，需用清水洗净，挑去其他水草、小螺等杂物。

④ 样品的保存 将采集好的样品装入布口袋或聚乙烯塑料袋中，贴好标签，注明编号、采集地点、植物种类、分析项目，并填写采样登记表。

样品带回实验室后，如用新鲜样品进行测定，应立即处理和分析。当天不能分析完的样品，可暂时保存在冰箱内。如用干样品进行测定，则将鲜样放在干燥通风处晾干。

(二) 动物样品的采集

根据污染物在动物体内的分布规律，常选择性地采集动物的尿、血液、唾液、胃液、乳液、粪便、毛发、指甲、骨骼或脏器等作为样品进行污染物分析测定。

1. 尿的采集

大多数毒物及其代谢产物可经肾脏、膀胱、尿道随尿被排出体外,且尿液收集比较方便。因此,尿检在医学临床检验中应用广泛。尿液中的排泄物一般早晨浓度较高,可一次收集,也可以收集 8h 或 24h 的尿样,测定结果为收集时间内尿液中污染物的平均含量。

2. 血液的采集

一般用注射器抽取 10mL 血样于洗净的玻璃试管中,盖好、冷藏备用。有时需加入抗凝剂如二溴酸盐。采集血液常用于分析血液中所含金属毒物及非金属毒物,如铅、汞、氟化物、酚等。

3. 毛发和指甲的采集

毛发和指甲样品的采集和保存均较方便,因而在环境分析中应用较广泛,主要用于汞、砷等含量的测定。样品采集后,用中性洗涤剂洗涤,去离子水冲洗。最后用乙醚或丙酮洗净,室温下充分晾干后保存备用。

4. 组织和脏器采集

采集动物的组织和脏器作为检验样品,对调查研究环境污染物在肌体内的分布、蓄积、毒性和环境毒理学等方面的研究都具有十分重要的意义。但是,动物组织和脏器较柔软,且易破裂混合,因此,取样操作要小心。组织和脏器的采集对象,常根据研究的需要,取肝、肾、心、肺、脑等部位组织作为检验样品,采集到样品后,常利用组织捣碎机捣碎、混匀,制成浆状鲜样备用。

二、生物样品的制备

对于液体状态的动物样品(例尿、血等)常无需制备,对动物组织和脏器主要是采用捣碎的方法制成浆状鲜样备用,而对植物样常根据不同情况,利用不同方式进行样品的制备。

从现场带回来的植物样品称为原始样品。要根据分析项目的要求,按植物特性采用不同方法进行选取。例如,块根、块茎、瓜果等样品,洗净后可切成四块或八块,再按需要量各取每块的 1/8 或 1/16 混合成平均样。粮食、种子等充分混匀后平铺于玻璃板或木板上,用多点取样或四分法多次选取得到平均样。最后,对各个平均样品进行处理,制成待检样品。

1. 新鲜样品的制备

测定植物内容易挥发、转化或降解的污染物质(如酚、氰、亚硝酸盐等)以及多汁的瓜、果、蔬菜等样品,应使用新鲜样品。其制备方法如下:
① 将样品用清水、去离子水洗冲、晾干或擦干。
② 将晾干的新鲜样品切碎、混合均匀,称取 100g 于电动组织捣碎机中,加入与样品等量的蒸馏水或去离子水,开动捣碎机捣碎 1~2min,制成匀浆。对含水量大的样品可不加水。

③ 对于含纤维多或较硬的样品，如禾本科植物的根、茎秆、叶子等，可用不锈钢刀或剪刀切（剪）成小片或小块，混匀后在研钵内研磨。

2. 干样品的制备

分析植物中稳定的污染物，一般用风干样品，其制备方法如下：

① 洗净晾干（或烘干）　将鲜样品用清水洗冲后立即放在干燥通风处风干（茎秆样品可以劈开）。也可放在 40~60℃ 鼓风干燥箱中烘干，以免发霉腐烂，并减少化学和生物变化。

② 样品的粉碎　将风干或烘干的样品用剪刀剪碎，放入电动粉碎机粉碎。谷类作物的种子如稻谷等，应先脱壳再粉碎。

③ 过筛　一般要求通过 1mm 筛孔，有的分析项目要求通过 0.25mm 筛孔，一般用 40 目分样筛过筛。制备好的样品贮存于磨口玻璃广口瓶或聚乙烯广口瓶中备用。

3. 分析结果的表示

植物样品与动物样品不同，即使是同一种植物样，由于采样时的条件不同，样品保存的条件或时间不一样，样品所含水分可能会有较大差别。因此，为了便于比较各样品中某一成分含量的高低，常以干重为基础表示植物样品中污染物质的分析结果（单位为 mg/kg 干重）。即，在对植物样品进行测定时常需进行样品含水量的测定。植物样品含水量的测定常采用重量法，即称取一定量的新鲜样品或风干样品，于 100~105℃ 条件下烘干至恒重，由其失重计算含水量，并对分析结果进行换算。

三、生物样品的预处理

由于生物样品中含有大量有机物，且所含有害物质一般都在痕量或超痕量级范围，这些有机物的大量存在对样品中污染物的监测分析产生严重干扰。因此，测定前必须对生物样品进行处理，对待测组分进行富集和分离，或对干扰组分进行掩蔽等，使监测分析对象成为简单的无机化合物或单质。常用的预处理方法有湿法消解法，灰化法，提取、分离和浓缩法等。

1. 湿法消解法

湿法消解法又称消化法或湿法氧化法。它是利用强酸如浓硫酸、浓硝酸、高氯酸等与生物样品共同煮沸，将样品中有机物分解成二氧化碳和水除去。为加速氧化的速度，常添加氧化剂和催化剂等。

湿法消解生物样品常用的消解试剂体系有浓硝酸-高氯酸、浓硝酸-浓硫酸、浓硫酸-过氧化氢、浓硫酸-高锰酸钾、浓硝酸-浓硫酸-五氧化二钒等。

2. 灰化法

灰化法又称燃烧法或高温分解法。此法利用坩埚或氧燃烧瓶，使样品在高温条件下分解，并用适当的溶液溶解或吸收分解产物，制成分析试液。此法在分解生物样品时不使用或较少使用化学试剂，而且可处理较大取样量的样品，故有利于提高测定微量元素的准确度。此法的特点是操作简单，费用低，有利于环保。

3. 提取、分离和浓缩法

湿法消解法和灰化法对污染物在生物体内的存在形式有破坏作用，故这两种预处理方法只能进行生物体内污染元素含量分析。测定生物样品中的农药、酚、石油烃等有机污染物时，需要用溶剂把待测组分从样品中提取出来。选择溶剂的原则是根据"相似相溶"的原则，即提取极性较小的被测组分时，选用极性小的溶剂作提取剂；反之，选择极性较大的溶剂作提取剂。如果提取液中存在杂质干扰和待测组分浓度低于分析方法的最低检测浓度等问题，还要进行分离和浓缩。

随着近代分析技术的发展，对环境样品中的污染物已从单独分析到多种污染物连续分析。因此，在进行污染物的提取、分离和浓缩时，应考虑到多种污染物连续分析的需要。

（1）提取

提取生物样品中有机污染物的方法应根据样品的特点，待测组分的性质、存在形态和数量，以及分析方法等因素选择。常用的提取方法有：震荡浸取法、组织捣碎提取法和脂肪提取器提取法。

脂肪提取器又称为索格斯列特（Soxhlet）式脂肪提取器，简称索氏提取器或脂肪提取器（见图5.6），常用于提取生物、土壤样品中的农药、石油类、苯并[a]芘等有机污染物。其提取方法是：将制备好的生物样品放入滤纸筒中或用滤纸包紧，置于提取筒内；在蒸馏烧瓶中加入适当的溶剂，连接好回流装置，并在水浴上加热，则溶剂蒸气经侧管进入冷凝器，凝集的溶剂滴入提取筒，对样品进行浸泡提取。当提取筒内溶剂液面超过虹吸管的顶部时，就自动流回蒸馏烧瓶内，如此反复进行。因为样品总是与纯溶剂接触，所以提取效率高，且溶剂用量小，提取液中被提取物的浓度大，有利于下一步分析测定。但该方法费时，常用作研究其他提取方法的对比方法。

（2）分离

用有机溶剂提取欲测组分的同时，往往也将能溶于提取剂的其他组分提取出来。例如：用石油醚等提取有机氯农药时，也将脂肪、蜡质、色素等提取出来，对测定产生干扰，因此，必须将其分离出去。常用的分离方法有：液-液萃取法、蒸馏法、层析法、磺化法、皂化法、气提法、顶空法、低温冷凝法等。

（3）浓缩

生物样品的提取液经过分离净化后，欲测污染物浓度可能仍达不到分析方法的要求，这就需要进行浓缩。常用的浓缩方法有：蒸馏或减压蒸馏法、K-D浓缩器法、蒸发法等。其中，K-D浓缩器法是浓缩有机污染物的常用方法。早期的K-D浓缩器在常压下工作，后来加上了毛细管，可进行减压浓缩，提高了浓缩速率。生物样品中的农药、苯并[a]芘等极毒、致癌性有机污染物含量都很低，其提取液经净化分离后，都可以用这种方法浓缩。为防止待测物损失或分解，加热K-D浓缩器的水浴温度一般控制在50℃以下，最高不超过80℃。特别要注意不能把提取液蒸干。若需进一步浓缩，需用微温蒸发，如用改进的微型Snyder柱再浓缩，可将提取液浓缩至0.1～0.2mL。

第三节 生物污染监测方法

生物体中污染物的质量分数一般很低,需要选用高灵敏度的现代分析仪器进行痕量或超痕量分析。生物样品经上述处理后即可进行污染物浓度的测定。测定方法很多,根据仪器、污染物的性质和实验室条件进行选择。有机物、农药残毒多用色谱法;无机重金属可用光谱分析法(原子吸收分光光度法);人体尿液、头发以及生物、食品中的铜、铅、锌、镉可用极谱测定技术。

一、光谱分析法

1. 可见-紫外分光光度法

此法可用于测定多种农药,含汞、砷、铜和酚类杀虫剂,芳香烃、共轭双键等不饱和烃,以及某些重金属和非金属(如氟、氰)化合物等。

2. 红外分光光度法

可鉴别有机污染物结构,并可对其进行定量测定。

3. 原子吸收分光光度法

适用于镉、汞、铅、铜、锌、镍、铬等有害元素的定量测定,具有迅速、灵敏的优点。

4. 发射光谱法

适用于对多种金属元素进行定性和定量分析,特别是等离子体发射光谱法可对样品中多种微量元素进行同时分析。

5. X 射线荧光光谱分析

适用于生物样品中多元素的分析,特别是对硫、磷等轻工产品元素很容易测定,而其他光谱法则比较困难。

二、色谱分析法

1. 薄层层析法

这是应用层析板对有机污染物进行分离、显色和检测的简便方法,可对多种农药进行定性和半定量分析。如果与薄层扫描仪联用或洗脱后进一步分析,则可进行定量测定。

2. 气相色谱法

此法用于植物样品中烃类、酚类、苯和硝基苯、胺类、多氯联苯及有机氯、有机磷农药等有机污染物的测定。

3. 高压液相色谱法

此法特别适用于分子量大于 300，热稳定性差和离子型化合物的分析。应用于植物中的多环芳烃、酚类、异腈酸酯类和取代酯类、苯氧乙酸类等农药的测定，效果良好。它具有灵敏度和分离效能高、选择性好等优点。

三、极谱测定技术

1. 极谱分析法测定的无机项目

极谱法具有仪器简单、分析速度快、可同时测定几种物质且灵敏度高等特点，常用于监测分析。在极谱分析中，许多有机物能在电极上起氧化还原反应，但鉴于有些元素或有机物的电极反应过程及测量时影响因素都比较复杂，所以最常用的是无机极谱为多，包括 Cr、Mn、Fe、Co、Ni、Cu、Zn、Cd、In、Ti、Sn、Pb、As、Sb、Bi 等，测定技术在原经典极谱基础上发展了示波、方波、脉冲、催化波极谱、溶出伏安法等，灵敏度也大大提高。各级环境监测站广泛用阳极溶出伏安法进行痕量 Cu、Pb、Zn、Cd 的残毒分析。

2. 极谱法的基本原理及装置

在环境监测中经常采用的溶出伏安法是从极谱法发展而成的。它设备简单，利用一般的极谱仪就可进行测定，可连续测定几种离子而且灵敏度高，通常可达 $10^{-8} \sim 10^{-11}$ mol/L。因而成为极谱法中发展较快的技术之一。

溶出伏安法又称反向溶出极谱法，是将恒电位电解富集法和伏安法相结合的一种极谱分析新技术。其基本原理是：首先将待测溶液在适当条件下进行恒电位电解，并富集在固定表面积的特殊电极上，然后反向改变电位，让富集在电极上的离子重新溶出，同时记录电流-电压曲线。进而利用所得到的电流-电压曲线进行分析。

由于溶出伏安法的电解富集过程是在控制电位下进行，为分离消除干扰，提高极谱方法的选择性提供了途径。而且，溶出伏安法在常规极谱法基本装置条件下，配以固定表面积的工作电极、搅拌器及计时秒表即可开展工作。因此，溶出伏安法已被广泛应用于土壤、水质、生物制品及其他污染的痕量分析上。

3. 极谱监测应用

用极谱法（阳极溶出伏安法、示波极谱法等）测定人体尿液、头发及生物体、食品中的 Cu、Pb、Zn、Cd、Ni 等无机残毒量，已经是成熟方法，被广泛适用，在此不再赘述。

极谱法（POL）较 AAS 和 ICP 法设备简单，价格低廉，灵敏度高，适用性强，尤其在基层监测站，大有用武之地。

四、测定实例

1. 粮食作物中几种有害金属及类金属元素的测定

粮食作物中铜、锌、铬、镉、铅、砷、汞的测定方法见表 6.1。

表6.1 粮食中几种有害金属元素的测定方法

元素	预处理方法	分析方法	测定方法原理	仪器
铜	（1）HNO_3-$HClO_4$湿法消解	（1）原子吸收分光光度法	试液中铜在空气-乙炔火焰或石墨炉中原子化，用铜空心阴极灯于324.75nm测吸光度，标准曲线法定量	原子吸收分光光度计
	（2）490℃干灰化，残渣用HNO_3-$HClO_4$处理	（2）阳极溶出伏安法	试液中铜在镀汞膜固体电极上富集，记录溶出曲线，以峰高定量	笔录式极谱仪或示波极谱仪
	（3）同（2）	（3）双乙醛草酰二腙分光光度法	Cu^{2+}与双乙醛草酰二腙生成紫色配合物，于540nm测吸光度，标准曲线法定量	分光光度计
锌	（1）HNO_3-$HClO_4$湿法消解	（1）原子吸收分光光度法	试液中锌在空气-乙炔火焰或石墨炉中原子化，用锌空心阴极灯于213.86nm测吸光度，标准曲线法定量	原子吸收分光光度计
	（2）490℃干灰化，残渣用HNO_3-$HClO_4$处理	（2）阳极溶出伏安法	与铜相同	与铜相同
	（3）同（2）	（3）双硫腙分光光度法	在pH=4.0～5.5介质中，Zn^{2+}与双硫腙生成红色配合物，用CCl_4萃取，测吸光度（535nm），标准曲线法定量	分光光度计
镉	（1）HNO_3-$HClO_4$湿法消解	（1）原子吸收分光光度法	试液中Cd^{2+}在pH=4.2～4.5时与APDC生成配合物，用MIBK萃取，在空气-乙炔火焰或石墨炉中原子化，用镉空心阴极灯于228.8nm测吸光度	原子吸收分光光度计
	（2）490℃干灰化，残渣用HNO_3-$HClO_4$处理	（2）阳极溶出伏安法	与铜相同	与铜相同
	（3）同（2）	（3）双硫腙分光光度法	在碱性介质中，Cd^{2+}与双硫腙生成紫色配合物，用CCl_4或$CHCl_3$萃取，于518nm测吸光度，标准曲线法定量	分光光度计
铅	（1）HNO_3-$HClO_4$湿法消解	（1）原子吸收分光光度法	试液中Pb^{2+}用APDC-MIBK配位萃取，用火焰或石墨炉法原子化，铅空心阴极灯于283.3nm测吸光度	原子吸收分光光度计
	（2）490℃干灰化，残渣用HNO_3-$HClO_4$处理	（2）阳极溶出伏安法	与铜相同	与铜相同
	（3）同（2）	（3）双硫腙分光光度法	在pH=8.6～9.2介质中，Pb^{2+}与双硫腙生成红色配合物，用苯萃取，于520nm测吸光度，标准曲线法定量	分光光度计
汞	HNO_3-H_2SO_4-V_2O_5消解	冷原子吸收法	在1mol/L的H_2SO_4介质中，用$SnCl_2$将Hg^{2+}还原为基态汞原子，以惰性载气将汞蒸气带入洗手池，于253.7nm测吸光度	冷原子吸收测汞仪
铬	550～600℃灰化，残渣加硝酸蒸干，再覆盖过硫酸钠于900℃灰化，残渣用HNO_3-H_3PO_4处理	二苯碳酰二肼分光光度法	在0.1mol/L的H_2SO_4介质中，H_3PO_4作掩蔽剂，Cr(Ⅵ)与二苯碳酰二肼反应，生成紫红色配合物，于540nm测吸光度，标准曲线法定量	分光光度计
砷	（1）HNO_3-H_2SO_4-$HClO_4$湿法消解 （2）加MgO和$Mg(NO_3)_2$于550℃干法灰化，残渣用盐酸溶解	二乙基二硫代氨基甲酸银分光光度法	试液中As(Ⅴ)在KI，$SnCl$存在下，还原为As(Ⅲ)，并与新生态氢（由锌或硼氢化钠与酸反应产生）作用生成挥发性AsH_3，吸收于三乙醇胺、二乙基二硫代氨基甲酸的$CHCl_3$溶液，生成红色配合物，于530nm测定	分光光度计

2. 生物样品中有机氯农药的测定

有机氯农药具有毒性大、化学稳定性强、不易分解的特点。我国对食品中有机氯农药残留量主要规定了六六六和 DDT 的限量，并制定了生物样品中六六六和 DDT 测定方法的国家标准。

测定生物样品中有机氯农药残留量，一般经过提取、纯化、浓缩和测定 4 步。

第七章
噪声监测

第一节
噪声的声学特征与量度

在工业生产中,噪声污染和水污染、大气污染等一样是当代主要的环境污染之一。但噪声污染与后两者不同,它属于物理性污染。噪声污染一般情况下不会致命,但却对人们的工作、学习和生活产生影响。据统计,由噪声污染引起的抱怨、控告及社会纠纷远比其他污染多。因此,噪声污染监测已经成为环境监测的一项重要内容。

一、声音的产生和传播

物体在空气中振动时,激励其周围的空气质点振动。由于空气具有弹性,在质点的相互作用下,周围空气产生稠密-稀疏的周期性交替变化,并由近至远以波的形式向外传递,这种波就是声波。

空气质点每秒钟内振动的次数称为频率(f),单位为赫兹(Hz)。1 Hz=1 次/s。其中 20~20000 Hz 频段能被人耳所感觉,称为声音。

沿声波传播方向,振动一周所传播的距离,或在波形上相位相同的两点间的距离,称为波长(λ),单位为米(m)。

每秒钟内声波传播的距离叫作声速(c),单位为米/秒(m/s)。频率、波长和声速的三者关系是:

$$c = f\lambda \tag{7.1}$$

二、声压

声波在传播过程中,使空气产生疏密变化,空气压强要比正常大气压力有所增强或减弱,这种增强和减弱交替变化的压强称为声压,单位是帕(Pa)。$1Pa=1N/m^2$。

声压是正负交替的,包括瞬时声压、峰值声压和有效声压。但通常所说的声压为瞬时声压的均方根,即有效声压。

日常所听到的声音,若以声压值表示,数值变动范围很大。从人耳听阈(2×10^{-5} Pa)到痛阈(20 Pa),其声压绝对值相差 100 万倍,因此,用声压的绝对值来表示声音的强弱很不方便,而且人耳对声音信号强弱的刺激反应不是呈线性而是呈对数关系。因此,为了量度方便和适应听觉的特点,采用分贝作为声学量的计量单位。

所谓分贝是量度一个物理量(A)与该物理量的某一基准量(A_0)之比取以 10 为底的对数并乘以 10 或者 20,即 $10\lg(A/A_0)$ 或 $20\lg(A/A_0)$ 的计量单位。分贝是噪声度量中很重要的单位,用符号 dB 表示,它是无量纲的。

三、声压级

声压级由下式定义:

$$L_\mathrm{P} = 20\lg\frac{P}{P_0}(\mathrm{dB}) \tag{7.2}$$

式中　L_P——声压级,dB;
　　　P——声压,Pa;
　　　P_0——基准声压,规定 $P_0=2\times10^{-5}$Pa。

四、声强级和声功率级

声强级 L_I 定义为:

$$L_\mathrm{I} = 20\lg\frac{I}{I_0}(\mathrm{dB}) \tag{7.3}$$

式中　I——声强;
　　　I_0——基准声强,规定 $I_0=2\times10^{-12}$ W/m²。
同样地,声功率级 L_W 定义为:

$$L_\mathrm{W} = 10\lg\frac{W}{W_0}(\mathrm{dB}) \tag{7.4}$$

式中　W——声功率;
　　　W_0——基准声功率,规定 $W_0=10^{-13}$W。

五、声级的叠加

如果多个声源发出的声音同时作用于空间某点,该点总的声压级的计算不是各声压级的简单算术和，必须按照能量叠加的规律来进行计算。

假设两个声源的声压级分别为 L_{P_1} 和 L_{P_2}，叠加后的声压级为 L_P，根据声压级的定义可得：

$$L_{P_1} = 20\lg\frac{P_1}{P_0} \quad 则 \quad P_1^2 = P_0^2 10^{L_{P_1}/10}$$

根据能量叠加规律，则有：

$$P^2 = P_1^2 + P_2^2 = P_0^2(10^{L_{P_1}/10} + 10^{L_{P_2}/10})$$

因此总声压级 L_P 为：

$$L_P = 10\lg\frac{P_1^2 + P_2^2}{P_0^2} = 10\lg\left(10^{L_{P_1}/10} + 10^{L_{P_2}/10}\right)(\text{dB}) \tag{7.5}$$

若 $L_{P_1} = L_{P_2}$，则

$$\begin{aligned} L_P &= 10\lg\left(10^{L_{P_1}/10} + 10^{L_{P_2}/10}\right) = 10\lg\left(2\times 10^{L_{P_1}/10}\right) \\ &= 10\lg 2 + 10\lg 10^{L_{P_1}/10} = L_{P_1} + 10\lg 2 \approx L_{P_1} + 3(\text{dB}) \end{aligned} \tag{7.6}$$

若 $L_{P_1} \neq L_{P_2}$，假设 $L_{P_1} > L_{P_2}$，$\Delta L = L_P - L_{P_1}$，则：

$$\Delta L = L_P - L_{P_1} = 10\lg\left(10^{L_{P_1}/10} + 10^{L_{P_2}/10}\right) - 10\lg 10^{L_{P_1}/10} = 10\lg\left[1 + 10^{(L_{P_1}-L_{P_2})/10}\right]$$

由此可见，ΔL 值仅与 $(L_{P_1} - L_{P_2})$ 值有关。故可按下式计算总声压级 L_P：

$$L_P = L_{P_1} + \Delta L \,(\text{dB}) \tag{7.7}$$

为了方便计算，表 7.1 给出了两声源的声压增量值。

表 7.1 声压级增量表

声压级差 $L_{P_1}-L_{P_2}$/dB	增量 ΔL/dB	声压级差 $L_{P_1}-L_{P_2}$/dB	增量 ΔL/dB	声压级差 $L_{P_1}-L_{P_2}$/dB	增量 ΔL/dB
0	3.0	7	0.8	14	0.2
1	2.5	8	0.6	15	0.2
2	2.1	9	0.5	16	0.1
3	1.8	10	0.4	17	0.1
4	1.5	11	0.3	18	0.1
5	1.2	12	0.3	19	0.1
6	1.0	13	0.2	20	0

第二节
噪声的评价方法

一、响度与响度级

1. 响度

响度是用人耳听觉来判别声音由弱到强的等级概念,它不仅取决于声音的声压级,还与它的频率及波形有关。响度用符号 N 表示,其单位叫宋。定义声压级为 40dB,频率为 1000 Hz 的纯音为 1 宋。如果另一个声音听起来比这个大 n 倍,即声音的响度为 n 宋。

2. 响度级

定义 1000 Hz 纯音声压级的分贝值为响度级的数值,任何其他频率的声音,当调节 1000 Hz 纯音的强度使之与这声音一样响时,则这 1000 Hz 纯音的声压级分贝值就定为这一声音的响度级值。响度级的符号为 L_N,单位为方。

利用与基准声音比较的方法,可以得到人耳听觉频率范围内一系列响度相等的声压级与频率的关系曲线(如图 7.1),称为等响曲线。任何强度的声音,等响的 1000 Hz 纯音的声压级值就是其响度级值。

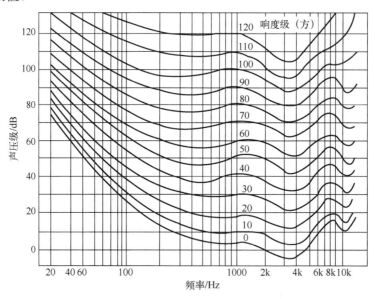

图7.1 等响曲线

3. 响度与响度级的关系

大量实验的统计结果表明:响度 0.5 宋相当于响度级 30 方,响度 2 宋相当于响度级 50

方，响度 4 宋相当于响度级 60，依此类推，响度级每改变 10 方，响度加倍或减半，其数学关系为：

$$N = 2^{\left(\frac{L_N - 40}{10}\right)} \tag{7.8}$$

$$L_N = 40 + 33\lg N \tag{7.9}$$

响度级的合成不能直接相加，而响度则可以。例如，两个 60 方的声音合成后的响度级不是 120 方，而是先将响度级换算成响度进行合成，然后再换算成响度级。本例中 60 方相当于 4 宋，合成的响度为 8 宋，而 8 宋相当于响度级 70 方，故两个响度级为 60 方的声音合成以后的总响度级为 70 方。

二、计权声级

声级计是一种测量声音强弱的仪器。声级计的"输入"是声音客观存在的物理量——声压，而它的"输出"不仅要求是对数关系的声压级，而且应该是符合人耳特性的主观量——响度级。

声压级没有反映出频率的影响，为使设计的仪器模拟人耳听觉对声音频率响应的特性，应通过一套电学的滤波器网络，对某些频率进行衰减。这种特殊滤波器叫计权网络。通过计权网络测得的声压级已不再是客观物理量的声压级，而是计权声级，简称声级。一般情况下声级计有 3 套听觉修正电路，即 A、B、C 三种计权网络，有的还有 D 网络。它们所测出的量分别称为 A、B、C 和 D 声级，计权网络的 A、B、C、D 频率特性见图 7.2。A 网络是效仿 40 方等响曲线的频率特性，曲线形状与等响曲线相反，对低频有较大的衰减；B 网络是效仿 70 方等响曲线，对低频有一定的衰减；C 网络是效仿 100 方等响曲线，在整个可听声频率范围内的响应近似值，即对各种频率的声音基本上不衰减。因此，用 C 网络测得的读数代表总声压级。

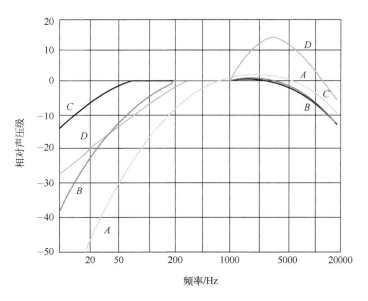

图 7.2 计权特性曲线

三、噪声频谱分析

噪声通常包括许多频率成分。将噪声的声压级、声强级或声功率级按频率展开，使噪声强度成为频率的函数并考查其波形，称为噪声频谱分析。进行噪声频谱分析有利于深入了解噪声源的特性，寻找主要的噪声污染源，从而为噪声控制提供依据。

噪声频谱分析方法是使噪声信号通过一定带宽的滤波器，经过滤波后得到各频率通带对应的声压级、声强级或声功率级的包络线（轮廓），此包络线称为噪声谱（如图7.3）。

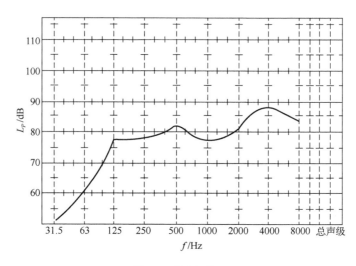

图7.3　噪声频谱图

滤波器通带越窄，频率展开越详细；反之，滤波器通带越宽，频率展开越粗略。噪声频谱分析常用的滤波器有等带宽滤波器、等百分比带宽滤波器和等比带宽滤波器。等带宽滤波器在任何频段上的滤波通带都是固定的频率间隔，即含有相同的频率数，因而与滤波器所在的频率高低无关。等百分比带宽滤波器具有固定的中心频率百分数的间隔，故其滤波通带所含的频率随其中心频率的升高而增加。例如，等3%带宽的滤波器，100Hz 的通带为（100±3）Hz，而 1000 Hz 的通带为（1000±30）Hz，10000Hz 的通带为（10000±300）Hz。噪声测量中采用得最多的是等比带宽滤波器。这种滤波器的上、下截止频率（f_1 和 f_2）之比值的以 2 为底的对数值为某一固定常数。比较常见的有所谓 1 倍频程滤波器和 1/3 倍频程滤波器，其具体含义是：

1 倍频程：
$$\log_2 \frac{f_1}{f_2} = 1 \tag{7.10}$$

1/3 倍频程：
$$\log_2 \frac{f_1}{f_2} = \frac{1}{3} \tag{7.11}$$

其通式为：
$$f_1 / f_2 = 2^n$$

1 倍频程常简称倍频程，在音乐中叫作 1 个八度，是最常用的。表 7.2 列出了 1 倍频程滤波器主要的中心频率（f_m）及相对应的上、下截止频率。

中心频率的定义是：
$$f_m = \sqrt{f_1 f_2}$$

表 7.2　常用 1 倍频程滤波器的中心频率和截止频率　　　　　　　　单位：Hz

中心频率 f_m	上截止频率 f_2	下截止频率 f_1	中心频率 f_m	上截止频率 f_2	下截止频率 f_1
31.5	44.5473	22.2737	1000	1414.20	707.100
63	89.0964	44.5437	2000	2828.40	1414.20
125	176.755	88.3875	4000	5656.80	2828.40
250	353.550	176.775	8000	11313.6	5656.80
500	707.100	353.550	16000	22627.2	11313.6

四、噪声标准

噪声标准（noise standard）的制订，主要考虑的因素是听力保护、噪声对人体健康的影响、噪声给人的烦扰程度以及目前的技术经济条件，同时也要考虑对不同的时间、场合区别对待，保证所制订标准的科学性、先进性和现实性。

国际标准化组织（ISO）推荐了一些噪声的国际标准，各国家都结合本国的经济和社会发展状况制订和颁布了自己的噪声标准。到目前为止，我国已颁布的噪声标准有：《社会生活环境噪声排放标准》（GB 22337—2008）、《工业企业厂界环境噪声排放标准》（GB 12348—2008）、《建筑施工场界环境噪声排放标准》（GB 12523—2011）等。

第三节　噪声测试仪器

为了测量噪声的强度，评价、控制以及研究噪声等，都需要由噪声测量仪器（apparatus for noise measuring）来完成。噪声测量仪器种类很多，主要有声级计、噪声频谱分析仪等。

一、声级计

声级计是噪声测量最常用、最基本的仪器。由于它体积小、质量轻、便于携带，可广泛用于环境噪声、机械噪声、车辆噪声等的测量。它通常具有 A、B、C 等 3 个计权网络，有的声级计具有 D 计权网络。由于声级计是模拟人耳对不同声音的强度和频率的反应灵敏度而设计的，因此它是一种主观性的电子仪器。

声级计的基本工作原理是，声音由传声器，将声压信号转变为电压信号，经前置放大器作阻抗变换后送到输入衰减器，由于表头指针只有 20dB，而声音变化范围可高达 140dB，甚至更高，必须用衰减器对较强的信号进行衰减，再由输入放大器进行定量放大，放大后的信号由计权网络进行计权。输出的信号由输出衰减器衰减到额定值，被输出放大器放大后进入检波器进行检波，而后送出有效电压，由电表显示测量的声压级。如图7.4所示。图7.5为HY104型数字式声级计。

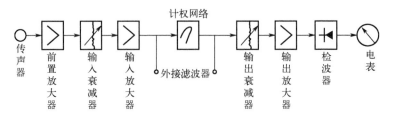

图7.4 声级计工作原理图

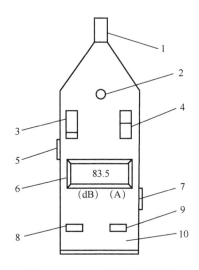

图7.5 HY104型数字式声级计

1.传声器；2.灵敏度调节电位器；3.量程开关；4.读数/保持开关；
5.输出插孔；6.显示器；7.复位按钮；8.电源开关；9.响应动态特性(F，S)选择开关；10.电源盖板

声级计按测量精度不同，可分为普通声级计和精密声级计两大类。细致划分可将声级计分为4种类型：0型、1型、2型和3型。其相应的精度分别为±0.4dB、±0.7dB、±1.0dB、±1.5dB。

声级计的频率响应范围，普通声级计约为31.5～8000Hz，精密声级计约为20～12500Hz。如国产的ND1和ND2型声级计为常用的精密声级计。近年来，还发展了一些自动化程度较高、功能较全的噪声分析仪（如国产HY901型噪声分析仪）。它们由单板机控制，能对噪声进行自动测定、显示和打印。

二、噪声频谱分析仪和自动记录仪

噪声频谱仪是分析噪声频谱最常用的仪器，它主要由测量放大器与滤波器组成。通常用精密声级计与外接滤波器组合便可构成一台简易的频谱分析仪，专业频谱分析仪则是由这两

部分装配在一起的。图 7.6 是典型的噪声频谱分析仪原理图。

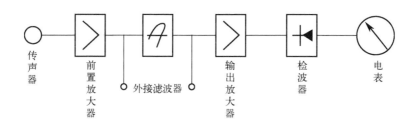

图 7.6　噪声频谱分析仪原理图

决定频谱分析仪性能的主要是滤波器。配置不同的滤波器，则得到不同的声音频谱。一般常用的滤波器为倍频程滤波器或 1/3 倍频程滤波器。如丹麦的 2112 型、2114 型频谱仪。它们不仅可以进行声级测量，还可进行频谱分析。

在现场测试中，为了迅速而准确地测量、分析和记录噪声频谱，可将分析仪与自动记录仪联用，可自动将频谱记录在坐标纸上。

如国产 NJ3 型电平记录仪与 ND2 型精密声级计和倍频程滤波器配合组成一套便携式分析仪。丹麦 2305 型记录仪与 2112 型、2114 型频谱仪配套也能自动进行倍频程、1/3 倍频程的频谱分析与记录。

用分析仪测试噪声需要一定时间，如用倍频程分析，需要 8 次；1/3 倍频程分析需要 24 次。这对于随时间变化的噪声频谱，显然无法进行，这时需要进行瞬时频谱分析，如丹麦的 3347 型实时分析仪，日本 SA-10 型实时分析仪，可在几分之一秒内显示噪声的 1/3 倍频程频谱分析。

三、录音机

在现场测量中，由于某些原因不能当场分析，可先用录音机把测试的噪声记录下来，然后带回实验室用其他的辅助设备进行分析，或将噪声信号直接输入计算机，通过专业软件进行自动测试分析。供测量用的录音机不同于家用录音机，它具有较好的频率响应，较宽的动态范围（20～15000Hz）和较大的信噪比（＞35dB），并具有长期的稳定性，以免失真。

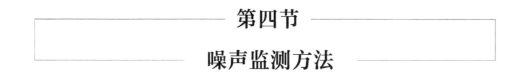

噪声监测方法

关于噪声的测量方法，目前国际标准化组织（ISO）和世界各国都有具体的测量规范，除了一般方法外，对许多机器设备、车辆、船舶和城市环境等均有相应的测量方法。

一、城市环境噪声监测方法

城市环境噪声监测包括:城市区域环境噪声监测、城市交通噪声监测、城市环境噪声长期监测和城市环境中扰民噪声源的调查测试。

监测仪器根据需要和条件可选用普通声级计、精密声级计或噪声分析仪等。仪器使用前必须按照规定的程序进行声级校准和电池电压检查,测量结束后要求复校一次,测量前后灵敏度之差不得大于2dB。

1. 测量条件和要求

在现场进行噪声测量时,应注意气候和周围环境的影响。

① 气候条件的影响。在户外测量应选择无雨、无雪的天气(特殊情况例外),声级计应加风罩以避免风力干扰,4级以上大风应停止测量。即使在室内测量也要注意风和气流对噪声测量的影响,传声器应避开风口和气流。

此外,温度过高过低都会影响仪器的灵敏度,过高的温度还会引起仪器的背景值增大。高原地区还要注意气压的影响。

② 反射的影响。为避免反射声波的影响,传声器最好固定在三角支架上,离大的反射物至少2~3m,离地面1.2m。若用手持声级计,应使传声器与人体距离0.5m以上。

③ 背景噪声修正。在现场测量某一噪声源噪声时,要扣除背景噪声的影响。先测出包括待测噪声和背景噪声在内的总声级,然后让待测噪声源停止发声,在同一位置测得背景噪声的声压级。若二者差大于10dB,则背景噪声可忽略;若二者差在3~10dB之间,则需对测量结果加以修正。则待测噪声的声压级为:

$$L_P = 10\lg(10^{L_1/10} - 10^{L_2/10}) \tag{7.12}$$

2. 城市区域环境噪声的监测

在市区地图上划分为500m×500m的网格,测量点在每个网格中心,若中心点的位置不宜测量,如房顶、污沟、禁区等,可移到旁边能够测量的位置。网格数目不应少于100个,若城市较小,可按250m×250m的面积划分网格。

测量时应在规定时间内对每一测点进行A声级取样测量,每3s或5s读取一个瞬时A声级,每测点连续读取100个数据(当噪声涨落较大时应取200个数据)代表该点的噪声分布,然后计算该测点的等效A声级(L_{eq}):

$$L_{eq} = 10\lg\left\{\frac{1}{N}\sum_{i=1}^{N}10^{0.1L_i}\right\} \tag{7.13}$$

式中 L_{eq}——等效A声级,dB;
　　L_i——第i个声级数据,dB;
　　N——数据个数(一般为100)。

如果要求每个测点测定昼间和夜间的噪声,则日夜等效A声级(L_{dn})应为:

$$L_{dn} = \lg\frac{16\times10^{0.1L_d} + 8\times10^{0.1L_n}}{24} \tag{7.14}$$

式中 L_{dn}——日夜等效 A 声级，dB；
L_d——昼间每小时等效 A 声级，dB；
L_n——夜间每小时等效 A 声级，dB。

表 7.3 为环境噪声测量记录表。

表 7.3 环境噪声测量记录表

_____年_____月_____日　　　　　　_____时_____分至_____时_____分
星期_____　　　　　　　　　　　测量人_____
天气_____　　　　　　　　　　　仪　　器_____
地点_____　　　　　　　　　　　计权网络_____
噪声源_____　　　　　　　　　　快/慢挡_____
取样时间_____　　　　　　　　　取样总数_____

$L_{10}=$　　　　$L_{50}=$　　　　$L_{90}=$　　　　$L_{eq}=$

3. 城市交通噪声监测

在每两个交通路口之间的交通线上选择一个测点，测点在马路边人行道上，离马路20m，这样的点代表该段道路两个路口之间的交通噪声。

$$L_{eq} = 10\lg\left\{\sum_{i=1}^{N} 10^{0.1L_i}\right\} - 23 \tag{7.15}$$

测量时每隔 5s 读取一个瞬时 A 声级，连续读 200 个数据，同时记录下机动车交通流量。将 200 个数据从大到小排列后求出累计统计声级 L_{10}、L_{50} 和 L_{90}，然后算出 L_{eq}。

因交通噪声基本上符合正态分布，故也可按下式进行简便运算：

$$L_{eq} \approx L_{50} + d^2/60 \tag{7.16}$$

式中，$d = L_{10} - L_{90}$。

全市测量结果应得出全市交通干线 L_{eq}、L_{10}、L_{50} 和 L_{90} 的平均值 L 和最大值，以及标准差，以用于城市间噪声比较。

$$L = \frac{1}{l}\sum_{i=1}^{n} L_i l_i \tag{7.17}$$

式中 l——全市干线总长度，km；
L_i——所测 i 段干线的声级 L_{eq}（或 L_{10}）；
l_i——所测 i 段干线的长度，km。

二、城市环境噪声长期监测

根据可能的条件，选择具有代表性的测点，进行长期监测。测点的选择一般不少于 7 个，

7个点的位置可按下列区域选择：繁华市区1点，典型居民区1点，交通干线2点，工厂区1点，混合区2点。

在规定的时间内，每个测点上间隔5s连续读取200个瞬时A声级。每季节测量一次（也可每月测量一次）。每次测量要求每个测点昼间和夜间各测量一次。同一测点的测量时间，每次必须相同。用测得的等效声级表示该测点每季度或每月的噪声水平。从一年内的测量结果可以看出该测点噪声水平随时间、季节的变化情况。将每年的监测结果累积起来，可以观察噪声污染逐年的变化。

三、城市环境中扰民噪声源的调查测试

城市环境中扰民噪声源种类很多，但最主要的是交通噪声和工业噪声。交通噪声测量的测点选择和监测方法如上所述。扰民工业噪声是指生产作业时间内向外部环境辐射的噪声。测点应选择在每座工厂外边线1m的路线上，要求选择若干点，且每两个测点的噪声平均声级相差幅度为5dB。

四、工业企业噪声监测

在测量工业企业噪声时，应将传声器装置放置在操作人员的耳朵位置（人离开）。测点的选择原则为：若车间内各处A声级相差不大（小于3dB），则只需在车间内选择1~3个测点；若车间内各处A声级波动较大（大于3dB），则需按声级大小，将车间分成若干区域，任意两个区域的声级应大于或等于3dB；每个区域的声级波动必须小于3dB，每个区域取1~3个测点。这些区域必须包括所有工人经常工作和活动的地点和范围。

如为稳定噪声，则测量A声级；如为不稳定噪声，则测量等效A声级或测量不同A声级下的暴露时间，计算等效连续A声级。测量时应注意避免或减少气流、电磁场、温度和湿度等环境因素对测量结果的影响。测量数据记录在表7.4中。

表7.4 工矿企业噪声记录表

＿＿＿＿厂＿＿＿＿车间，厂址＿＿＿＿	＿＿＿＿年＿＿＿＿月＿＿＿＿日
测量仪器	计权网络

车间设备名称	型号	功率	开/台	停/台

设备分布测点示意图

续表

测点	中心声级/dB								
	80	85	90	100	105	110	115	120	125
暴露时间/min 1									
2									
3									
4									
5									
6									
备注									

五、机动车辆噪声测量

机动车辆包括各类型汽车、摩托车、轮式拖拉机等。机动车辆所发出的噪声是移动声源，故影响面很广泛。机动车辆噪声监测包括车外噪声监测和车内噪声监测。

1. 车外噪声测量

（1）测量条件和要求

① 在测试中心以 25m 为半径的范围内，不应有大的反射物；测试场地跑道应有 20m 以上，坡度不超过 0.5%的平直、干燥的路面。

② 测量时应避免人为、风力等声源因素干扰。

③ 测量时车辆不载重，发动机应处于正常使用状态。

（2）测量场地及测点位置

测量场地如图 7.7 所示。测试话筒应位于 20m 跑道中心点 O 两侧，各距中线 7.5m，距地面高度 1.2m，用三脚架固定，话筒平行于路面，其轴线垂直于车辆行驶方向。测量数据记录在表 7.5 中。

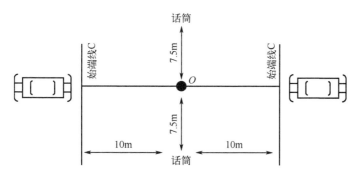

图 7.7 车外噪声测量场地示意图

表 7.5　车外噪声测量记录表

测量日期			出厂日期		
测量地点			额定载客（重）量		
路面状况			发动机额定转数		
测量仪器			前进挡数		
本底噪声			加速起始发动机转数		
车辆牌照号			匀速行驶车速		
车辆型号			行驶里程		

	测量位置	次数	噪声级/dB	平均数/dB
加速行驶	左侧	1		
		2		
	右侧	1		
		2		
匀速行驶	左侧	1		
		2		
	右侧	1		
		2		

测量人员_____　　　　　　　　驾驶员_____
车辆最大行驶噪声_____（dB）

2. 车内噪声测量

（1）测量条件和要求

① 测试场地跑道应为具有足够试验需要长度的平直、干燥的路面。

② 测量时应保证不被其他声源所干扰。

（2）测点位置

车内噪声测点通常布置在人耳附近。驾驶室内噪声测点应设在离驾驶员的座位(750±10) mm 的高度上。载客车室内噪声测点可选在车厢中部及最后排座位的中间位置。测量数据记录在表 7.6 中。

表 7.6　车内噪声测量记录表

测量日期			车辆型号		
测量地点			车辆牌照号		
路面状况			额定载客（重）量		
测量仪器			行驶里程		

测量位置		挡位	车速	噪声级/dB	
				A	C
驾驶室					
载客室	中部				
	后部				

复习与思考题

1. 什么是噪声？
2. 用"分贝"作为声学量的计量单位有什么好处？
3. 什么是计权声级？它在噪声测量中有何作用？
4. 什么是频谱分析？它在噪声监测中有何意义？
5. 等响曲线是如何绘制的？响度级、频率和声压级三者的关系如何？
6. 3个声源作用于某一点的声压级分别是70dB、74dB和76dB。求同时作用于这一点的总声压级为多少？

第八章
核和电磁辐射监测

第一节 概　述

核辐射和电磁辐射监测是环境保护工作的重要组成部分。核安全设备、核电厂、核燃料运输和核技术的广泛应用可能使环境中的放射性核辐射水平高于天然本底值，甚至超过规定标准，构成污染，危害人体和其他生物。工业、科学、医疗射频设备、高压电力设备、家用电器设备、信息技术设备等的使用都会一定程度上带来电磁辐射污染。因此，需要对环境中核辐射和电磁辐射进行规范性的监测和监督。

一、核辐射的基础知识

放射性物质以波或微粒形式发射出的能量就叫核辐射，一般也称为放射线。核辐射是原子核从一种结构或一种能量状态转变为另一种结构或另一种能量状态过程中所释放出来的微观粒子流。核辐射可以使物质引起电离或激发，故称为电离辐射。电离辐射又分直接致电离辐射和间接致电离辐射。直接致电离辐射产物包括质子等带电粒子。间接致电离辐射产物包括光子、中子等不带电粒子。

1. 放射性

具有相同质子数而不同中子数的原子，被称为同位素，而组成同位素的原子称为核素。即核素指原子核内具有特定数目的质子和中子，且具有同一能态的一类原子。核素包括稳定性核素和放射性核素。

放射性核素的原子核不稳定，有自发改变其核结构的倾向，从原子核内部放出电磁波或带一定动能的粒子，以降低核体系的能级水平，从而转化为结构稳定的核，这种现象称为核蜕变。在核蜕变过程中，不稳定原子核能自发地放出α射线、β射线、γ射线的现象，称为放射性。

(1) α 衰变

放射性核素自发地放射 α 粒子而变成另一种新的核素,称为 α 衰变。α 粒子实际上是氦核($_2^4$He)。α 衰变即放射性核素母体的质量数 A 降低 4 个单位,原子序数 Z 降低 2 个单位。衰变过程中放射出的 α 粒子速度极快,每秒钟达 $1\times 10^4 \sim 2\times 10^4$ km。

α 衰变产生 α 粒子形成的 α 射线对受照物质的作用主要是使组成该放射物质的原子、分子发生电离或激发。α 射线在物质中仅有很小的穿透能力,与人体接触时,α 粒子只能穿过皮肤的角质层,α 粒子极易被其他物质吸收,在空气中一般经 3~8cm 路程即被吸收。

(2) β 衰变

放射性核素自发地放射 β⁻粒子的过程称为 β⁻衰变。在 β⁻衰变过程中,原子核中有一个中子转变为质子,同时放出一个 β⁻粒子和中微子。β⁻粒子实际上就是带一个单位负电荷的电子。即 β⁻衰变的子体的原子序数 Z 比母体提高了一个单位。

放射性核素自发地放射 β⁺粒子的过程称为 β⁺衰变。β⁺粒子本质上就是正电子。它除电荷符号与 β⁻粒子不同外,其性质基本相同。在 β⁺衰变过程中,原子内一个质子转变成一个电子,并放射出 β⁺粒子和中微子。β⁺衰变后的子体和母体的质子数量相同,但子体原子序数降低一个单位。

β 射线电子能量比 α 射线高 10 倍以上,其穿透能力较强,在空气中能穿透几米至几十米才能被吸收,β 射线可灼伤皮肤。

(3) γ 衰变

许多放射性核素,在发生 α 衰变及 β 衰变后生成的子体处于激发态。当子体从较高能级的激发态跃迁到较低能级的激发态或基态时,所放射的电磁辐射就是 γ 射线。

γ 射线是核从它的激发能级跃迁到较低能级或基态时的产物。此种跃迁对于核的原子序数和质量数都无影响,称为同级异能跃迁。这个过程时间非常短,一般为 10^{-13}s。

γ 射线与 α 射线、β 射线不同,它是一种波长极短的电磁波,为 0.007~0.1nm。因波长短,所以穿透能力极强,能穿透大多数物体。

(4) 电子俘获

不稳定原子核俘获一个核外轨道电子的衰变称为电子俘获。该过程使核中的一个质子转变成中子并放出一个中微子,即子核的原子序数减少 1。因靠近原子核 K 层电子被俘获后,该壳层产生空位。进而有更高能级的绕行电子填充空位时,可放射特征 X 射线。

放射性衰变与外界环境温度、压力、湿度等条件无关,仅与核性质有关。放射性核素因衰变减少到原来数目一半所需的时间称为半衰期,通常以 $T_{1/2}$ 表示。对质量相同的不同同位素而言,半衰期越短,则放射性越强,反之就越弱。放射性强弱是指在单位时间内放射性同位素衰变的多少。

放射性核素进入人体后,可能蓄积在某些组织和器官内。由于生物体本身代谢作用,机体内放射核素不断减少,通常将体内放射性核素减少至原来一半所需时间称为生物半衰期。

2. 放射性度量

(1) 放射性活度(A)

放射性活度指放射性物质在单位时间内所发生的核衰变的数目。

对处于特定能态的放射性核素,在 dt 的时间间隔内,由该能态发生自发核衰变的期望值为 dN，放射性活度 A 则为 dN/dt。

放射性活度反映某些放射性核素的数量值，该量值大小与核衰变相关。

放射性活度单位为贝克勒尔，简称贝可（Bq）。1 Bq 表示放射性核素在 1s 内发生 1 次衰变，即 1 Bq=1s^{-1}。

（2）吸收剂量（D）

吸收剂量是指电离辐射给予一个体积单元中物质的平均能量 $\overline{d\varepsilon}$ 除以该体积单元中物质的质量 dm 所得的商，即 $\overline{d\varepsilon}/dm$。电离辐射在机体的生物效应与机体所吸收的辐射能量有关，吸收剂量可反映物体对辐射能量的吸收状况。

吸收剂量单位为戈瑞（Gy），1Gy 表示 1kg 物质吸收 1 J 的辐射能量，即 1Gy=1J/kg=1m^2/s^2。

吸收剂量率指单位时间内的吸收剂量。单位为戈瑞/秒（Gy/s）。

（3）剂量当量（H）

电离辐射所产生的生物效应与辐射类型、能量等有关。尽管吸收剂量相同，但若射线类型、照射条件不同时，对生物组织的危害程度是不同的。因此在辐射防护工作中引入了剂量当量这一概念，以表征所吸收辐射能量对人体可能产生的危害情况。

H 是指在人体组织内某一点上的剂量当量等于吸收剂量与其他修正因数的乘积。即

$$H = DQN \tag{8.1}$$

式中　H ——剂量当量，Sv，1Sv=1J/kg；

　　　D ——吸收剂量，Gy；

　　　Q ——品质因子；

　　　N ——所有其他修正因数的乘积。

品质因子 Q 用以粗略地表示吸收剂量相同时各种辐射的相对危险程度。Q 越大，危险性越大。Q 值是依据各种电离辐射带电粒子的电离密度而相应规定的，其值大小取决于导致电离粒子的初始动能、种类及照射类型等。在辐射防护工作中应用剂量当量，可以评价总的危险程度。

（4）照射量（X）

照射量只适用于 X 射线和 γ 射线，它还用于 X 射线和 γ 射线对空气电离程度的度量。

照射量是指在一个体积单元的空气中（质量为 dm），由光子释放的电子在空气中全部被阻时，形成的离子总电荷的绝对值。

3. 放射性对人体的危害

放射性物质进入人体主要有呼吸道进入、消化道食入、皮肤或黏膜侵入 3 种途径。

由呼吸道吸入的放射性物质，其吸收程度与气态物质的性质和状态有关，难溶性气溶胶吸收较慢，可溶性则较快。气溶胶粒径越大，在肺部的沉积越少，气溶胶被肺泡膜吸收时，可直接进入血液流向全身。

食入的放射性物质由肠胃吸收后，经肝脏随血液进入全身。

可溶性物质被皮肤吸收后，由伤口浸入的污染物吸收率极高。

从不同途径进入人体的放射性核素，人体具有不同的吸收、蓄积和排出的特点，即使同一核素，其吸收率也不尽相同。

放射性对人体损伤的作用主要是：放射性物质产生的α射线、β射线、γ射线与生物机体细胞、组织等相互作用时，常引起物质的原子、分子电离，从而破坏机体内某些大分子结构，如蛋白质及核糖核酸或脱氧核糖核酸分子链断裂等，造成组织破坏。

同类射线对人体的危害主要与照射剂量有关，剂量越大则损伤越重。例如，1Gy以下的X射线或γ射线外照射不能引起急性放射性畸变，而4~5Gy可使50%的受辐射者致死。若总剂量相同而分成多次小剂量照射，辐射效应可大为减弱，甚至分小剂量照射的总剂量超过一次急性照射剂量的数倍至数十倍，也不会引起辐射损伤。人体受照射部位与照射方式对辐射效应也有很大影响。一般是肢体损伤轻于头部或腹部。

辐射损伤的远期效应包括躯体效应和遗传效应。远期效应可于急性放射性恢复后若干时间或在较低剂量照射后经数月或数年才发生。躯干效应指出现在受照射者本人身上的损伤效应，如白血病、白内障、癌症及寿命缩短等。遗传效应则在几代以后才显示出来。

二、电磁辐射的基础知识

电场和磁场的交互变化产生电磁波，电磁波向空中发射或外泄的现象，叫电磁辐射。电磁辐射是一种看不见、摸不着的场。人类生存的地球本身就是一个大磁场，它表面的热辐射和雷电都可产生电磁辐射，太阳及其他星球也从外层空间源源不断地产生电磁辐射。围绕在人类身边的天然磁场、太阳光、家用电器等都会发出强度不同的辐射。电磁辐射是物质内部原子、分子处于运动状态的一种外在表现形式。

电磁辐射有一个电场和磁场分量的振荡，分别在两个相互垂直的方向传播能量。电磁辐射根据频率或波长分为不同类型，这些类型包括（按序增加频率）：电力、无线电波、微波、太赫兹辐射、红外辐射、可见光、紫外线、X射线和γ射线。其中，无线电波的波长最长而γ射线的波长最短。X射线和γ射线电离能力很强，其他电磁辐射电离能力相对较弱，而更低频的没有电离能力。

1. 电磁场

电磁场是有内在联系、相互依存的电场和磁场的统一体的总称。随时间变化的电场产生磁场，随时间变化的磁场产生电场，两者互为因果，形成电磁场。电磁场可由变速运动的带电粒子引起，也可由强弱变化的电流引起，不论原因如何，电磁场总是以光速向四周传播，形成电磁波。电磁场是电磁作用的媒介，具有能量和动量，是物质的一种存在形式。电磁场的性质、特征及其运动变化规律由麦克斯韦方程组确定。

2. 电磁辐射污染源分类

（1）天然电磁辐射污染源

天然的电磁辐射污染主要来自地球的热辐射、太阳热辐射、宇宙射线、雷电等，它是由某些自然现象所引起的，在天然电磁辐射中，以雷电所产生的电磁辐射最为突出。由于自然界发生某些变化，常常在大气层中引起电荷的电离，发生电荷的蓄积，当达到一定程度时就会引起火花放电，火花放电的频率极宽，造成的影响可能也会较大。另外，如火山爆发、地震和太阳黑子活动引起的磁暴等也都会产生电磁干扰。除了对电气设备、飞机、建筑物等直接造成危害外,天然的电磁辐射对短波通信的干扰特别严重,这也是电磁辐射污染的危害之一。

(2) 人为电磁辐射污染源

人为电磁辐射污染源主要产生于人工制造的若干系统,如电子设备、电气装置等。人为电磁场源按频率的不同又可分为工频场源和射频场源。工频场源频率从数十到数百赫兹不等,主要以大功率输电线路所产生的电磁污染为主,同时也包括了若干种放电型场源;射频电磁辐射从 0.1～3000MHz,主要是由无线电广播、电视、微波通信等各种射频设备工作过程中所产生的电磁感应与电磁辐射,它的频率范围宽广,影响区域也较大,能危害近场区的工作人员。目前,射频电磁辐射已经成为电磁污染环境的主要因素。

就目前而言,环境中的电磁辐射主要来源于人为的电磁辐射污染源,天然电磁辐射污染源相比之下几乎可以忽略。

3. 电磁辐射的危害

(1) 对人体危害

① 热效应　人体的70%以上都是水,水分子内部的正负电荷中心不重合,是一种极性分子,而这种极性的水分子在接受电磁辐射后,会随着电磁场极性的变化做快速重新排列,从而导致分子间剧烈撞击、摩擦而产生巨大的热量,使机体升温。当电磁辐射的强度超过一定限度时,将使人体体温或局部组织温度急剧升高,破坏热平衡而有害人体健康。随着电磁辐射强度的不断提高,对人体的不良影响也逐渐突出。

② 非热效应　人体的器官和组织都存在微弱的电磁场,它们是稳定和有序的,一旦受到外界低频电磁辐射的长期影响,处于平衡状态的微弱电磁场即会遭到破坏。低频电磁辐射作用于人体后,体温并不会明显提高,但会干扰人体的固有微弱电磁场,使血液、淋巴和细胞原生质发生改变,造成细胞内的脱氧核糖核酸受损和遗传基因发生突变,进而诱发白血病和肿瘤,还会引起胚胎染色体改变,并导致婴儿的畸形或孕妇的自然流产。

③ 累积效应　热效应和非热效应作用于人体后,对人体的伤害尚未来得及自我修复(通常所说的人体承受力——内抗力),再次受到电磁辐射的话,其伤害程度就会发生累积,久之会成为永久性病态,甚至有可能危及生命。对于长期接触电磁辐射的群体,即使受到的电磁辐射强度较小,但是由于接触的时间很长,也可能会诱发各种病变,应引起警惕。

(2) 其他危害

① 影响通信信号　当飞机在空中飞行时,如果通信和导航系统受到电磁干扰,就会同基地失去联系,可能造成飞行事故;当舰船上使用的通信、导航或遇险呼救频率受到电磁干扰,就会影响航海安全;有的电磁波还会对有线电设施产生干扰而引起铁路信号的失误动作、交通指挥灯的失控、电脑的差错和自动化工厂操作的失灵等。

② 破坏建筑物和电气设备　在高压线网、电视发射台、转播台等附近的家庭,不仅电视信号被严重干扰,而且居民因常受电磁辐射而可能感到身体不适。

③ 影响植物的生存　在长期存在电磁辐射的区域,如微波发射站所面向的山坡有可能会造成植物的大面积死亡。

④ 泄露计算机秘密　电脑的电磁辐射会把电脑中的信息带出去。虽然电脑的生产厂家为防止外泄的电磁辐射干扰其他电子设备,为电脑制订了电磁辐射的限制标准,但外泄的电磁辐射仍具有不容忽视的强度如电脑显示器的阴极射线管辐射出的电磁波,其频率一般在

6.5MHz 以下。对这种电磁波，在有效距离内，可用普通电视机或相同型号的电脑直接接收。接收或解读电脑辐射的电磁波，现在已成为国外情报部门的一项常用窃密技术，并已达到较高水平。据国外试验，在 1000m 以外能接收和还原电脑显示终端的信息，而且看得很清晰。

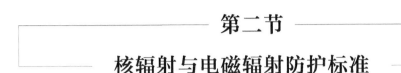

第二节 核辐射与电磁辐射防护标准

为了保障核安全，预防与应对核事故，安全利用核能，保护公众核从业人员的安全与健康，保护生态环境，促进经济社会可持续发展，制定了《中华人民共和国核安全法》。为了防治放射性污染，保护环境，保障人体健康，制定了《中华人民共和国放射性污染防治法》。为贯彻《中华人民共和国环境保护法》和《中华人民共和国放射性污染防治法》，防治放射性污染，改善环境质量，保护人体健康，制定了《核动力厂环境辐射防护规定》（GB 6249—2011）等防治标准。为加强电磁环境管理，保障公众健康，制定了《电磁环境控制限值》（GB 8702—2014）等标准。部分标准情况如下。

一、核辐射相关标准

（一）职业性放射性工作人员和居民每年限制剂量当量

职业性放射性工作人员和居民每年限制剂量当量见表 8.1。

表 8.1　工作人员、居民年最大容许剂量当量

受照射部位		职业性放射性工作人员的年最大允许剂量当量/Sv[①]	放射性工作场所、相邻及附近地区工作人员和居民的年最大允许剂量当量/Sv[①]	广大居民年最大允许剂量当量/Sv[②]
器官分类	器官名称			
第一类	全身、性腺、红骨髓、眼晶体	5×10^{-2}	5×10^{-3}	5×10^{-4}
第二类	皮肤、骨、甲状腺	3.0×10^{-1}	3×10^{-2}[②]	1×10^{-3}
第三类	手、前臂、足踝	7.5×10^{-1}	7.5×10^{-2}	2.5×10^{-2}
第四类	其他器官	1.5×10^{-1}	1.5×10^{-2}	5×10^{-3}

① 表内所列数值均指内、外照射的总剂量当量，不包括天然本底照射和医疗照射。
② 16 岁以下人员甲状腺的限制剂量当量为 1.5×10^{-2} Sv/年。

（二）露天水源中限制浓度和放射性工作场所空气中最大容许浓度

表 8.2 为与环境关系密切的部分放射性核素的限制浓度和最大容许浓度。

表 8.2　放射性同位素在露天水源中的限制浓度和放射性工作场所空气中的最大容许浓度

放射性同位素		露天水源中限制浓度[①]/(Bq/L)	放射性工作场所空气中的最大容许浓度[①]/(Bq/L)
名称	符号		
氚	^{3}H	1.1×10^4	1.9×10^2
铍	^{7}Be	1.9×10^4	3.7×10
碳	^{14}C	3.7×10^3	1.5×10^2
硫	^{35}S	2.6×10^2	1.1×10
磷	^{32}P	1.9×10^2	2.6
氩	^{41}Ar	—	7.4×10
钾	^{42}K	2.2×10^2	3.7
铁	^{55}Fe	7.4×10^3	3.3×10
钴	^{60}Co	3.7×10^2	3.3×10^{-1}
镍	^{59}Ni	1.1×10^3	1.9×10
锌	^{65}Zn	3.7×10^2	2.2
氪	^{85}Kr	—	3.7×10^2
锶	^{90}Sr	2.6	3.7×10^{-2}
碘	^{131}I	2.2×10	3.3×10^{-1}
氙	^{131}Xe	—	3.7×10^2
铯	^{137}Cs	3.7×10	3.7×10^{-1}
氡	^{220}Rn[②]	—	1.1×10
	^{222}Rn[②]	—	1.1
镭	^{226}Ra	1.1	1.1×10^{-3}
铀	^{235}U	3.7×10	3.7×10^{-3}
钍	^{232}Th	3.7×10^{-1}	7.4×10^{-3}

① 露天水源的限制浓度值是为广大居民规定的,其他人员也适用此标准。放射性工作场所空气中的最大容许浓度值是为职业放射性工作人员规定的,工作时间每周按 40h 计算。

② 矿井下 ^{222}Rn 子体或 ^{220}Rn 子体的 α 潜能值不得大于 4×10^4 MeV/L。

放射性同位素在放射性工作场所以外地区空气中的限制浓度,按表 8.2 中放射性工作场所空气中的最大容许浓度乘以表 8.3 所列比值控制。

表 8.3　比值控制

放射性同位素	比值	
	放射性工作场所相邻及附近地区	广大居民区
^{3}H、^{35}S、^{41}Ar、^{85}Kr、^{131}Xe	1/30	1/300
^{14}C、^{55}Fe、^{59}Ni、^{65}Zn、^{90}Sr、^{226}Ra	1/30	1/200
其他同位素	1/30	1/100

二、电场、磁场、电磁场（1Hz～300GHz）的公众暴露控制限值

为控制电场、磁场、电磁场所致公众暴露，环境中电场、磁场、电磁场场量参数的方均根值应满足表 8.4 要求。

表 8.4　公众曝露控制限值

频率范围	电场强度 E /（V/m）	磁场强度 H/（A/m）	磁感应强度 B/μT	等效平面波功率密度 S_{eq}/（W/m²）
1～8Hz	8000	$32000/f^2$	$40000/f^2$	—
8～25Hz	8000	$4000/f$	$5000/f$	—
0.025～1.2kHz	$200/f$	$4/f$	$5/f$	—
1.2～2.9kHz	$200/f$	3.3	4.1	—
2.9～57kHz	70	$10/f$	$12/f$	—
57～100kHz	$4000/f$	$10/f$	$12/f$	—
0.1～3MHz	40	0.1	0.12	4
3～30MHz	$67/f^{1/2}$	$0.17/f^{1/2}$	$0.21/f^{1/2}$	$12/f$
30～3000MHz	12	0.032	0.04	0.4
3000～15000MHz	$0.22f^{1/2}$	$0.00059f^{1/2}$	$0.00074f^{1/2}$	$f/7500$
15～300GHz	27	0.073	0.092	2

注：1. 0.1MHz～300GHz 频率，场量参数是任意连续 6 分钟内的方均根值。

2. 100kHz 以下频率，须同时限制电场强度和磁感应强度；100kHz 以上频率，在远场区，可以只限制电场强度或磁场强度，或等效平面波功率密度，在近场区，需同时限制电场强度和磁场强度。

3. 架空输电线路线下的耕地、园地、牧草地、畜禽饲养地、养殖水面、道路等场所，其频率 50Hz 的电场强度控制限值为 10kV/m，且应给出警示和防护指示标志。

对于脉冲电磁波，除满足上述要求外，其功率密度的瞬时峰值不得超过表 8.4 中所列限值的 1000 倍，或场强的瞬时峰值不得超过表 8.4 中所列限值的 32 倍。

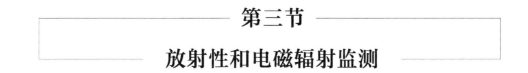

第三节　放射性和电磁辐射监测

一、放射性监测的目的、任务

放射性监测的任务是对某环境地区（或人体）中放射性污染物量、空间照射量或电离辐射剂量进行周期或连续的测定，目的是保护专业人员和公众健康，确定民众日常的受辐照剂

量并与有关标准相对照，判定放射性污染程度，监督和控制生产或应用放射性物质的单位的不合法排放，把握环境放射性物质积累的倾向。

1. 放射性环境监测的对象

① 现场监测。即对放射性生产或应用单位内部工作区域进行监测。

② 个人剂量监测。即对专业工作人员或公众做内照射和外照射的剂量监测。

③ 环境监测。即对从事放射性生产或应用单位的外部环境，包括空气、水、土壤、生物等进行监测。

2. 放射性环境监测的目的

① 获取区域内辐射背景水平，积累辐射环境质量历史监测数据；掌握区域辐射环境质量状况和变化趋势；判断环境中放射性污染及其来源；报告辐射环境质量状况。

② 持续开展定时、定点的环境质量监测，掌握区域内辐射环境背景数据，可以为环境辐射水平和公众剂量提供评价依据，在评判核或辐射突发事故/事件（包括境外事故/事件）对公众和环境影响时提供必不可少的对比参考依据。

3. 放射性环境监测的内容

对于被监测的具体放射性核素来说，放射性监测内容为定量测量、定性鉴定和计量监测。主要包括：

① 测量放射源活度；

② 判定射线类型；

③ 测定放射源半衰期；

④ 测定射线能量；

⑤ 测量放射源周围环境空间的照射量和个体所受到的剂量。

二、放射性化学分析的特点

放射性化学分析技术是放射性监测的重要手段，其特点如下。

① 所分析的放射性物质在环境样品中含量非常少，常处于超微量状态，从而发生所谓"低浓度效应"。这些物质常存在于胶体颗粒中或被吸附于溶液胶体颗粒和容器壁上，致使在离心或转换容器的操作中，也会发生放射性核素丢失的现象。此外，当核素在溶液中处于超微量状态时，某些化学平衡会出现异常，给分离操作带来困难。

② 放射性核素会随时间发生衰变和增长，因此分析样品时核素的放射性随时间而变化，其强度是不固定的，故在放射性化学分析时必须考虑时间因素。

③ 在放射性化学分析中，对所分析的放射性核素通常不要求做定量分离，只要求准确地知道放射性核素被分离的份额，但有较高的放射性去污要求（尽量除去干扰元素）。

④ 当分析样品中放射性核素超过一定限度时，电离辐射会对人体产生危害，因此从事放化分析，应设有必要的防护措施。

三、放射化学分离方法

环境中放射性物质质量分数较小,只有将其富集、分离,才能方便分析监测,放射性化学分离方法如下。

(1) 共沉淀法

当溶液中的常量(载体)物质被沉淀时,微量(超微量放射性核素)物质能够随之一起沉淀下来,称共沉淀。包括:晶型共沉淀、吸附共沉淀、有机化合物共沉淀。

(2) 萃取法

根据被分离元素或化合物在两互不溶解溶剂之间的溶解度不同这一特性,将被分离的元素或化合物从一种溶剂萃取到另一种溶剂中的分离方法。

(3) 色层法

利用表面积大的固定相和与固定相不相混合的流动相的相间作用,使混合物在两相之间反复进行吸附(分配)和脱附(洗脱),从而达到分离的方法。

按流动相分,有气相色层法、液相色层法;按固定相分,有吸附色层(固体)法和分配色层法(液体)。

(4) 电化学法

电动势低的金属元素(或化学性质活泼的元素)可取代电动势高的元素,而使后者还原成金属态。分为需外加电源的电解法和无需外加电源的内电解法(自电镀法)。

(5) 中子活化法

通过核行为的改变,进行放射性化学分析的方法。

中子活化法是将稳定性同位素或不适于放射性测量的同位素,经过中子、质子、α粒子、光子等粒子在原子反应堆中的照射,使其产生放射性同位素并对其进行测量。包括热中子活化、共振中子活化和快中子活化。

中子活化法优点是灵敏度高,分析元素多,可进行非破坏性测定,能消除放射性化学分析中试剂污染,同一样品可进行多种粒子测定,方法简便快速。缺点是不易普及。

(6) 其他方法

如蒸馏法、核反冲法和放射性同位素交换分离法等。

四、放射性样品的采集

(一) 放射性采样点的布设

通常在该企业可能影响到的地区,约 80km 范围内布设采样点。采用以企业源为中心,按 22.5°或 45°划分若干扇形区,在距源 1km、2km、3km、5km、8km、10km、15km、20km、30km、50km、80km 处分别随机设置采样点的扇形布点法和将监测区分成 20m×20m 的网格,随机采样布点的网格法。

(二) 采样和监测频率

根据环境受污染的情况,常规监测可每年 2 次或每季度 1 次。

若监测排放对环境污染状况时，根据排放后变化情况、放射性核素的半衰期、环境介质稳定情况及统计学的要求确定监测频率。如放射性核素半衰期短，则采样频率应高，可连续采样或每日采样一次；而对长半衰期的放射性核素，测量频率可以减小，且可将几次采集的样品混合，进行二次测定。

（三）放射性样品采集方法

1. 样品采集的基本原则

① 必须按照事先制定好的采样程序进行。
② 样品具有代表性的同时，应避开下列因素的影响：
a. 天然放射性物质可能浓集的场合；
b. 建筑物的影响；
c. 降水冲刷和搅动的影响；
d. 产生大量尘土的情况；
e. 河流的回水区；
f. 靠近岸边的水；
g. 不定型的植物群落。
③ 采样时参数记载必须齐备，如采样点附近的环境参数、样品性状描述参数以及采样日期和经手人等。
④ 采样频率要合理。根据污染源的稳定性、待分析核素的半衰期以及特定的监测目的来确定采样频率。
⑤ 采样范围确定由源项单位的运行规模和可能的影响区域决定。对于核设施，采样范围应与其环境影响报告的范围相一致；对于放射性同位素及伴生放射性矿物资源的应用实践，采样应在排出流的排放点附近进行。
⑥ 采样量要依据分析目的及分析方法确定，现场采集时要留出余量。
⑦ 样品要妥善保管，防止损失、被污染及交叉污染。

2. 空气取样

① 空气取样时，取样元件对待取样空气的运动方式有主动流气式或被动吸附式。采用主动流气式时，对流量误差必须予以控制。取样前，要校准流量器件，对整个取样系统的密封性进行检验；采用被动吸附式时，取样材料要放在空气流动不受限制、湿度不太大的地方，并对取样现场的平均温度和湿度进行记录。
② 为确保取样效率稳定，采用主动流气式取样时，取样气流要稳定，要防止取样材料阻塞或使取样材料达到饱和而出现穿透现象；采用被动吸附式取样时，要注意湿度对取样效率的影响，必要时需进行湿度修正。

3. 沉降物的收集

① 沉降物的布点。对于特定的核设施，沉降物收集器应布放在主导风向的下风向，沉降物要定期收集并对其活度和核素种类进行分析。监测大范围放射性沉降，收集器应多布放几

个，布放成收集网。

② 采集大气沉降物时，应使用合适的取样设备，防止已收集的样品再悬浮，并尽量减小地面再悬浮物的干扰。

③ 大气沉降物取样频率视沉降物中放射性核素活度变化的情况而定。

④ 进行大气沉降取样时，必须同时记录气象资料。

4. 水样采集

① 若放射性液体排出流的排放量和质量浓度变化较大，则应在排出流排放口采用连续正比取样装置采集样品。

在江、河、湖等放射性流出物的受纳水体采集地表水时，要避免取近水面上的悬浮物和水底的沉渣。

对于大型流动水体应在不同断面和不同深度上采集水样。

取海水样时，河口淡水、交混水和远离河口的海水应分别采集。

② 采样管路和容器先要用待取水样冲刷数次。

③ 为防止因化学或生物作用使水中核素质量浓度发生变化，对采集到的水样必须进行预处理。预处理和保管水样应考虑如下因素：

a. 在低质量浓度时，某些核素可能会被器皿构成材料中的特定元素交换；

b. 容器及取样管路中的藻类植物可以吸收溶液中的放射性核素；

c. 酸度较低时，放射性核素可能会被器皿构成材料中的特定元素交换；

d. 酸度过高时，可使悬浮粒子溶解，使可溶性放射性核素质量浓度增加；

e. 加酸会使碘的化合物变成元素状态的碘，引起挥发；

f. 酸可以引起液体闪烁液产生猝灭现象，使低能 β 分析失败。

5. 水底沉积物取样

为评价不溶性放射性物质的沉积情况，应对放射性排出流受纳水体的沉积物进行定期取样和分析。

采样时间最好在春汛前。采用合适的工具和方法，确保不同浓度的样品彼此不受干扰。采样同时记录水体情况；采集的沉积物样品应及时进行适宜温度下的烘干处理。

6. 土壤样品的采集

为调查土壤中天然放射性水平，确定核设施运行对其周围土壤的污染情况及评价核事故对土壤的污染情况，需采集并分析土壤样品。

① 针对分析目的，选定合适的采样方法。对于天然放射性水平调查，要取能代表土壤的样品。表层的浮土应铲除。调查人工放射性元素的沉降污染，必须采集表层土壤；评价液体排出流排放点附近的污染，必须取不同深度的土壤。

② 记录采样点附近自然条件。

③ 土壤样品若需长期保存，必须进行风干处理。

7. 生物样品的采集

① 对于确定的源项单位，需要采样的生物样品种类决定了当地的环境条件和评价目的。

为评价对人的影响，要采集与人的食物链有关的生物，并且分析可食部分；进行放射性生态研究还要采集虽不属于人类食物链但能够浓集放射性核素的生物。

② 生物样品要在源项单位液体排放点附近及地面空气中放射性质量浓度最高的地方采样。

③ 生物样品如不能立即分析，必须进行预处理。

（四）样品预处理

为浓集对象核素、去除干扰核素和将样品的物理形态转换成易于进行放射性检测的形态，监测分析前常对样品进行处理。

常用的样品前处理方法有衰变法、有机溶剂溶解法、灰化法、溶剂萃取法、离子交换法和共沉淀法等。

① 衰变法是将样品放置一段时间，使一些短寿命的非对象放射性核素衰变，然后再对样品进行放射性测量。

② 有机溶剂溶解法是采用某种适宜的有机溶剂处理固态样品，使其中所含对象核素得以溶解浸出的方法。所得浸出液可转入测量盘中，用红外灯烘干后进行放射性测量。

③ 灰化法是将固态样品或蒸干水样，放在瓷坩埚内，再置于500℃马弗炉中灰化一定时间，冷却后称灰的质量，并将其部分转入测量盘中，均匀铺样后检测其放射性。

④ 溶剂萃取法是分离极微量放射性核素的常用方法之一。该法达到相平衡所需时间短，分离浓集效率高。

⑤ 离子交换法是目前最重要和应用最广泛的放射化学分离法之一，可用于分离几乎所有的无机离子和许多结构复杂的有机化合物，还特别适用于同族元素分离和超微量组分的分离。

⑥ 共沉淀法是利用对象核素的非放射性同位素或与之性质相近的元素作载体，通过同晶共沉淀过程分离样品中的微量放射性核素。

在环境放射样品的预处理中，常采用氢氧化物吸附共沉淀的方法分离浓集放射性核素。特点是载带效率高，预浓集元素种类多，方法简单，成本便宜，可处理大量样品，并适宜采样现场操作。

五、监测仪器

放射性物质监测最常用的检测器有3类，即电离型检测器、闪烁检测器和半导体检测器，基本原理是基于射线和物质相互作用所产生的各种效应（电离、光、电和热）进行观测和测量。

① 电离检测器是通过收集射线在气体中产生的电离电荷进行测量的，常用的有电离室、正比计数管、盖革-米勒计数管等。

② 在闪烁检测器中，辐射射线与某些荧光物质作用而放出电子，在电子重排过程中以光子的形式释放能量。通过记录荧光闪烁现象，可测量带电粒子α和β，不带电粒子γ及中子射线等，同时也可用于测量射线强度及能谱等。

③ 半导体探测器是将辐射射线吸收在固体半导体中，当辐射射线与半导体晶体相互作用

时将产生电子-空穴对，由于产生电子-空穴对的能量较低，所以该种探测器具有能量分辨率高且线性范围宽的优点。

六、环境中常见放射性核素的监测

铀、钍、镭、氡、钾-40、锶-90、铯-137、碘-131 等 8 种主要放射性核素的测定方法及原理如下。

(一) 铀的测定

环境样品中铀的质量分数很低，需要灵敏度高的分析方法才能测出。如荧光法、分光光度法、激光荧光法等。

荧光法测铀：铀酰盐与氟化钠在适宜的温度下熔融，制成熔珠，在一定波长的紫外线照射下产生荧光，荧光强度与铀的质量分数成正比关系，据此来测定样品中铀的质量分数。

此方法灵敏度高，用目测法每个熔珠可测到 10^{-8}g 铀，若用荧光仪可测到 10^{-10}g 铀。

分光光度法测铀：六价铀被还原剂锌粒、二氧化硫等还原为四价铀，在盐酸介质中与铀试剂形成稳定的紫红色配合物，在一定的质量浓度范围内，该配合物的色度与铀离子质量浓度呈线性关系，在波长 665nm 处测其吸光度值而确定其质量浓度。

本法精密度小于 10%。

① 水体中铀的测定。直接向水样中添加荧光增强剂，使之与水样中的铀酰离子生成一种配合物，在激光辐射（波长 337nm）激发下产生强烈荧光，荧光强度与水样中铀的质量浓度成正比，采用"标准铀加入法"定量地测定铀。

本法测定范围 0.05~20μg/L，精密度小于 16%。

② 土壤中铀的测定。土壤样品经消化分解后除去有机物，使样品中的铀成为可溶性的无机盐而转入溶液，溶液中的铀酰离子受到激光照射时，便产生一种绿色荧光，当激光强度一定时，荧光强度与溶液中的铀质量浓度成正比，以此进行铀的定量测定。在测量过程中，加入一种灵敏度高、选择性强的液体荧光增强剂，以增强荧光强度，调 pH 和消除溶液中其他离子的干扰。

(二) 钍的测定

在环境样品中，钍的质量分数较小，通常用容量法不能测定，甚至用比色法仍无法测出，因此，常利用钍与某些有机试剂形成有色配合物的原理来测定。如分光光度法等。

① 活性炭吸附法测定钍。在 pH=5 条件下，以活性炭吸附水中微量钍，用 4mol/L 盐酸将钍解吸下来，在 6mol/L 盐酸中用氟化钠消除锆的干扰，以钍试剂Ⅲ显色，进行分光光度测定。

② 甲基磷酸二甲庚酯萃取法。土壤用过氧化钠熔融后，在 1~2mol/L 硝酸介质中，以硝酸盐作盐析剂，在酒食酸存在下，用甲基磷酸二甲庚酯（P_{350}）萃取钍，与干扰元素分离。用醋酸钠溶液反萃取后，在 4mol/L 盐酸溶液中以钍Ⅲ显色，进行分光光度测定。

③ N_{235}-二甲苯萃取法。在盐析剂硝酸铝存在下，三烷基胺（R_3N，通式 N_{235}）与硝酸溶

液中钍的络阴离子发生阴离子交换而萃取钍,然后,利用钍在盐酸介质中不能形成络阴离子的特性,用 7mol/L 盐酸选择性反萃取钍,在掩蔽剂存在下,用铀试剂 III 比色测定。

(三) 镭的测定

在环境样品中镭的质量分数很低,但对高本底地区以及某些工业企业的环境,应有计划地对环境样品中的镭进行测定。

镭的测定,通常是用钡-镭硫酸盐沉淀的原理,将镭从样品中分离出来,加以纯化,然后进行 α 计数测定。另一种方法是通过测定样品中生成 ^{222}Rn 及 α 放射性子体数计算出 ^{222}Ra 的质量分数。

① 氢氧化铁载带射气法测定水中镭。在酸性介质中(pH≤2),以氢氧化铁、碳酸钙为混合载体吸附共沉淀浓集大体积水样中的镭,用盐酸溶解沉淀物,滤液置于扩散瓶中封存一定时间后,将积累的氡转入闪烁室中,用 FD-125 型氡钍分析仪测量 α 放射性,从而计算出镭的质量分数。

② 硫酸盐沉淀射气法。用钡铅作载体,以硫酸盐形式共沉淀水中的镭。将沉淀溶解在碱性 EDTA 溶液中,再以冰醋酸调节溶液 pH=4.5,使镭、钡以硫酸盐形式再沉淀,使铅载体留在溶液里,然后再将沉淀加热溶解于碱性 EDTA 中,转入扩散瓶中,封存 7~14 天后用 FD-125 型氡钍分析以上溶液测量镭的质量分数。

(四) 氡的测定

氡的测量常用闪烁法。将待测的气体或已封存待测水样中的氡气注入内壁涂有硫化锌(银)激活的球型闪烁室中,放置 3h 后,用闪烁计数器测量由氡-222 衰变时所放出的 α 粒子。

(五) 钾-40 的测定

① 原子吸收法。液体试样经喷雾器喷成微小雾滴,其中钾元素在高温火焰中被激发,发射特征谱线,当工作条件(气流、可燃气压力、支持气压力、喷雾速度等)一定时,流谱线强度与样品中钾的质量浓度呈线性关系,利用工作曲线确定其质量浓度。

② 四苯硼钠法。在酸性介质中,四苯硼钠与溶液中钾离子生成晶粒大、溶解度小、具有一定组成的四苯硼钠沉淀。它的分子量比钾的原子量大 10 倍,在 105~120℃以下烘干而不分解,通过沉淀称重来计算钾的质量分数,根据 ^{40}K 在天然钾中占比计算 ^{40}K 的质量分数。

(六) 锶-90 测定

用二-(2-乙基己基)磷酸萃取色层法测定:处于 ^{90}Sr 和 ^{90}Y 平衡的样品,可以采用聚三氟氯乙烯粉(Kel-F)吸附,用不同质量浓度的硝酸将 ^{90}Sr 和 ^{90}Y 分离开来,最后用草酸,在 pH=1.5~2.0 的条件下,生成草酸钇,测其 β 计数,换算成锶-90 放射性活度。

(七) 铯-137 的测定

^{137}Cs 在环境样品中质量分数很小,通常用沉淀法分离,测其 β 计数,计算放射性活度。

用磷钼酸铵法测定。磷钼酸铵（AMP）能溶于碱性溶液中，是很好的碱金属分离剂，利用它将铯与钾分离，最后用碘铋酸钠，在醋酸介质中，形成碘铋酸铯，测定其放射性活度。

（八）碘-131 的测定

对 ^{131}I 常用四氯化碳萃取法分离。在样品中加入碘载体，用碱熔融处理后，经次氯酸钠盐酸羟胺的氧化-还原过程，用硝酸将碘离子氧化成分子状态，用四氯化碳萃取。反萃取在碱性介质中进行，用过氧化氢将碘分子还原为碘离子而进入水相，最后以碘化银形式称重，测 β 放射性，计算放射性活度。

 复习与思考题

1. 放射性的度量单位是什么？
2. 放射性化学分析特点有哪些？
3. 如何进行放射性样品采集？
4. 放射性监测仪器有哪些？其原理是什么？
5. 环境样品中 8 种主要放射性核素测定方法原理是什么？

第九章
环境污染自动监测

应用现代自动控制技术、现代分析手段、先进的通信手段和计算机软件技术，对环境监测的某些指标从样品采集、处理、分析到数据传输与报告汇总的全过程实现自动化的系统称为自动监测系统；应用自动监测系统对需要测定的对象实时连续监测称为自动监测。

环境中污染物的分布和浓度是随时间、空间、气象条件及污染物排放情况等因素的变化而不断改变的，定点、定时人工采样的测定结果不能准确反映污染物的动态变化和预测其发展趋势。为了及时获得污染物质在环境中的动态变化信息，正确评价污染状况，并为研究污染物扩散、转移和转化规律提供依据，必须采用连续自动监测技术。20 世纪 60～70 年代，一些国家和地区开始相继建立常年连续工作的大气污染和水质污染的连续自动监测系统。我国自 20 世纪 80 年代开始建立空气污染连续自动监测站，90 年代开始建立地表水连续自动监测站。目前，环境污染的自动监测系统在大中城市环境监测站及工矿企业得到了越来越广泛的应用。

自动监测技术涵盖多个学科门类，其内涵随着科技发展而不断变化。应用于环境监测的自动监测技术主要有：自动化监测仪表及辅助技术、可编程控制器、计算机自动控制、远程传输、大型数据库、统计分析及预测预报、基于网络技术及多媒体技术的发布系统。利用这些技术可以构建一个较为完整的环境自动监测系统。

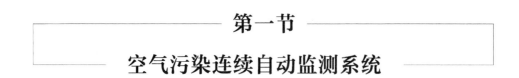

第一节
空气污染连续自动监测系统

一、空气污染连续自动监测系统的组成及功能

空气污染连续自动监测是在监测点位采用连续自动监测仪器对环境空气质量进行连续的样品采集、处理分析的过程。空气污染连续自动监测系统是一套区域性空气质量实时监测网，在严格的质量保证程序控制下连续运行，由一个中心站、若干子站和信息传输系统组成，见

图 9.1。中心站配有功能齐全、存储容量大的计算机,应用软件,收发传输信息的无线电台和打印、绘图、显示仪器等输出设备,以及数据存储设备。其主要功能是:向各子站发送各种工作指令,管理子站的工作;定时收集各子站的监测数据,并进行数据处理和统计检验;打印各种报表,绘制污染物质分布图;将各种监测数据储存到磁盘或光盘上,建立数据库,以便随时检索或调用;当发现污染指数超标时,向污染源行政管理部门发出警报,以便采取相应的对策。监测子站除环境空气质量监测的固定站外,还包括突发性环境污染事故或者特殊环境应急监测用的流动站,如监测车等。子站的主要功能是:在计算机的控制下,连续或间歇地监测预定污染物;按一定时间间隔采集和处理监测数据,并将其打印或短期保存;通过信息传输系统接收中心站的工作指令,并按中心站的要求向其传输监测数据。

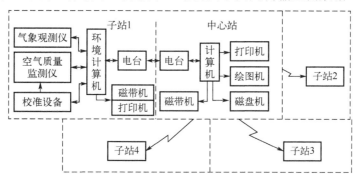

图 9.1 空气质量连续自动监测系统

二、子站布设及监测项目

(一) 子站数目和站位选址

自动监测系统中子站的设置数目取决于监测目的、监测网覆盖区域面积、地形地貌、气象条件、污染程度、人口数量及分布、国家的经济实力等因素,其数目可用经验法或统计法、模拟法、综合优化法确定。对于一个空气质量监测系统,一般来说,监测点位置的选择,应包含以下一些地区:①有预期浓度最高的地区;②人口密度高的、有代表性污染浓度的地区;③重要污染源或污染源类型对环境空气污染水平有冲击影响的地区;④背景浓度水平地区。

(二) 监测项目

监测空气污染的子站监测项目分为基本项目和其他项目。根据 GB 3095—2012 中的规定,基本项目包括:二氧化硫、氮氧化物、一氧化碳、臭氧、可吸入颗粒物和细颗粒物。其他项目则由国务院环境保护行政主管部门根据国家环境管理需求和点位实际情况增加,包括湿沉降、有机物、温室气体、颗粒物组分和特殊组分等。

三、子站内的仪器设备

子站内装备有自动采样和预处理装置、污染物自动监测仪器及其校准设备、气象参数监测仪、计算机及其外围设备、信息收发及传输设备等，见图9.2。

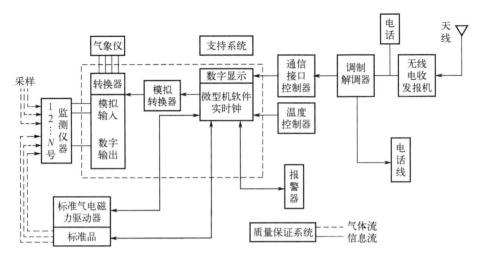

图 9.2　空气污染连续自动监测系统子站内仪器装备示意图

采样系统可采用集中采样和单独采样两种方式。集中采样是在每个子站设一总采样管，由引风机将空气样品吸入，各仪器均从总采样管中分别采样，但总悬浮颗粒物或可吸入颗粒物应单独采样。单独采样系统指各监测仪器分别用采样泵采集空气样品。在实际工作中，多将两种方式结合使用。

校准设备包括校正污染监测仪器零点、量程的零气源和标准气源（如标准气发生器、标准气钢瓶）、标准流量计和气象仪器校准设备等。在计算机和控制器的控制下，每隔一定时间（如 8h 或 24h）依次将零气和标准气输入各监测仪器进行零点和量程校准，校准完毕，计算机给出零值和跨度值报告。

四、空气污染连续自动监测仪器

（一）仪器选型

空气污染连续自动监测仪器是获取准确污染信息的关键设备，必须具备连续运行能力强、灵敏、准确、可靠等性能，一般采用湿法和干法两种方式。湿法的测量原理是库仑法和电导法等，需要大量试剂，存在试剂调整和废液处理等问题，具有操作繁琐，故障率高，维护量大等缺点。干法是基于光学测量的原理，使样品始终保持在气体状态，没有试剂的消耗，具有结构简单，测定准确、可靠，维护量小，一台仪器有时可以测定两种以上组分等特点，因此尽可能地用其代替复杂的湿法仪器。表 9.1 列出了空气污染连续自动监测系统中广泛应用的自动监测仪器，它们都属于技术比较成熟的干法自动监测仪器。

表 9.1　空气污染连续自动监测系统中广泛应用的自动监测仪器

监测项目	监测方法	自动监测仪器
SO_2	紫外荧光光谱法	脉冲紫外荧光 SO_2 自动监测仪、紫外荧光 SO_2 自动监测仪

续表

监测项目	监测方法	自动监测仪器
NO_x	化学发光光谱法	化学发光 NO_x 自动监测仪
CO	非色散红外吸收法	相关红外吸收 CO 自动监测仪或非色散红外吸收 CO 自动监测仪
O_3	紫外吸收法	紫外吸收 O_3 自动监测仪
PM_{10}	β 射线吸收法	β 射线吸收 PM_{10} 自动监测仪
总烃	气相色谱法	气相色谱总烃自动监测仪
SO_2、NO_x、CO、O_3、C_6H_6 等	差分吸收光谱法	差分吸收光谱自动监测仪

（二）二氧化硫自动监测仪

用于连续或间歇自动测定空气中 SO_2 的监测仪器以脉冲紫外荧光 SO_2 自动监测仪应用最广泛，其他还有紫外荧光 SO_2 自动监测仪、电导式 SO_2 自动监测仪、库仑滴定式 SO_2 自动监测仪及比色式 SO_2 自动监测仪等。

1. 脉冲紫外荧光 SO_2 自动监测仪

该仪器是依据荧光光谱法原理设计的干法仪器，具有灵敏度高、选择性好，适用于连续自动监测等特点，被世界卫生组织（WHO）推荐在全球监测系统采用。

（1）荧光法原理

当紫外光（190～230nm）脉冲照射空气样品时，空气中的 SO_2 对其产生强烈吸收，被激发至激发态。激发态的 SO_2 不稳定，返回基态时会发射出波长为 330nm 的荧光。当 SO_2 浓度很低、吸收光程很短时，发射的荧光强度和 SO_2 浓度成正比，用光电倍增管及电子测量系统测量荧光强度，并与标准气发射的荧光强度比较，即可得知空气中 SO_2 的浓度。

该方法测定 SO_2 的主要干扰物质是水分和芳香烃化合物。水的影响一方面是由于 SO_2 溶于水造成损失，另一方面是 SO_2 遇水发生荧光猝灭造成负误差，可用渗透膜渗透法或反应室加热法除去。芳香烃化合物在 190～230nm 紫外光激发下也能发射荧光造成正误差，可用装有特殊吸附剂的过滤器预先除去。

（2）脉冲紫外荧光 SO_2 自动监测仪的工作原理

仪器由荧光计和气路系统两部分组成，如图 9.3 和图 9.4 所示。荧光计的工作原理是：脉冲紫外光源发射的光束在通过激发光滤光片（光谱中心波长 220nm）后获得所需波长的脉冲紫外光，然后射入反应室，与空气中的 SO_2 作用，使其激发而发射荧光。发射的荧光经设在入射光垂直方向上的发射光滤光片（光谱中心波长 330nm），投射到光电倍增管上测其强度，经信号处理，仪器直接显示浓度读数。脉冲光源可将连续光变为交变光，以直接获得交流信号，提高仪器的稳定性。脉冲光源可通过使用脉冲电源或切光调制技术获得。

气路系统的流程是：空气样品经除尘过滤器后，通过采样电磁阀进入渗透膜除湿器、除烃器到达反应室，反应后的干燥气体经流量计测量流量后由抽气泵抽引排出。

仪器日常维护工作主要是定期进行零点和量程校准，定期更换紫外灯、除尘过滤器、渗透膜除湿器和除烃器填料等。

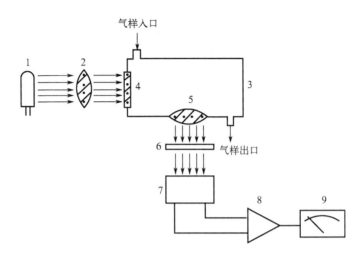

图 9.3　脉冲紫外荧光 SO_2 自动监测仪荧光计
1. 脉冲紫外光源；2、5. 透镜；3. 反应室；4. 激发光滤光片；
6. 发射光滤光片；7. 光电倍增管；8. 放大器；9. 指示表

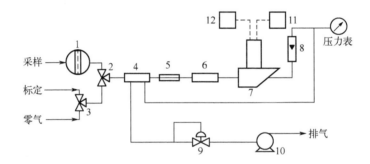

图 9.4　脉冲紫外荧光 SO_2 自动监测仪气路系统
1. 除尘过滤器；2. 采样电磁阀；3. 零气/标定电磁阀；4. 渗透膜除尘器；5. 毛细管；6. 除烃器；
7. 反应室；8. 流量计；9. 调节阀；10. 抽气泵；11. 电源；12. 信号处理及显示系统

2. 电导式 SO_2 自动监测仪

（1）电导法测定空气中二氧化硫的原理

用稀的过氧化氢水溶液吸收空气中的二氧化硫，并发生氧化反应：

$$SO_2 + H_2O \longrightarrow 2H^+ + SO_3^{2-}$$
$$SO_3^{2-} + H_2O_2 \longrightarrow SO_4^{2-} + H_2O$$

生成的硫酸根离子和氢离子，使吸收液电导率增加，其增加值取决于气样中二氧化硫含量，故通过测量吸收液吸收二氧化硫前后电导率的变化，并与吸收液吸收 SO_2 标准气前后电导率的变化比较，便可得知气样中二氧化硫的浓度。

（2）电导式 SO_2 自动监测仪工作原理

该仪器有间歇式和连续式两种类型。间歇式测量结果为采样时段的平均浓度，连续式测量结果为不同时间的瞬时值。电导式 SO_2 连续自动监测仪的工作原理如图 9.5 所示。它有两个电导池，一个是参比电导池，用于测量空白吸收液的电导率（K_1），另一个是测量电导池，用于测量吸收 SO_2 后的吸收液电导率（K_2）。而空白吸收液的电导率在一定温度下是恒定的，因此，通过测量电路测知两种吸收液电导率差值（K_2-K_1），便可得到任一时刻气样中的 SO_2 浓度。也可以通过比例运算放大电路测量 K_2/K_1 来实现对 SO_2 浓度的测定。仪器使用前需用 SO_2 标准气或标准硫酸溶液校准。

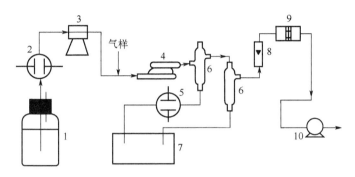

图 9.5　电导式 SO_2 连续自动监测仪的工作原理

1. 吸收液贮瓶；2. 参比电导池；3. 定量泵；4. 吸收管；5. 测量电导池；6. 气液分离器；
7. 废液槽；8. 流量计；9. 滤膜过滤器；10. 抽气泵

为减小电极极化现象，除应用较高频率的交流电压外，还可以采用图 9.6 所示的四电极电导式 SO_2 连续自动监测仪。参比电导池和测量电导池内都有四个电极，当在 E_1、E_2 和 E_3、E_4 两对电极上分别施加一定交流电压时，每对电极间的电压与各自电极间的阻抗成正比，其大小分别由 e_1、e_2 和 e_3、e_4 两对检测电极检出。将两对电极的电压差输入放大器，放大后的输出信号使平衡电机转动，同时带动滑线电阻 R_1 的触点 a 移动，直至电压差为零时，达到平衡状态，则 R_1 上触点 a 移动的距离与二氧化硫的浓度相对应，由与触点 a 同步移动的指针 b 在经过标定的刻度盘上指示出来或用记录仪记录下来。影响仪器测定准确度的因素有温度、可电离的共存物质（如 NH_3、Cl_2、HCl、NO_x 等）、系统的污染等，可采取相应的消除措施。

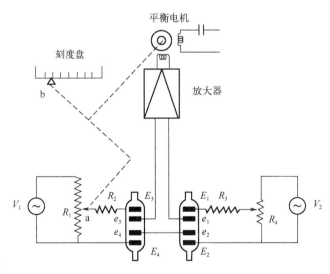

图 9.6　四电极电导式 SO_2 连续自动监测仪

(三) 氮氧化物自动监测仪

连续或间歇自动测定空气中氮氧化物的仪器以化学发光 NO_x 自动监测仪应用最广泛，其他还有原电池库仑滴定式 NO_x 自动监测仪等。

1. 化学发光分析法原理

化学发光分析法基于化学发光反应的原理，即某些化合物分子吸收化学能后，被激发到激发态，再由激发态返回基态时，发射出具有一定波长范围的光，通过测量化学发光强度即可测量物质的浓度。

化学发光反应通常出现在放热化学反应中，可在气相或液相、固相中进行。NO_x 可发生下列几种气相化学发光反应：

$$NO + O_3 \longrightarrow NO_2^* + O_2$$
$$NO_2^* \longrightarrow NO_2 + h\nu$$

式中　NO_2^*——处于激发态的二氧化氮；
　　　h——普朗克常数；
　　　ν——发射光子的频率。

该反应的发射光谱为 600~3200nm，最大强度在 1200nm 处。

$$NO_2 + O\cdot \longrightarrow NO + O_2$$
$$O\cdot + NO + M \longrightarrow NO_2^* + M$$
$$NO_2^* \longrightarrow NO_2 + h\nu$$

该反应发射光谱为 400~1400nm，最大强度在 600nm 处。

$$NO_2 + H\cdot \longrightarrow NO + HO\cdot$$
$$NO + H\cdot + M \longrightarrow HNO\cdot^* + M$$
$$HNO\cdot^* \longrightarrow HNO\cdot + h\nu$$

该反应发射光谱为 600~700nm。

$$NO_2 + h\nu \longrightarrow NO + O$$
$$O + NO + M \longrightarrow NO_2^* + M$$
$$NO_2^* \longrightarrow NO_2 + h\nu$$

该反应发射光谱为 400~1400nm。

在第一种化学发光反应中，以臭氧为反应剂；在第二、第三种反应中，需要用原子氧或原子氢；第四种反应需要特殊光源照射。鉴于臭氧容易制备，使用方便，故目前广泛利用第一种化学发光反应测定空气中的 NO_x，其反应产物的发光强度可用下式表示：

$$I = K\frac{[NO][O_3]}{[M]} \tag{9.1}$$

式中　I——发光强度；
[NO]、[O_3]——NO、O_3 的浓度；
　　　[M]——参与反应的第三种物质浓度，该反应为空气；
　　　K——与化学发光反应温度有关的常数。

如果 O_3 是过量的，而 M 是恒定的，则发光强度与 NO 浓度成正比，这是定量分析的依据。

但是，测定 NO_x 总浓度时，需预先将 NO_2 转化为 NO。

化学发光分析法的特点是：灵敏度高，检出限可达 10^{-9}（体积分数）数量级；选择性好，通过对化学发光反应和发光波长的选择，可消除共存组分的干扰，不经分离便可有效地进行测定；线性范围宽，一般可达 5～6 个数量级。

2. 化学发光 NO_x 自动监测仪

以 O_3 为反应剂的化学发光 NO_x 自动监测仪的工作原理如图 9.7 所示。气路系统分为两部分：一是 O_3 发生气路，即净化空气或氧气经电磁阀、膜片阀、流量计进入 O_3 发生器，在紫外光照射或无声放电作用下，产生 O_3 进入反应室。二是气样经尘埃过滤器进入反应室，在约 345℃和石墨化玻璃碳的作用下，将 NO_2 转化成 NO，再通过电磁阀、流量计到达装有半导体制冷器的反应室。气样中的 NO 与 O_3 在反应室中发生化学发光反应，产生的光经反应室端面上的滤光片获得特征光并照射到光电倍增管上，将光信号转换成与气样中 NO 浓度成正比的电信号，经放大和信号处理后，送入指示、记录仪表，显示和记录测定结果。反应室内化学发光反应后的气体经净化器由泵抽出排放。还可以通过三通电磁阀抽入零气校正仪器的零点。

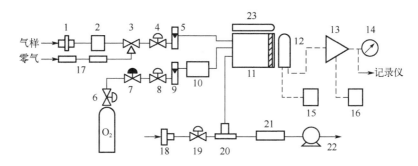

图 9.7 化学发光 NO_x 自动监测仪的工作原理

1，18. 尘埃过滤器；2. $NO_2 \rightarrow NO$ 转化器；3，7. 电磁阀；4，6，19. 针型阀；5，9. 流量计；8. 膜片阀；10. O_3 发生器；11. 反应室及滤光片；12. 光电倍增管；13. 放大器；14. 指示表；15. 高压电源；16. 稳压电源；17. 零气处理装置；20. 三通管；21. 净化器；22. 抽气泵；23. 半导体制冷器

（四）臭氧自动监测仪

连续或间歇自动测定空气中 O_3 的仪器以紫外吸收 O_3 自动监测仪应用最广，其次是化学发光 O_3 自动监测仪。

1. 紫外吸收 O_3 自动监测仪

该仪器是基于 O_3 对 254nm 附近的紫外光有特征吸收的原理，根据吸光度确定空气中 O_3 的浓度。单光路型紫外吸收 O_3 自动监测仪的工作原理如图 9.8 所示。气样和经 O_3 去除器去除 O_3 后的背景气交变地通过气室，分别吸收紫外线光源经滤光器射出的特征紫外光，由光电检测系统测量透过气样的光强 I 和透过背景气的光强 I_0，经数据处理器根据 I/I_0 计算出气样中 O_3 浓度，直接显示和记录消除背景干扰后的测定结果。仪器应定期输入零气、标准气进行零点和量程校正。

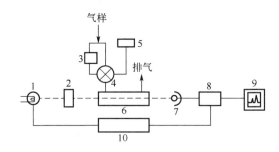

图 9.8 单光路型紫外吸收 O_3 自动监测仪的工作原理
1. 紫外线光源；2. 滤光器；3. O_3 去除器；4. 电磁阀；5. 标准 O_3 发生器；6. 气室；
7. 光电倍增管；8. 放大器；9. 记录仪；10. 稳压电源

双光路型紫外吸收 O_3 自动监测仪的工作原理如图 9.9 所示。当电磁阀 1、3 处于图中的位置时，气样分别同时从电磁阀 1 进入气室 4 和经 O_3 去除器 2 除去 O_3 后从电磁阀 3 进入气室 5，吸收光源射入各自气室的特征紫外光，由光电检测和数据处理系统测量透过气样的光强 I 及透过背景气的光强 I_0，并计算出 I/I_0。当电磁阀切换到与前者相反位置时，则流过气室 5 的是含 O_3 的气样，流过气室 4 的是除 O_3 的背景气，同样可测知 I/I_0。由于仪器已进行过校准，故可以分别得知流过气室 4 和气室 5 气样的 O_3 浓度，仪器显示的读数是二者的平均值，这样将会有效地提高测定精度。电磁阀每隔 7s 切换一次，完成一个循环周期。

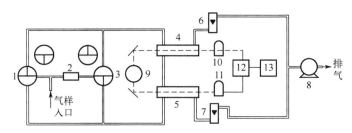

图 9.9 双光路型紫外吸收 O_3 自动监测仪的工作原理
1, 3. 电磁阀；2. O_3 去除器；4, 5. 气室；6, 7. 流量计；8. 抽气泵；9. 光源；
10, 11. 光电倍增管；12. 放大器；13. 数据处理系统

紫外吸收 O_3 自动监测仪操作简便，响应快，最低检出限为 0.0043mg/m^3。

2. 化学发光 O_3 自动监测仪

该仪器的测定原理是基于 O_3 能与乙烯发生气相化学发光反应，即气样中 O_3 与过量乙烯反应，生成激发态甲醛，而激发态甲醛分子瞬间返回基态，放出波长为 300～600nm 的光，峰值波长 435nm，其发光强度与 O_3 浓度成线性关系。化学反光反应式如下：

$$2O_3 + 2C_2H_4 \longrightarrow 2C_2H_4O_3 \longrightarrow 4HCHO^* + O_2$$

$$HCHO^* \longrightarrow HCHO + h\nu$$

上述反应对 O_3 是特效的，SO_2、NO、NO_2、Cl_2 等共存时不干扰测定。

乙烯法化学发光 O_3 自动监测仪的工作原理示于图 9.10。测定过程中需通入四种气体，反应气乙烯由钢瓶供给，经稳压、稳流后进入反应室；空气 A 经活性炭过滤器净化后作为零气抽入反应室，供调节仪器零点；气样经粉尘过滤器除尘后进入反应室；空气 B 经过滤净化进

入标准 O_3 发生器，产生标准浓度的 O_3 进入反应室校准仪器量程。测量时，将三通阀旋至测量挡，气样被抽入反应室与乙烯发生化学发光反应，其发射光经滤光片滤光投至光电倍增管上，将光信号转换成电信号，经阻抗转换和放大器后，送入显示和记录仪表显示，记录测定结果。反应后的废气由抽气泵抽入催化燃烧除烃装置，将废气中剩余乙烯燃烧后排出。为降低光电倍增管的暗电流和噪声，提高仪器的稳定性，还安装了半导体制冷器，使光电倍增管在较低的温度下工作。

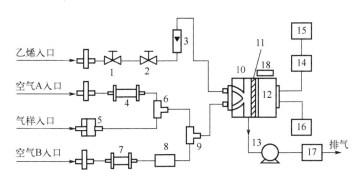

图 9.10　乙烯法化学发光 O_3 自动监测仪的工作原理

1. 稳压器；2. 稳流阀；3. 流量计；4. 活性炭过滤器；5. 进样室；6，9. 三通阀；7. 过滤器；8. 标准 O_3 发生器；10. 反应室；11. 滤光片；12. 光电倍增管；13. 抽气泵；14. 阻抗转换和放大器；15. 显示和记录仪表；16. 高压电源；17. 催化燃烧除烃装置；18. 半导体制冷器

化学发光 O_3 自动监测仪一般设有多挡量程范围，最低检出质量浓度为 $0.005mg/m^3$，响应时间小于 1min，主要缺点是使用易燃、易爆的乙烯[爆炸极限 2.7%～36%（体积分数）]，因此，要特别注意乙烯高压容器漏气。

（五）一氧化碳自动监测仪

连续测定空气中 CO 的自动监测仪以非色散红外吸收 CO 自动监测仪和相关红外吸收 CO 自动监测仪应用最为广泛。

1. 非色散红外吸收 CO 自动监测仪

仪器测定原理基于 CO 对红外线具有选择性吸收（吸收峰在 $4.5\mu m$ 附近），在一定浓度范围内，其吸光度与 CO 浓度之间的关系符合朗伯-比尔定律，故可根据吸光度测定 CO 的浓度。

由于 CO_2 的吸收峰在 $4.3\mu m$ 附近，水蒸气的吸收峰在 $3\mu m$ 和 $6\mu m$ 附近，而且空气中 CO_2 和水蒸气的浓度远大于 CO 浓度，故干扰 CO 的测定。用窄带光学滤光片或气体滤波室将红外辐射限制在 CO 吸收的窄带光范围内，可消除 CO_2 和水蒸气的干扰。还可用从样品中除湿的方法消除水蒸气的影响。

非色散红外吸收 CO 自动监测仪的工作原理如图 9.11 所示。红外线光源经平面反射镜发射出能量相等的两束平行光，被同步电机 M 带动的切光片交替切断。然后，一束通过滤波室（内充 CO_2 和水蒸气，用以消除干扰光）、参比室（内充不吸收红外线的气体，如氮气）射入检测室，这束光称为参比光束，其 CO 特征吸收波长光强不变。另一束光称为测量光束，通过滤波室、测量室射入检测室。由于测量室内有气样通过，则气样中的 CO 吸收了特征红外线，使射入检测室的光束强度减弱，且 CO 含量越高，光强减弱越多。检测室用一金属薄膜（厚 5～10μm）分隔为上、下两室，均充等浓度 CO 气体，在金属薄膜一侧还固定一圆形金属片，距薄膜 0.05～0.08mm，二者组成一个电容器，并在两极间加有稳定的直流电压，这种检测器称为电容检测器或薄膜微音器。由于射入检测室的参比光束强度大于测量光束强度，使两室中的气体温度产生差异，导致下室中的气体膨胀压力大于上室，使金属薄膜偏向固定金属片一方，从而改变了电容器两极间的距离，也就改变了电容，由其变化值即可得知气样中 CO 的浓度。采用电子技术将电容变化转换成电流变化，经放大及信号处理系统后，由经校准的指示表及记录仪显示和记录测量结果。

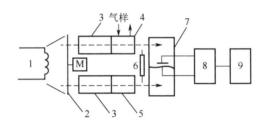

图 9.11 非色散红外吸收 CO 自动监测仪的工作原理
1. 红外线光源；2. 切光片；3. 滤波室；4. 测量室；5. 参比室；6. 调零挡板；
7. 检测室；8. 放大及信号处理系统；9. 指示表及记录仪

仪器连续运行中，需定期通入纯氮气进行零点校准和通入 CO 标准气进行量程校准。

2. 相关红外吸收 CO 自动监测仪

该仪器测定 CO 的原理与非色散红外吸收 CO 自动监测仪相同，只是对仪器部件作了改进，采用了气体滤光器相关技术和固态检测器等，提高了测定准确度和稳定性，其工作原理如图 9.12 所示。

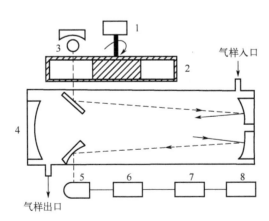

图 9.12 相关红外吸收 CO 自动监测仪的工作原理
1. 电机；2. 气体滤波相关轮；3. 红外线光源；4. 多次反射光程吸收气室；5. 红外检测器；
6. 前置放大器；7. 电子信息处理系统；8. 显示、记录仪表

红外线光源发射的红外线经电机带动的气体滤波相关轮及窄带滤光片进入多次反射光程吸收气室被气样吸收。气体滤波相关轮由两个半圆气室组成，其中一个半圆气室充入纯 CO

气，另一个充入纯 N_2 气，它们以一定频率交替通过入射光，当红外线通过气体滤波相关轮的 CO 气室时，则吸收了全部可被 CO 吸收的红外线，射入多次反射光程吸收气室的光束相当于参比光束；当红外线通过气体滤波相关轮的 N_2 气室时，不吸收光，射入多次反射光程吸收气室的光束相当于测量光束。两束光交替被多次反射光程吸收气室内的气样吸收后，由反射镜反射到红外检测器，将光信号转变成电信号，经前置放大器送入电子信息处理系统进行信号处理后，由显示、记录仪表指示、记录测定结果。多次反射光程吸收气室为一对光进行多次反射的长光程气室，反射 32 次，总光程约 13m，保证有足够的灵敏度。同时仪器也要定期进行零点和量程校准。

（六）总烃自动监测仪

测定空气中总烃的仪器是带有火焰离子化检测器（FID）的气相色谱仪。间歇式总烃自动监测仪的工作原理如图 9.13 所示，在程序控制器的控制下，周期性地自动采样、测定和进行数据处理，显示、记录测定结果，并定期校准零点和量程。鼓泡器用于精密控制气体流量，灭火报警器是为实现无人操作设置的自动切断氢气源的保险装置，积分器用来将测得的瞬时值换算成 1h 平均值。如果测定非甲烷烃，需取与测定总烃同量气样，经除二氧化碳、水分及甲烷以外的烃类装置，测出甲烷含量，则总烃与甲烷含量之差即为非甲烷总烃含量。

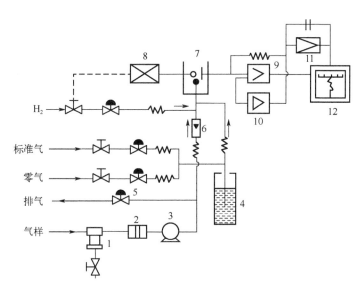

图 9.13 间歇式总烃自动监测仪的工作原理

1. 水分捕集器；2. 滤尘器；3. 气泵；4. 鼓泡器；5. 流量控制阀；6. 流量计；7. FID
8. 灭火报警器；9. 电流放大器；10. 自动校准装置；11. 积分器；12. 记录仪

（七）可吸入颗粒物（PM_{10}）自动监测仪

用于自动测定空气中 PM_{10} 的仪器包括 β 射线吸收 PM_{10} 自动监测仪、石英晶体振荡天平 PM_{10} 自动监测仪及光散射 PM_{10} 自动监测仪。

1. β射线吸收 PM_{10} 自动监测仪

β射线吸收法的原理基于物质对β射线的吸收作用。当β射线通过检测物质时，射线强度衰减程度与所透过物质的质量有关，而与物质的物理、化学性质无关。

β射线吸收 PM_{10} 自动监测仪的工作原理如图9.14所示。它是通过测定清洁滤带（未采集 PM_{10}）和采样滤带（已采集 PM_{10}）对β射线吸收程度的差异来测定所采 PM_{10} 质量。因为采集气样的体积是已知的，故可得知空气中 PM_{10} 浓度。

采集 PM_{10} 的滤带为玻璃纤维滤纸或聚四氟乙烯滤膜；β射线源可用 ^{14}C、^{147}Pm 等低能源；检测器采用脉冲计数管对β射线脉冲进行计数。

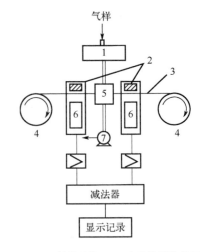

图9.14 β射线吸收 PM_{10} 自动监测仪的工作原理
1. 大粒子切割器；2.射线源；
3. 滤带；4. 滚筒；5. 集尘器；
6. 检测器（脉冲计数管）；7. 抽气泵

设等强度的β射线穿过清洁滤带和采样滤带后的强度分别为 N_0 和 N（脉冲计数），二者的关系为：

$$N = N_0^{-K\Delta m} \tag{9.2}$$

式中 K——质量吸收系数，cm^2/mg；

Δm——采样滤带单位面积上 PM_{10} 的质量，mg/cm^2。

上式可写成如下形式：

$$\Delta m = -\frac{1}{K} \times \frac{\ln N}{\ln N_0} \tag{9.3}$$

设采样滤带采集 PM_{10} 部分的面积为 A，采气体积为 V，则空气中 PM_{10} 质量浓度 ρ 可用下式表示：

$$\rho = \frac{\Delta m A}{V} = \frac{-A}{VK} \times \frac{\ln N}{\ln N_0} \tag{9.4}$$

上式说明当仪器工作条件选定后，空气中 PM_{10} 质量浓度只取决于β射线穿过清洁滤带和采样滤带后的强度，而穿过清洁滤带后的β射线强度是一定的，故 PM_{10} 质量浓度取决于β射线穿过采样滤带后的强度。

已有研究证明，空气中 PM_{10} 的粒度分布呈双峰型，即 $0.1\sim1\mu m$ 有一个峰，$5\mu m$ 附近有一个峰，据此已制出双质量型β射线吸收 PM_{10} 自动监测仪，可同时测出细粒区（$0.1\sim1\mu m$）和粗粒区（$5\sim10\mu m$）PM_{10} 的浓度。

2. 石英晶体振荡天平 PM_{10} 自动监测仪

该仪器以石英晶体谐振器为传感器，其两侧装有励磁线圈，顶端安放可更换滤膜的石英晶体锥形管。励磁线圈为石英晶体谐振器振荡提供激励能量。当含 PM_{10} 的气样流过滤膜时，则 PM_{10} 沉积在滤膜上，使滤膜质量发生变化，导致石英晶体谐振器的振荡频率降低，二者的关系可用下式表示：

$$\Delta m = K_0 \left(\frac{1}{f_1^2} - \frac{1}{f_0^2} \right) \tag{9.5}$$

式中　Δm——滤膜质量增量，即采集的PM_{10}质量；
　　　K_0——由石英晶体谐振器特性和温度决定的常数；
　　　f_0——石英晶体谐振器初始谐振频率；
　　　f_1——滤膜沉积PM_{10}后的石英晶体谐振器振荡频率。

将$\left(\frac{1}{f_1^2} - \frac{1}{f_0^2} \right)$输入信号处理系统，计算出沉积在滤膜上的$PM_{10}$质量，再根据采样流量、采样时环境温度和大气压计算出标准状况下的PM_{10}质量浓度。石英晶体谐振器对空气的湿度比较敏感，需要对气样和振荡天平加热，使之保持50℃的恒温。另外，注意及时更换滤膜。

（八）差分吸收光谱（DOAS）自动监测仪

前面介绍的自动监测仪只能检测一种污染物质，DOAS自动监测仪可测定空气中多种污染物质，已在空气污染自动监测系统中用于SO_2、NO_2、O_3等的测定，具有监测范围广、周期短、响应快、属非接触式测定等优点。DOAS的测定原理基于被测物质对光的选择性吸收，例如：SO_2和O_3对200～350nm波长光有很强的吸收，NO_2在440nm附近差分吸收强烈，CH_2O在340nm及C_6H_6在250nm附近吸收也很明显。CO的吸收主要集中在红外线波段。

图9.15是一种差分吸收光谱自动监测仪的工作原理。仪器由光源、发射和接收系统、光导纤维、光谱仪、检测器、A/D转换器和微型计算机等组成。

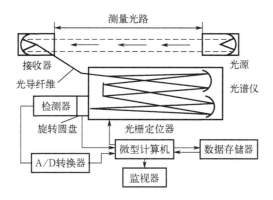

图9.15　差分吸收光谱自动监测仪的工作原理

光源（高压氙灯）发出的光（200～500nm）被凹面镜反射出一束平行光，通过被测空气到达接收器，再被凹面镜反射聚焦在光导纤维的一端，传输至光谱仪分析。光谱仪内有一个受步进电机控制的光栅，步进电机根据微型计算机的指令选择光栅的位置，使经过光栅分光得到的被测物质的特征吸收光被凹面镜反射聚焦于检测器（光电倍增管），产生相应的电信号，经A/D转换器转换成数字信号，输送至微型计算机处理后，得到被测物质的浓度。这种仪器的光源和接收器处于相对位置，还有的将光源和接收器安装在同一侧，在对面安装角反射镜，可使光路长度增加一倍。

五、气象观测

空气污染状况与气象条件有密切关系,因此,在进行污染物质监测的同时,还要进行气象观测。气象观测包括两部分,即地面常规气象观测和梯度气象观测。前者是对地面的气象参数进行观测,观测项目有风向、风速、温度、湿度、大气压、太阳辐射、降水量等。梯度气象观测是在一定高度的气层内观测温度、风向、风速等参数随高度变化情况。大、中城市一般都设置了气象塔,可以连续观测各种气象参数,为分析空气污染发展趋势,研究污染物扩散、迁移规律提供了基础数据。但是,气象部门的资料不是为空气污染监测而收集的,并且观测站往往设在远离城市的郊外,为取得所监测地区的主要气象参数,一般空气自动监测系统的各子站都安装了主要气象参数观测仪器。

第二节
地表水水质自动监测系统

一、地表水水质自动监测系统的组成与功能

地表水水质自动监测是对地表水样品进行自动采集、处理、分析与数据传输的整个过程。建立地表水水质自动监测系统的目的是对江、河、湖、海、渠、库等主要水域重点断面的水质进行连续监测,掌握水质现状及变化趋势,预警或预报水质污染事故,提高科学监管水平。

地表水水质自动监测系统由若干个水质自动监测站和一个远程监控中心组成。水质自动监测站在自动控制系统控制下,有序地开展对预定污染物及水文参数连续自动监测工作,无人值守、昼夜运转,并通过有线或无线通信设备将监测数据和相关信息传输到远程监控中心,接受远程监控中心的监控。远程监控中心设有计算机及其外围设备,实施对各水质自动监测站状态信息及监测数据的收集和监控,根据需要完成各种数据的处理,报表、图件制作及输出工作,向水质自动监测站发布指令等。

二、水质自动监测站的布设及装备

对于水质自动监测站的布设,首先也要调查研究,收集水文、气象、地质和地貌、水体功能、污染源分布及污染现状等基础资料,根据建站条件、环境状况、水质代表性等因素进行综合分析,确定建站的位置、监测断面、监测垂线和监测点。所选取站点的监测结果应能代表监测水体的水质状况和变化趋势。河流监测断面一般选择在水质分布均匀、流速稳定的平直河段,距上游入河口或排污口的距离大于1km,原则上与原有的常规监测断面一致或接近,

以保证监测数据的连续性。湖库断面要有较好的水力交换，所在位置能全面反映监测区域湖库水质真实状况，避免设置在回水区、死水区以及容易造成淤积和水草生长处。

图 9.16 为一种岸边设置的栈桥式固定水质自动监测站示意图。为适应突发性环境污染事故应急监测和特殊环境监测，也需要设置流动监测站，如水质监测船、水质监测车等。

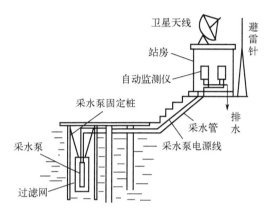

图 9.16　栈桥式固定水质自动监测站示意图

水质自动监测站由采配水单元、自动监测仪单元、自动控制和通信单元、站房及配套设施等组成。

采配水单元是保证整个系统正常运转、获取正确数据的关键部分，必须保证可靠有效，由采水单元、预处理单元和配水单元构成。采水单元包括采水泵、输水管道、排水管道及调整水槽等。采水头一般设置在水面下 0.5～1.0m 处，与水底保持足够的距离，使用潜水泵或安装在岸上的吸水泵采集水样。设计采水方式要因地制宜，如栈桥式、利用现有桥梁式、浮筏式、悬臂式等。

预处理单元为不同监测项目配备预处理装置，在保证水样代表性的前提下，对水样进行一系列处理来消除干扰自动监测仪器的因素，以满足分析仪器对水样的沉降时间和过滤精度等要求并保证分析系统的连续长时间可靠运行。预处理单元包括去除水样中泥沙的过滤、沉降装置，手动和自动管道反冲洗装置及除藻装置等。各部分结合可以到达理想的除砂效果，管路内径、提水流量、流速等满足监测站内仪器分析的需要。

配水单元直接向自动监测仪器供水，其提供的水质、水压和水量均需满足自动监测仪器的要求。配水单元需预留多个仪器扩展接口，方便系统升级使用。各仪器配水管路采用并联采水方式，满足其仪器的需水量。单元设计有正反向清洗泵、计量泵、臭氧除藻等，可以以多种清洗方式结合达到最佳的清洗效果。

自动监测仪单元是水质自动监测系统的核心部分，由满足各检测项目要求的自动监测仪器组成，包括各种污染物连续自动监测仪、自动取样器及水文参数（流量或流速、水位、水向）测量仪等。

自动控制和通信单元包括计算机及应用软件、数据采集及存储设备、有线和无线通信设备等。具有处理和显示监测数据，根据对不同设备的要求进行相应控制，实时记录采集到的异常信息，并将信息和数据传输至远程监控中心等功能。

三、监测项目与监测方法

地表水质监测项目分为常规指标、综合指标和单项污染指标,见表9.2。其中,五项常规指标都要测定,图9.17为水质自动监测站连续自动监测五项常规指标体系示意图。综合指标是反映有机物污染状况的指标,根据水体污染情况,可选择其中一项测定,地表水一般测定高锰酸盐指数。单项污染指标则根据监测断面所在水域水质状况确定。另外,还要测定水位、流速、降水量等水文参数,气温、风向、风速、日照量等气象参数,以及污染物通量等。

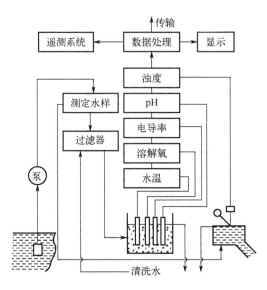

图9.17 水质自动监测站连续自动监测五项常规指标体系示意图

表9.2 地表水质监测项目

监测项目		监测方法
常规指标	水温	铂电阻法或热敏电阻法
	pH	点位法(玻璃电极法)
	电导率	电导电极法
	浊度	光散射法
	溶解氧	隔膜电极法(极谱型或原电池型)
综合指标	化学需氧量(COD)	分光光度法、流动注射-分光光度法、库仑滴定法、比色法等
	高锰酸盐指数(I_{Mn})	分光光度法、流动注射-分光光度法、电位滴定法
	总需氧量(TOD)	高温氧化-氧化锆氧量分析仪法
	总有机碳(TOC)	燃烧氧化-非色散红外吸收法、紫外照射-非色散红外吸收法
	紫外吸收值(UVA)	紫外分光光度法
单项污染指标	总氮	过硫酸钾消解-紫外吸收分光光度法、密闭燃烧氧化-化学发光分析法
	总磷	高温消解-分光光度法
	氨	离子选择电极(氨气敏电极)法、分光光度法、流动注射-分光光度法

续表

	监测项目	监测方法
单项污染指标	氯化物	离子选择电极法
	氟化物	离子选择电极法
	油类	紫外分光光度法、荧光光谱法、非色散红外吸收法

四、水质连续自动监测仪器

(一) 常规指标自动监测仪

五项常规指标的测定不需要复杂的操作程序，已广泛应用的水质五参数自动监测仪是将五种自动监测仪安装在同一机箱内，使用方便，便于维护。

1. 水温自动监测仪

测量水温一般用感温元件如铂电阻或热敏电阻作为传感器。将感温元件浸入被测水中并接入电桥的一个桥臂上；当水温变化时，感温元件的电阻随之变化，则电桥平衡状态被破坏，有电压信号输出，根据感温元件电阻变化值与电桥输出电压变化值的定量关系实现对水温的测量。图 9.18 为水温自动监测仪的工作原理。

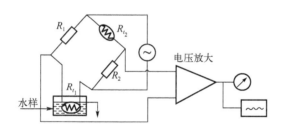

图 9.18 水温自动监测仪的工作原理

2. 电导率自动监测仪

在连续自动监测中，溶液电导率常用自动平衡电桥式电导仪和电流测量式电导仪测量。后者采用了运算放大器，可使读数和电导率成线性关系，其工作原理如图 9.19 所示。

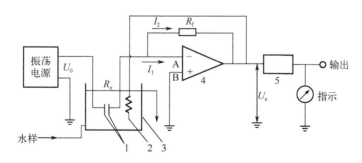

图 9.19 电流测量式电导仪的工作原理
1. 电导电极；2. 温度补偿电阻；3. 电导池；4. 运算放大器；5. 整流器

由图可见，运算放大器有两个输入端，其中 A 为反相输入端，B 为同相输入端，有很高的开环放大倍数。如果把运算放大器输出电压通过反馈电阻 R_f 向反向输入端 A 引入深度负反馈，则运算放大器就变成电流放大器，此时流过 R_f 的电流 I_2 等于流过电导池（电阻 R_x，电导 G_x）的电流 I_1，即

$$G_x = \frac{1}{R_x} = \frac{U_c}{U_0} \times \frac{1}{R_f} \tag{9.6}$$

式中　U_0、U_c——输入电压和输出电压。

由上式可知，当 U_0 和 R_f 恒定时，则溶液的电导（G_x）正比于输出电压（U_c）。反馈电阻 R_f 即为仪器的量程电阻，可根据被测溶液的电导来选择其电阻值。另外，还可将振荡电源制成多挡可调电压供测量选择，以减小极化作用的影响。

3. pH 自动监测仪

图 9.20 为 pH 自动监测仪的工作原理图。它由复合式 pH 玻璃电报、温度自动补偿电极、电极夹、电线连接箱、专用电缆、放大指示系统及微型计算机等组成。为防止电极长期浸泡于水中表面黏附污物，在电极夹上装有超声波清洗装置，定期自动清洗电极。

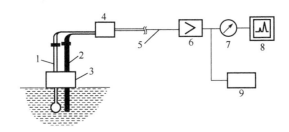

图 9.20　pH 自动监测仪的工作原理
1. 复合式 pH 玻璃电极；2. 温度自动补偿电极；3. 电极夹；4. 电线连接箱；
5. 专用电缆；6. 阻抗转换及放大器；7. 指示表；8. 记录仪；9. 微型计算机

4. 溶解氧自动监测仪

① 隔膜电极法 DO 自动监测仪：隔膜电极法（氧电极法）是通过测定溶解氧浓度或氧分压产生的扩散电流或还原电流来求出溶解氧浓度的方法。因该方法不受水中的 pH、温度、氧化还原物质、色度和浊度的影响而被广泛应用。一般采用两种类型的隔膜电极，一种是原电池型隔膜电极，另一种是极谱型隔膜电极，由于后者使用中性内充液，维护较简便，适用于自动监测系统，图 9.21 为其工作原理图。电极可安装在流通式发送池中，也可浸于搅动的水样（如曝气他）中。该仪器设有清洗系统，定期自动清洗黏附在电极上的污物。

② 荧光光谱法 DO 自动监测仪：用荧光光谱法监测水中溶解氧，可以有效地消除水样 pH 的波动和干扰物质的影响，具有不需要化

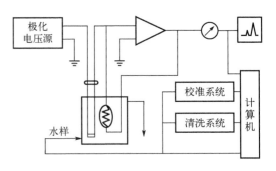

图 9.21　极谱型电极法 DO 自动监测仪工作原理

学试剂、维护工作量小等优点，已用于废（污）水处理连续自动监测。

荧光光谱法 DO 自动监测仪由荧光 DO 传感器、测量和控制器两部分组成。荧光 DO 传感器的工作原理如图 9.22 所示。荧光 DO 传感器的最前端为覆盖一层荧光物质的透明材料的传感器帽，主体内有红色发光二极管（红色 LED）、蓝色发光二极管（蓝色 LED）和光敏二极管、信号处理器等。当蓝色发光二极管发射脉冲光穿过透明材料的传感器帽，照射到荧光物质层时，则荧光物质分子被激发，从基态跃迁到激发态，因激发态分子不稳定，瞬间又返回基态，发射出比照射光波长长的红光。如果氧分子与荧光物质层接触，可以吸收高能荧光物质分子的能量，使红光辐射强度降低，甚至猝灭，也就是说，红色辐射光的最大强度和衰减时间取决于其周围溶解氧的浓度，在一定条件下，二者有定量关系，故通过用发光二极管及信号处理器测量荧光物质分子从被激发到返回基态所需时间即可得知溶解氧的浓度。红色发光二极管在蓝色发光二极管发射蓝光的同时发射红光，作为蓝光激发荧光物质后发射红光时间的参比。荧光 DO 传感器周围的溶解氧浓度越大，荧光物质的发光时间越短，可将溶解氧浓度测定简化为时间的测量。

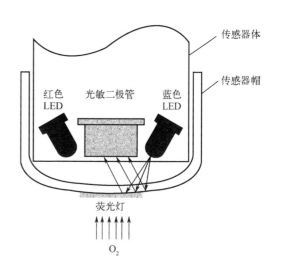

图 9.22　荧光 DO 传感器的工作原理

5. 浊度自动监测仪

图 9.23 为表面散射式浊度自动监测仪的工作原理。被测水样经阀 1 进入消泡槽，去除水样中的气泡后，由槽底经阀 2 进入测量槽，再由槽顶溢流流出。测量槽顶经特别设计，使逆流水保持稳定，从而形成稳定的水面。从光源射入溢流水面的光束被水样中的颗粒物散射，其散射光被安装在测量槽上部的光电转换器接收，转换为电流。同时，通过光导纤维装置导入一部分光源光作为参比光束输入到另一光电转换器（图中未画出），两光电转换器产生的光电流送入运算放大器运算，并转换成与水样浊度成线性关系的电信号，用电表指示或记录仪记录。仪器零点可用通过过滤器的水样进行校准，量程可用浊度标准溶液或标准散射板进行校准。光电转换器、运算放大器应装在恒温器中，以避免温度变化带来的影响。测量槽内污物可采用超声波清洗装置定期自动清洗。

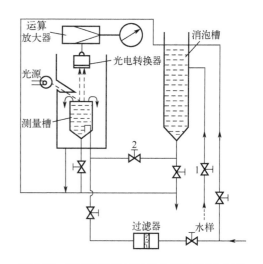

图 9.23　表面散射式浊度自动监测仪的工作原理

（二）综合指标自动监测仪

1. 高锰酸盐指数自动监测仪

有分光光度式和电位滴定式两种高锰酸盐指数自动监测仪，它们都是以高锰酸钾溶液为氧化剂氧化水中的有机物等可氧化物质，通过高锰酸钾溶液消耗量计算出耗氧量（以 mg/L 为单位表示），只是测量过程和测量方式有所不同。

分光光度式高锰酸盐指数自动监测仪分为两种，一种是程序式高锰酸盐指数自动监测仪，另一种是流动注射式高锰酸盐指数自动监测仪。前者是将高锰酸盐指数的标准测定方法操作过程程序化和自动化，用分光光度法确定滴定终点，自动计算高锰酸盐指数的仪器，其测定速度快，试剂用量较大；后者是将水样和高锰酸钾溶液注入流通式毛细管，反应后进入测量池测量吸光度，并换算成高锰酸盐指数的仪器。

流动注射式高锰酸盐指数自动监测仪的工作原理如图 9.24 所示。在自动控制系统的控制下，载流液由陶瓷恒流泵连续输送至反应管道中，当按照预定程序通过电磁阀将水样和高锰酸钾溶液切入反应管道（流通式毛细管）后，被载流液载带，并在向前流动过程中与载流液渐渐混合，在高温、高压条件下快速反应后，经过冷却，流过流通式比色池，由分光光度计测量液流中剩余高锰酸钾对 530nm 波长光吸收后透过光强度的变化值，获得具有峰值的响应曲线，将其峰高与标准水样的峰高比较，自动计算出水样的高锰酸盐指数。完成一次测定后，用载流液清洗管道，再进行下一次测定。

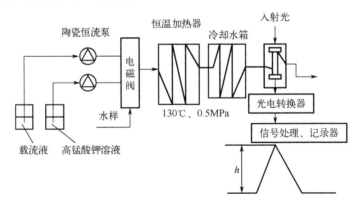

图 9.24　流动注射式高锰酸盐指数自动监测仪的工作原理

电位滴定式高锰酸盐指数自动监测仪与程序式高锰酸盐指数自动监测仪测定程序相同，只是前者是用指示电极系统电位的变化指示滴定终点。

2. 化学需氧量（COD）自动监测仪

这类仪器有流动注射-分光光度式 COD 自动监测仪、程序式 COD 自动监测仪和库仑滴定式 COD 自动监测仪。流动注射-分光光度式 COD 自动监测仪工作原理与流动注射式高锰酸盐指数自动监测仪相同，只是所用氧化剂和测定波长不同。

程序式 COD 自动监测仪基于在酸性介质中，加入过量的重铬酸钾标准溶液氧化水样中的有机物和无机还原性物质，用分光光度法测定剩余的重铬酸钾量，计算出水样消耗重铬酸钾量和 COD。仪器利用微型计算机或程序控制器将量取水样、加液、加热氢化、测定及数据处理等操作自动进行。恒电流库仑滴定式COD自动监测仪也是利用微型计算机将各项操作按预定程序自动进行，只是将氧化水样后剩余的重铬酸钾用库仑滴定法测定，根据消耗电荷量与加入的重铬酸钾总量所消耗的电荷量之差，计算出水样的COD。两种仪器的工作原理示于图9.25。

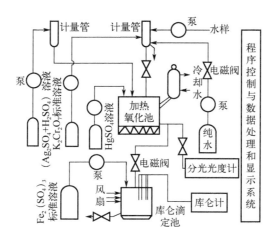

图9.25　程序式COD自动监测仪和恒电流库仑滴定式COD自动监测仪的工作原理

3. 总有机碳（TOC）自动监测仪

这类仪器有燃烧氧化-非色散红外吸收TOC自动监测仪和紫外照射-非色散红外吸收TOC自动监测仪。前者的工作原理在第二章已介绍，但要使其成为间歇式自动监测仪，需要安装自控装置，将加入水样和试剂、燃烧氧化和测定、数据处理和显示、清洗等操作按预定程序自动进行。后者的工作原理是在自动控制装置的控制下，将水样、催化剂（TiO_2悬浮液）、氧化剂（过硫酸钾溶液）导入反应池，在紫外线的照射下，水样中的有机物氧化成二氧化碳和水，被载气带入冷却器除去水蒸气，送入非色散红外气体分析仪测定二氧化碳，由数据处理单元换算成水样的TOC。仪器无高温部件，易于维护，但灵敏度较燃烧氧化-非色散红外吸收法低，其工作原理见图9.26。

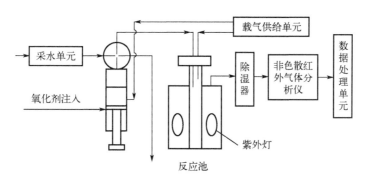

图9.26　紫外照射-非色散红外吸收TOC自动监测仪的工作原理

4. 紫外吸收值（UVA）自动监测仪

由于溶解于水中的不饱和烃和芳香烃等有机物对254nm附近的紫外线有强烈吸收，而无机物对其吸收甚微。实验证明，某些废（污）水或地表水对该波长附近紫外线的吸光度与其

COD 有良好的相关性，故可用来反映有机物的含量。该方法操作简便，易于实现自动测定，目前在国外多用于监控排放废（污）水的水质，当紫外吸收值超过预定控制值时，就按超标处理。

图 9.27 是一种单光程双波长 UVA 自动监测仪的工作原理。由低压汞灯发出约 90%的 254nm 紫外线光束，通过发送池后，聚焦并射到与光轴成 45°的半透射半反射镜上，被分成两束，一束经紫外线滤光片得到 254nm 的紫外线（测量光束），射到光电转换器上，将光信号转换成电信号，它反映了水中有机物对 254nm 紫外线的吸收和水中悬浮物对该波长紫外线吸收及散射而衰减的程度。另一束光成 90°反射，经可见光滤光片滤去紫外线（参比光束）射到另一光电转换器上，将光信号转换为电信号，它反映水中悬浮物对参比光束（可见光）吸收和散射后的衰减程度。假设悬浮物对紫外线的吸收和散射与对可见光的吸收和散射近似相等，则两束光的电信号经差分放大器做减法运算后，其输出信号即为水样中有机物对 254nm 紫外线的吸光度，消除了悬浮物对测定的影响。仪器经校准后可直接显示、记录有机物浓度。

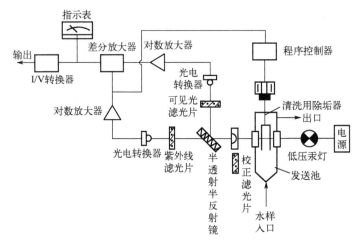

图 9.27 单光程双波长 UVA 自动监测仪的工作原理

（三）单项污染指标自动监测仪

1. 总氮（TN）自动监测仪

这类仪器测定原理是：将水样中的含氮化合物氧化分解成 NO_2 或 NO、NO_3^-，用化学发光分析法或紫外分光光度法测定。根据氧化分解和测定方法不同，有三种 TN 自动监测仪。

① 紫外氧化分解-紫外分光光度 TN 自动监测仪：测定原理是将水样、碱性过硫酸钾溶液注入反应器中，在紫外线照射和加热至 70℃条件下消解，则水样中的含氮化合物氧化分解生成 NO_3^-；加入盐酸溶液除去 CO_2 和 CO_3^{2-} 后，输送到紫外分光光度计，于 220nm 波长处测其吸光度，通过与标准溶液吸光度比较，自动计算出水样中 TN 浓度，并显示和记录。

② 密闭燃烧氧化-化学发光 TN 自动监测仪：将微量水样注入置有催化剂的高温燃烧管中进行燃烧氮化，则水样中的含氮化合物分解生成 NO，经冷却、除湿后，与 O_3 发生化学发光反应，生成 NO_2，测量化学发光强度，通过与标准溶液发光强度比较，自动计算 TN 浓度，并显示和记录。

③ 流动注射紫外分光光度 TN 自动监测仪：利用流动注射系统，在注入水样的载液（NaOH 溶液）中加入过硫酸钾溶液，输送到加热至 150～160℃ 的毛细管中进行消解，将含氮化合物氧化分解生成 NO_3^-，用紫外分光光度法测定 NO_3^- 浓度，自动计算 TN 浓度，并显示、记录。

2. 总磷（TP）自动监测仪

测定总磷的自动监测仪有分光光度式和流动注射式，它们都是基于水样消解时将不同价态的含磷化合物氧化分解为磷酸盐，经显色后测其对特征光（880nm）的吸光度，通过与标准溶液的吸光度比较，计算出水样 TP 浓度。

① 分光光度式 TP 自动监测仪：是一种将手工测定的标准操作方法程序化、自动化的仪器，其原理见图 9.28。

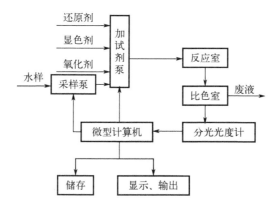

图 9.28　分光光度式 TP 自动监测仪的工作原理

② 流动注射-分光光度式 TP 自动监测仪：仪器的工作原理与流动注射式高锰酸盐指数自动监测仪大同小异，即在自动控制系统的控制下，按照预定程序由载流液（H_2SO_4 溶液）载带水样和过硫酸钾溶液进入毛细管，在 150～160℃ 下消解，水样中各种含磷化合物被氧化分解，生成磷酸盐，和加入的酒石酸锑氧钾-钼酸铵溶液进入显色反应管，发生显色反应，生成黄色磷钼杂多酸，再加入抗坏血酸溶液，使之生成磷钼蓝，输送到流通式比色池。测定其对 880nm 波长光的吸光度，由数据处理系统通过与标准溶液的吸光度比较。自动计算水样 TP 浓度，并显示、记录。

3. 氨氮自动监测仪

按照仪器的测定原理，有分光光度式和氨气敏电极式两种氨氮自动监测仪。

① 分光光度式氨氮自动监测仪：这类仪器有两种类型，一种是将手工测定的标准方法（水杨酸-次氯酸盐分光光度法或纳氏试剂分光光度法）操作程序化和自动化的氨氮自动监测仪，即在自动控制系统的控制下，按照预定程序自动采集水样送入蒸馏器，加入氢氧化钠溶液，加热蒸馏，使水样中的离子态氨转化成游离氨，进入吸收池被酸（硫酸或硼酸）溶液吸收后，送到显色反应池，加入显色剂（水杨酸-次氯酸溶液或纳氏试剂）进行显色反应，待显色反应完成后，再送入比色池测其对特征波长（前一种显色剂为 697nm，后一种显色剂为 420nm）光的吸光度，通过与标准溶液的吸光度比较，自动计算水样中氨氮浓度，并显示、记录。测定

结束后，自动抽入自来水清洗测定系统，转入下一次测定，一个周期需要 60min。另一种类型是流动注射-分光光度式氨氮自动监测仪，其工作原理如图 9.29 所示。在自动控制系统的控制下，将水样注入由蠕动泵输送来的载流液（NaOH 溶液）中，在毛细管内混合并进行富集后，送入气液分离器的分离室，释放出的氨气透过透气膜，被由恒流泵输送至另一毛细管内的酸碱指示剂（溴百里酚蓝）溶液吸收，发生显色反应，将显色溶液送入分光光度计的流通比色池，用光电检测器测其对特征光的吸光度，获得吸收峰高，通过与标准溶液吸收峰高比较，自动计算出水样的氨氮浓度。仪器最短测定周期为 10min，水样不需要预处理。

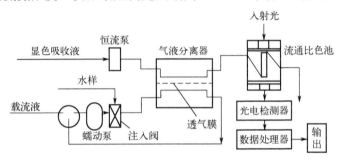

图 9.29 流动注射-分光光度式氨氮自动监测仪的工作原理

② 氨气敏电极式氨氮自动监测仪（图 9.30）：在自动控制系统的控制下，将水样导入测量池，加入氢氧化钠溶液，则水样中的离子态氨转化成游离氨，并透过氨气敏电极的透气膜进入电极内部溶液，使其 pH 发生变化，通过测量 pH 的变化并与标准溶液 pH 的变化比较，自动计算水样氨氮浓度。仪器结构简单，试剂用量少，测量浓度范围宽，但电极易受污染。

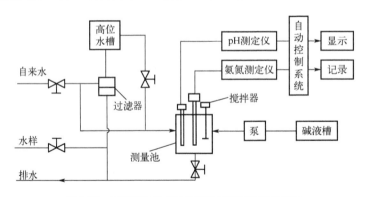

图 9.30 氨气敏电极式氨氮自动监测仪的工作原理

五、水质监测船

水质监测船是一种水上流动的水质分析实验室，它用船作运载工具，装上必要的监测仪器、相关设备和实验材料，可以灵活地开到需要监测的水域进行监测工作，以弥补固定监测站的不足；可以方便地寻找追踪污染源，进行污染物扩散、迁移规律的研究；可以在大水域范围内进行物理、化学、生物、底质和水文等参数的综合观测，取得多方面的数据。在水质监测船上，一般装备有水体、底质、浮游生物等采样系统或工具，固定监测站和水质分析实验室中必备的分析仪器、化学试剂、玻璃仪器及相关材料、水文、气象参数测量仪器及其他辅助设备和设施，如标准源、烘箱、冰箱、实验台、通风及生活设施等，还备有浸入式多参数水质监测仪，可以垂直放入水体不同深度，同时测量 pH、水温、溶解氧、电导率、氧化还原电位和浊度等参数。

第三节　污染源连续自动监测系统

在企业固定污染源防治设施和城市污水处理厂，安装连续自动监测系统的目的有两个：一是跟踪监测处理后的废（污）水、废气是否达到排放标准；二是及时为优化处理过程的控制参数提供依据，保证废（污）水、废气处理设施始终处于正常运行状态。

一、水污染源连续自动监测系统

（一）水污染源连续自动监测系统的组成

水污染源连续自动监测系统由流量计、自动采样器、污染物及相关参数自动监测仪、数据采集及传输设备等组成，是水污染源防治设施的组成部分。这些仪器的主机安装在距离采样点不大于 50m、环境条件符合要求、具备必要的水电设施和辅助设备的专用房屋内。

数据采集、传输设备用于采集各自动监测仪测得的监测数据，经数据处理后，进行存储、记录和发送到远程监控中心，通过计算机进行集中控制。并与各级环境保护管理部门的计算机联网实现远程监管，提高了科学监管能力。

（二）废（污）水处理设施连续自动监测项目

对于不同类型的水污染源，各个国家都制定了相应的排放标准，规定了排放废（污）水中污染物的允许浓度。我国已颁布了 30 多种废（污）水排放标准，标准中要求控制的污染物项目有些是相同的，有些是行业特有的，要根据不同行业的具体情况，选择那些能综合反映污染程度、危害大，并且有成熟的连续自动监测仪的项目进行监测，对于没有成熟的连续自动监测仪的项目，仍需要手工分析。目前，废（污）水主要连续自动监测的项目有：pH、氧化还原电位（ORP）、溶解氧（DO）、化学需氧量（COD）、紫外吸收值（UVA）、总有机碳（TOC）、总氮（TN）、总磷（TP）、浊度（Tur）、污泥浓度（MLSS）、污泥界面（SI）、流量（Q）、水温（T）、废（污）水排放总量及污染物排放总量等，见图 9.31。其中，COD、UVA、TOC 都是反映有机物污染的综合指标，当废（污）水中污染物成分稳定时，三者之间有较好的相关性。因为 COD 监测法消耗试剂量大，监测仪器比较复杂，易造成二次污染，故应尽可能使用不外加试剂、仪器结构简单的 UVA 连续自动监测仪测定，再换算成 COD。

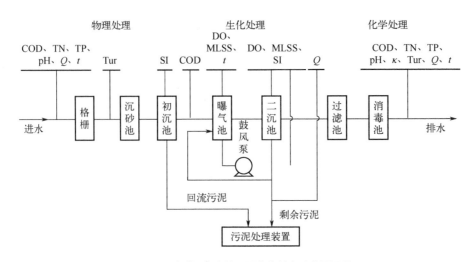

图 9.31　废（污）水处理设施连续自动监测项目

COD：化学需氧量；TN：总氮；TP：总磷；DO：溶解氧；Tur：浊度；
κ：电导率；SI：污泥界面；MLSS：污泥浓度；Q：流量；t：温度

企业排放废水的监测项目要根据其所含污染物的特征进行增减，如钢铁、冶金、纺织、煤炭等工业废水需增测汞、锡、铅、铬、砷等有害金属化合物和硫化物、氰化物、氟化物等有害非金属化合物。

（三）监测方法和监测仪器

pH、溶解氧、化学需氧量、总有机碳、UVA、总氮、总磷、浊度的监测方法和自动监测仪器与地表水连续自动监测系统相同，但是，废（污）水的监测环境较地表水恶劣，水样进入监测仪器前的预处理系统往往比地表水复杂。

污染物排放总量是根据监测仪器输出的浓度信号和流量计输出的流量信号，由监测系统中的负荷运算器进行累积计算得到，可输出 TP、TN、COD 的 1h 排放量、1h 平均浓度、日排放量和日平均浓度。这些数据由显示器显示，打印机打印和送到存储器储存，并利用数据处理和传输设备进行信号处理，输送到远程监控中心。

二、烟气连续排放监测系统（CEMS）

烟气连续排放监测系统（continuous emission monitoring system，CEMS）是指对固定污染源排放烟气中污染物浓度及其总量和相关排气参数进行连续自动监测的仪器设备。通过该系统跟踪测定获得的数据：一是用于评价排污企业排放烟气污染物浓度和排放总量是否符合排放标准，实施实时监管；二是用于对脱硫、脱硝等污染治理设施进行监控，使其处于稳定运行状态。《固定污染源烟气（SO_2、NO_x、颗粒物）排放连续监测技术规范》（HJ 75—2017）和《固定污染源烟气（SO_2、NO_x、颗粒物）排放连续监测系统技术要求及检测方法》（HJ 76—2017）中，对 CEMS 的组成、技术性能要求、检测方法及安装、管理和质量保证等都作了明确规定。

(一) CEMS的组成及监测项目

CEMS由颗粒物监测单元、气态污染物（SO_2、NO_x）监测单元、烟气参数监测单元、大气压力监测单元（可选）、数据采集与处理单元组成，见图9.32。

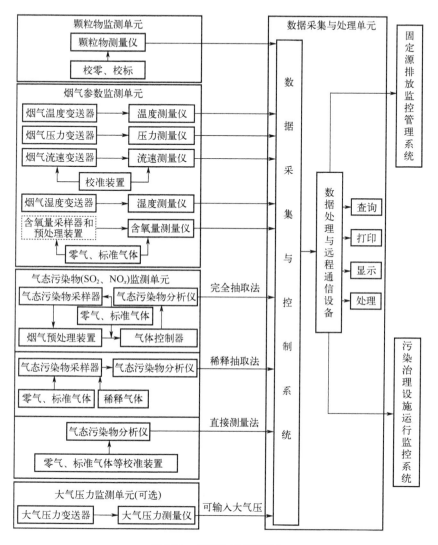

图9.32 CEMS组成示意图

CEMS监测的主要污染物有：二氧化硫、氮氧化物和颗粒物。监测的主要烟气参数有：含氧量、湿度、流量(或流速)、温度和压力等。同时计算烟气中污染物排放速率和排放量，显示和记录各种数据和参数，形成相关图表，并通过数据、图文等方式传输至管理部门。

(二) 烟气参数的测量

烟气温度、压力、流量（或流速）、含氧量、含湿量及大气压都是计算烟气污染物浓度及其排放总量需要的参数。

温度常用热电偶温度仪或热电阻温度仪测量。流量（或流速）常用皮托管流速测量仪或超声波测速仪、靶式流量计测量。烟气压力可由皮托管流速测量仪的压差传感器测得。含湿量常用测氧仪测定烟气除湿前、后含氧量计算得知，也可以用电容式传感器湿度测量仪测得。含氧量用氧化锆氧分析仪或磁氧分析仪、电化学传感器氧量测量仪测量。大气压用大气压计测量。

（三）颗粒物（烟尘）自动监测仪

烟尘的测定方法有浊度法、光散射法、β 射线吸收法等。使用这些方法测定时，烟气中其他组分的干扰可忽略不计，但水滴有干扰，不适合在湿法净化设备后使用。

1. 浊度法

浊度法测定烟尘的原理基于烟气中颗粒物对光的吸收。图 9.33 是一种双光程浊度仪测定原理图。光源和检测器组合件安装在烟囱的左侧，反光镜组合件安装在烟囱的右侧。当被斩光器调制的入射光束穿过烟气到达反光镜组合件时，被角反射镜反射后再次穿过烟气返回到检测器，根据用测定烟尘的标准方法对照确定的烟尘浓度与检测器输出信号间的关系，经仪器校准后即可显示、输出实测烟气的烟尘浓度。仪器配有空气清洗器，以保持与烟气接触的光学镜片（窗）清洁。仪器经过改进，调制、校准及光源的参比等功能用特种 LCD 材料来实现，使整个系统无运动部件，提高了稳定性。LCD 材料具有通过改变电压可以改变其通光性的特点。

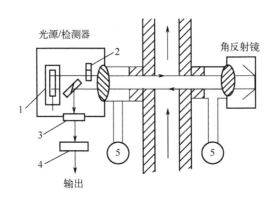

图 9.33 双光程浊度仪测定原理图
1. 光源；2. 斩光器；3. 检测器；4. 信号处理器；5. 空气清洗器

2. 光散射法

光散射法基于颗粒物对光的散射作用，通过测量偏离入射光一定角度的散射光强度，间接测定烟尘的浓度。根据散射光偏离入射光的角度不同，其监测仪器有后散射烟尘监测仪、边散射烟尘监测仪和前散射烟尘监测仪。图 9.34 是一种探头式后散射烟尘监测仪的测定原理图。将它安装在烟囱或烟道的一侧，用经两级过滤器处理的空气冷却和清扫光学镜窗口；手工采样利用重量法测定烟气中烟尘的浓度。建立与仪器显示数据的相关关系，并用数字电子技术实现自动校准。

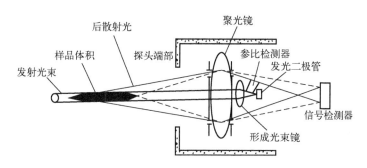

图 9.34　探头式后散射烟尘监测仪的测定原理图

光散射法比浊度法灵敏度高，仪器的最小测定范围与光路长度无关，特别适用于低浓度和小粒径颗粒物的测定。

（四）气态污染物的测定

烟气具有温度高、含湿量大、腐蚀性强和含尘量高的特点，监测环境恶劣，测定气态污染物需要选择适宜的采样、预处理方式及自动监测仪。

1. 采样方式

连续自动测定烟气中气态污染物的采样方式分为抽取采样法和直接测量法。抽取采样法又分为完全抽取采样法和稀释抽取采样法，直接测量法又分为内置式测量法和外置式测量法。

（1）完全抽取采样法

完全抽取采样法是直接抽取烟囱或烟道中的烟气，经处理后进行监测，其采样系统有两种类型，即热-湿采样系统和冷凝-干燥采样系统。

热-湿采样系统适用于高温条件下测定的红外或紫外气体分析仪，其采样和预处理系统流程示意于图 9.35。它由带过滤器的高温采样探头、高温条件下运行的反吹清扫系统、校准系统及气样输送管路、采样泵、流量计等组成。仪器要求从采样探头到分析仪器之间所有与气体介质接触的组件均采取加热、控温措施，保持高于烟气露点温度，以防止水蒸气冷凝，造成部件堵塞、腐蚀和分析仪器故障。压缩空气沿着与气流相反的方向反吹过滤器，把过滤器孔中滞留的颗粒物吹出来，避免堵塞。反吹周期视烟气中颗粒物的特性和浓度而定。

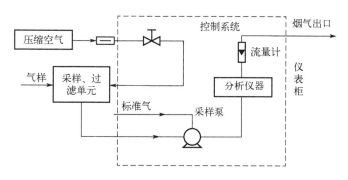

图 9.35　热-湿采样系统采样和预处理系统流程

冷凝-干燥采样系统是在烟气进入监测仪器前进行除颗粒物、水蒸气等净化、冷却和干燥处理。如果在采样探头后，距离烟囱或烟道尽可能近的位置安装处理装置，称为预处理采样法，具有输送管路不需要加热、能较灵活地选择监测仪器和按干烟气计算排放量等优点，但维护不够方便，且传输距离较远时仍然会使气样浓度发生变化。如果在进入监测仪器前，距离采样探头一定距离处安装处理装置，称为后处理采样法，具有维护方便、能更灵活地选择监测仪器和按干烟气计算排放量和污染物浓度等优点，但要求整个采样管路保持高于烟气露点的温度，这种采样系统的采样流程示意于图9.36。

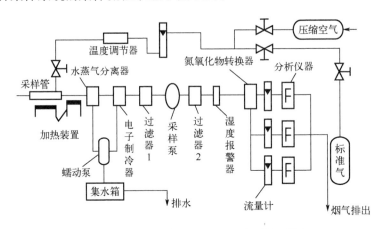

图9.36　冷凝-干燥采样系统后处理采样法的采样流程

（2）稀释抽取采样法

这种采样方法是利用探头内的临界限流小孔，借助于文丘里管形成的负压作为采样动力，抽取烟气样品，用干燥气体稀释后送入监测仪器。有两种类型稀释探头，一种是烟道内稀释探头，另一种是烟道外稀释探头。二者的工作原理相同，主要不同之处在于：前者在位于烟道中的探头部分稀释烟气，输送管路不需要加热、保温；后者将临界限流小孔和文丘里管安装在烟道外探头部分内，如果距离监测仪器远，输送管路需要加热、保温。因为烟气进入监测仪器前未经除湿，故测定结果为湿基浓度。

烟道内稀释探头的工作原理见图9.37。临界限流小孔的长度远远小于空腔内径，当小孔孔后与孔前的压力比大于0.46时，气体流经小孔的速度与小孔两端的压力变化基本无关，通过小孔的气体流量恒定。

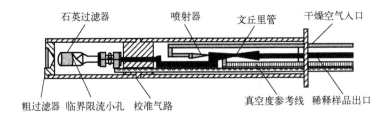

图9.37　烟道内稀释探头的工作原理

稀释抽取采样法的优点在于：烟气能以很低的流速进入探头的稀释系统，可以比完全抽取采样法的进气流量低两个数量级，如烟气流量2~5L/min，进入探头稀释系统的流量只有20~50mL/min，这就解决了完全抽取采样法需要过滤和调节处理大量烟气的问题，可以进入空气污染监测仪器测定。

（3）直接测量法

直接测量法类似于测量烟气烟尘，将测量探头和测量仪器安装在烟囱（道）上，直接测量烟气中的污染物。这种测量系统一般有两种类型：一种是将传感器安装在测量探头的端部，探头插入烟囱（道）内，用电化学法或光电法测量，相当于在烟囱（道）中一个点上测量，称为内置式，如用氧化锆氧量分析仪测量烟气含氧量。另一种是将测量仪器部件分装在烟囱（道）两侧，用吸收光谱法测量，如将光源和光电检测器单元安装在烟囱（道）的一侧，反射镜单元安装在另一侧，入射光穿过烟气到达反射镜单元，被反射镜反射，进入光电检测器，测量污染物对特征光的吸收，相当于线测量，这种方式将光学镜片全部装在烟囱（道）外，不易受污染，称为外置式，这种方法适用于低浓度气体测量，有单光束型和双光束型，可用双波长法、差分吸收光谱法、气体过滤相关光谱法等测量。

2. 监测仪器

一台监测烟气中气态污染物的仪器，除采样单元外，还包括测量单元（光学部件和光电转换器或电化学传感器）、校准系统、自动控制和显示记录单元、信号处理单元等。烟气中主要气态污染物常用的监测仪器如下。

SO_2：非色散红外吸收自动监测仪、非色散紫外吸收自动监测仪、紫外荧光自动监测仪、定电位电解自动监测仪。

NO_x：化学发光自动监测仪、非色散红外吸收自动监测仪、非色散紫外吸收自动监测仪。

CO：非色散红外吸收自动监测仪、定电位电解自动监测仪。

上述仪器的测量原理在前面的相关章节中已经介绍。

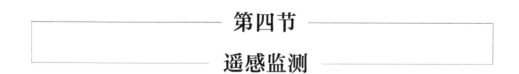

第四节 遥感监测

遥感监测是应用探测仪器对远处目标物或现象进行观测，把目标物或现象的电磁波特性记录下来，通过识别、分析，揭示某些特性及其变化，是一种不直接接触目标物或现象的高度自动化监测手段。它可以进行区域性的跟踪测量，快速进行污染源定位、污染范围核定、污染物质实时监测，以及生态环境调查等。

遥感的工作方式可分为被动遥感和主动遥感。前者是收集目标物或现象自身发射的或对自然辐射源反射的电磁波；后者是主动向目标物发射一定能量的电磁波，然后收集返回的电磁波信号。遥感监测的主要方法有摄影、红外扫描、相关光谱和激光雷达遥感等。

一、摄影遥感

摄影机是一种遥感装置，将其安装在飞机、卫星上对目标物进行拍照摄影，可以对土地利用、植被、水体、大气污染状况等进行监测。其原理基于上述目标物或现象对电磁波的反射特性有差异，用感光胶片感光记录就会得到不同颜色或色调的照片。图9.38是电磁波受表层土壤（灰棕色）、植物（绿色）和水（无色）反射的情况。

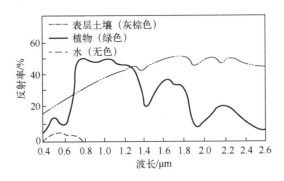

图 9.38　电磁波受表层土壤（灰棕色）、植物（绿色）和水（无色）反射的情况

由图可见，水反射电微波的能力是最弱的，表层土壤和植物反射电磁波的能力也是不同的。当地表水受到污染后，由于受污染程度不同，反射电磁波的能力不同，在感光胶片上呈现明显黑白或色彩反差。例如：未受污染的海水与被石油污染的海水对电磁波反射能力差异大；水面上油膜厚度不同，反射电磁波能力也有差异，这在感光胶片上会呈现不同的色调或明暗程度，据此可判断石油污染的水域范围和对海面油膜进行半定量分析。当湖泊中藻类繁殖、叶绿素浓度增大时，会导致蓝光反射减弱和绿光反射增强，这种情况会在感光胶片上反映出来，据此可大致判定大面积水体中叶绿素浓度发生的变化。

感光胶片乳胶所能感应的电磁波波长范围为 $0.3\sim0.9\mu m$，其中包括近紫外、可见和近红外线光区，所以在无外来辐射的情况下，拍照摄影一般可在白天借助于天然光源进行。

航空、卫星摄影是在高空飞行状态下进行的。为获得清晰的图像，必须采用影像移动补偿技术，最简单的方法是在曝光时移动感光胶片，使感光胶片与影像同步移动。还可以将拍照摄影装置设计成扫描系统，在系统中有一旋转镜面指向目标物并接收其射来的电磁辐射能，将接收到的能量传送给光电倍增管，产生相应的电脉冲信号，该信号再被调制成电子束，转换成可被感光胶片感光的发光点，从而得到扫描范围区域的影像。

不同波长范围的感光胶片-滤光镜组成的多波段摄影系统，可用不同镜头感应不同波段的电磁波。同时对同空间的同一目标物进行拍摄，获得一组遥感照片，借以判定不同种类的污染信息。例如：天然水和油膜在 $0.3\sim0.45\mu m$ 紫外线波段对电磁波反射能力差别很大，使用对此波段选择性感应的镜头拍摄的照片油水界线明显，可判断油膜污染范围；漂浮在水中的绿藻和蓝绿藻在另一波段处也有类似情况，可选择另一相应波段的镜头拍摄，借以判断两种藻类的生长区域。

二、红外扫描遥感

地球可被视为一个黑体，根据理论推算，平均温度约300K，其表面所发射的电磁波波长为 $4\sim30\mu m$，介于中红外（$1.5\sim5.5\mu m$）和远红外（$5.5\sim1000\mu m$）区域。这一波长范围的电磁波在由地球表面向外发射过程中，首先被低层大气中的水蒸气、二氧化碳、氧等组分吸收，只剩下 4.0～5.5μm 和 8～14μm 的电磁波可透过"大气窗"射向高层空间，所以遥感测量热红外电磁波范围就在这两个波段。因为地球连续地发射红外线，所以这类遥感测量系统可以日夜连续进行监测。

地球表面的各种受监测对象具有不同的温度，其辐射能量随之不同；温度越高，辐射功率越强，辐射峰值的波长越短。红外扫描遥感技术就是利用红外扫描仪接收监测对象的热辐射能，转换成电信号或其他形式的能量后，加以测量，获得它们的波长和强度，借以判断不同物质及其污染类型和污染程度。例如：水体热污染、石油污染情况，森林火灾和病虫害，环境生态等。

普通黑白全色胶片和红外胶片对上述红外线光区电磁波均不能感应，所以需用特殊感光材料制成的检测元件，如半导体光敏元件。当红外扫描仪的旋转镜头对准受检目标物表面扫描时，镜头将传来的辐射能反射聚焦在光敏元件上，光敏元件随受照光量不同，引起阻值变化，从而导致传导电流的变化；让此电流流过具有恒定电阻的灯泡时，则灯泡发光明暗度随电流大小变化，变化的光度又使感光胶片产生不同程度的曝光，这样便得到能反映被检目标物情况的影像。这种影像还可以通过阴极射线管的屏幕得以显示，或进一步由计算机处理后以直方图的图像形式输出。图 9.39 为红外扫描遥感系统工作过程示意图。

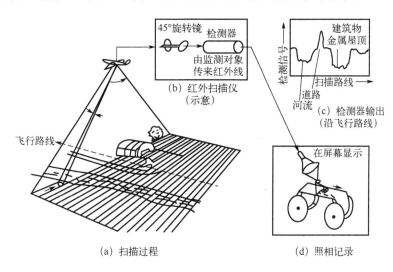

图 9.39　红外扫描遥感系统工作过程示意图

三、相关光谱遥感

相关光谱遥感是基于物质分子对光吸收的原理并辅以相关技术的监测方法。在吸收光谱技术基础上配合相关技术是为了排除测定中非受检组分的干扰。这种技术采用的吸收光为紫外线和可见光，故可利用自然光作光源。在一些特殊场合，也可采用人工光源。其测定过程是：自然光源由上而下透过受检大气层后，使之相继进入望远镜和分光器，随后穿过由一排狭缝组成的与受检气体分子吸收光谱相匹配的相关器，则相关器透射光的光谱图正好相应于受检气体分子的特征吸收光谱，加以测量后，便可推知其含量。相关器是根据某一特定污染物质吸收光谱的某一吸收带（如 SO_2 选择 300nm 左右），预先复制出的刻有一组狭缝的光谱型板，狭缝的宽度和间距与真实的吸收光谱波峰和波谷所在波长模拟对应，这样可从这组狭缝射出受检物质分子的吸收光谱（见图 9.40）。因此，在相关技术中使用的是成对的吸收光，每对吸收光波长都是邻近的，且所选波长要使其通过受检物质时分别发生强吸收和弱吸收，这有利于提高检测灵敏度。

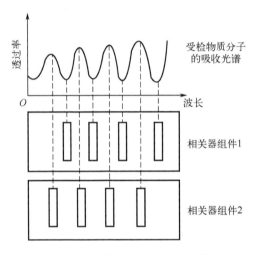

图 9.40 受检物质分子的吸收光谱

图 9.41 是相关光谱分析仪组成示意图。相关器装在一个可旋转的盘上，通过旋转将相关器两组件轮换地插入光路，分别测定透过光。将这种仪器安装在汽车或飞机上，即可大范围遥测大气污染物及其分布情况；也可以装在烟道内侧，在其对面安装一个人工光源，用以测定烟气中的污染物。

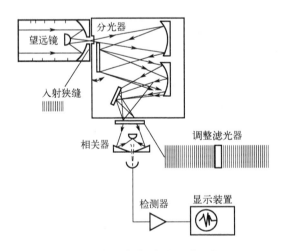

图 9.41 相关光谱分析仪组成示意图

相关光谱遥感已用于一氧化氮、二氧化氮和二氧化硫的监测，如对它们同时进行连续测定，则在系统中需要安装三变类设备。监测这三种污染组分的实际工作波长范围是：SO_2 为 250～310nm，NO 为 195～230nm，NO_2 为 420～450nm。

四、激光雷达遥感

激光具有单色性好、方向性强和能量集中等优点，利用激光与物质作用获得的信息监测污染物质，具有灵敏度高、分辨率好、分析速度快的优点，所以自20世纪70年代初以来，运用激光对空气污染、对流层臭氧的分布和水体污染进行遥感监测的技术和仪器发展很快。

激光雷达遥感监测环境污染物质是利用测定激光与监测对象作用后发生散射、反射、吸收等现象来实现的。例如：激光射入低层大气后，将会与大气中的颗粒物作用，因颗粒物粒径大于或等于激光波长，故光波在这些质点上发生米氏散射。据此原理，将激光雷达装置的望远镜瞄准由烟囱口排出的烟气，对发射后经米氏散射折返并聚焦到光电倍增管窗口的激光强度进行检测，就可以对烟气中的烟尘浓度进行实时遥测。当射向空气的激光与气态分子相遇时，则可能发生另外两种分子散射作用而产生折返信号：一种是散射光频率与入射光频率相同的雷利散射，这种散射占绝大部分；另一种是占1%以下的散射光频率与入射光频率相差很小的拉曼散射。应用拉曼散射原理制成的激光雷达可用于遥测空气中 SO_2、CO、NO、CO_2、H_2S 和 CH_4 等污染组分。因为不同组分都有各自的特定拉曼散射光谱，借此可进行定性分析；拉曼散射光的强度又与相应组分的浓度成正比，借此又可作定量分析。因为拉曼散射信号较弱，所以这种装置只适用于近距离（数百米范围内）或高浓度污染物的监测。图9.42是拉曼激光雷达系统示意图。发射系统将波长为 λ_0（相应频率为 f_0）的激光脉冲发射出去，当遇到各种污染组分时，则分别产生与这些组分相对应的拉曼频移散射信号（$f_1, f_2, ..., f_n$）。这些信号连同无频移的雷利和米氏散射信号（f_0）一起折返发射点，经接收望远镜收集后，通过光谱分析器分出各种频率的折返光波，并用相应的光电检测器检测，再经电子及数据处理系统得到各种污染组分定性和定量检测结果。

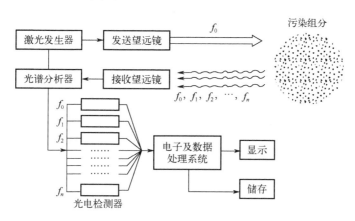

图 9.42 拉曼激光雷达系统示意图

激光荧光遥感技术利用某些污染物分子受到激光照射时被激发而产生共振荧光，测量荧光的波长，可作为定性分析的依据；测量荧光的强度，可作为定量分析的依据。如一种红外激光-荧光遥感监测仪可监测空气中的 NO、NO_2、CO、SO_2、CO_2、O_3 等污染组分；还有一种紫外激光-荧光遥感监测仪可监测空气中的 HO· 浓度，也可以监测水体中有机物污染和藻类大量繁殖情况等。

根据激光单色性好的特点，也可以用简单的光吸收法监测空气中污染物浓度。例如用长光程吸收法测定空气中 HO· 的浓度，将波长为 307.9951nm、光束宽度小于 0.002nm 的激光射入空气，测其经过 10km 射程被 HO· 吸收衰减后的强度变化，便可推算出空气中 HO· 的浓度。还有一种差分吸收激光雷达监测仪，以其高灵敏度及可进行距离分辨测量等优点成功用于遥测空气中 NO_2、SO_2、O_3 等分子态污染物的浓度。这种仪器使用了两个波长不同而又相近的激光光源，它们交替或同时沿着同一空气途径传输，被测污染物分子对其中一束光产生强烈吸收，而对波长相近的另一束光基本没有吸收；同时，气体分子和气溶胶颗粒物对这两束光具有基本相同的散射能力（因光受颗粒物散射的截面大小主要由光的波长决定），因此两束光被散射后的返回光强度差仅由被测物质分子对它们具有不同吸收能力决定，根据这两束返回光的强度差就能确定被测污染物在空气中的浓度；分析这两束光强度随时间变化而导致的检测信号变化，就可以进行被测物质分子浓度随距离变化的测定。例如：对大气平流层臭氧垂直分布的研究，激光雷达用激光器向平流层发射能被臭氧吸收的紫外线（308nm）和不能被臭氧吸收的紫外线（355nm），用电子望远镜收集从不同高度散射返回的紫外线，通过识别、分析，可获得不同高度臭氧的浓度。

五、微波辐射遥感

微波是指 300～30000 MHz（波长 1nm～1m）的电磁波。有些气态污染物在微波段具有特征吸收带，如一氧化碳在 2.59mm 波长处、氮氧化物在 2.4mm 波长处、臭氧在 2.74mm 波长处有特征吸收带，可用微波辐射测定仪测定。

遥感（RS）与地理信息系统（GIS）、全球定位系统（GPS）相结合（称"3S"技术）形成了对地球进行空间观测、空间分析及空间定位的完整技术体系，在监测大范围生态环境、自然灾害、污染动态和研究全球环境变化、气候变化规律和成灾、防灾等方面发挥着越来越重要的作用。其中，全球定位系统可提供高精度的地理定位方法，用于野外采样点、海洋等大面积水体污染区域、沙尘暴范围等定位。地理信息系统是一种功能强大的对各种空间信息在计算机平台上进行存储、传输、处理及综合分析的工具。三种技术的结合，为扩大环境监测范围和功能，提高信息化水平，以及对突发性环境污染事故的快速监测、评估等提供了有力的技术支持。

复习与思考题

1. 何谓环境污染连续自动监测系统？使用该系统连续自动监测环境中的污染物质与定时采集瞬时样品监测比较，有何优点？
2. 简要说明空气污染连续自动监测系统的组成部分及各部分的功能。
3. 地面空气污染连续自动监测站内一般装备哪些连续自动监测仪器？规定监测哪些项目？
4. 用方块图示意化学发光 NO_x 自动监测仪和 β 射线吸收 PM_{10} 自动监测仪的组成，说明其工作原理。

5. 说明差分吸收光谱自动监测仪的工作原理，这种仪器有何优点？

6. 建立地表水污染连续自动监测系统的目的是什么？水质自动监测站是由哪些仪器设备和设施组成的？一般需要监测哪些项目？

7. 说明荧光光谱法测定溶解氧的原理，这种方法有何优点？

8. 说明表面散射式浊度自动监测仪工作原理，怎样进行零点和量程校正？

9. 说明流动注射式高锰酸盐指数自动监测仪的工作原理，它与程序式高锰酸盐指数自动监测仪比较有何优点？

10. 程序式 COD 自动监测仪与恒电流库仑滴定式 COD 自动监测仪的工作原理有何异同？

11. 说明 UVA 自动监测仪的工作原理，用它测定有机物污染指标有何优点和局限性？

12. 说明三种 TN 自动监测仪的测定原理，它们的测定过程有何相同之处？

13. 说明流动注射-分光光度式氨氮自动监测仪及氨气敏电极式氨氮自动监测仪的工作原理。

14. 城市污水处理设施中需要监测哪些项目？监测这些项目的目的是什么？

15. 烟气连续排放监测系统（CEMS）是由哪几部分构成的？需要监测烟气中哪些污染物？

16. 说明双光程浊度仪及后散射烟尘监测仪测定烟气中烟尘的原理。

17. 在 CEMS 中，测定烟气中的气态污染物有哪几种采样方法？说明稀释抽取采样法的原理及其优点。

第十章
环境监测质量保证

第一节
质量保证的意义和内容

环境监测的目标是获得及时、准确、有效、可比的监测数据。这些数据可以为环境保护工作打下良好基础，成为制定、贯彻执行环境保护法规的根本依据。

环境监测工作是一个由相互联系的各个监测活动环节构成的一个完整体系，这个体系中任何一个环节的误差，都将影响监测数据的准确性。因此要在影响数据有效性的所有方面，采取一系列有效措施，将监测数据控制在一定的允许范围内，保证监测结果有一定的精密度和准确度，使数据合理、可靠，在给定的置信度内，充分达到所要求的质量。

环境监测质量保证（quality assurance of environmental monitoring）是环境监测技术原理的核心内容，它的目的是使监测数据有准确性、精密性、完整性、代表性、可比性。这决定了监测质量保证必须自始至终贯穿整个监测过程。其主要内容如下。

1. 污染调查质量保证

根据污染调查的目的确定调查的任务，充分依靠各方面力量，有关部门共同协作，把污染源、环境和人体健康作为一个整体系统进行调查。这一方面的质量保证主要是确保调查结果完整性、准确性、代表性、可比性，为以后工作打下良好基础。

2. 布点确定质量保证

主要包括布点、点位、点数、代表性、可行性、合理性的质量保证。

3. 样品采集、保存、运输的质量保证

主要包括采样的准确程度、采样工具、方法的统一规范化、采样量、采样频率、采样方式的质量保证以及样品加工处理、保存和运输方面的质量保证。

4. 分析测试质量保证

主要包括实验室内部质量保证，实验室间质量保证，分析方法标准化及环境标准物质应

用的质量保证以保证监测结果的准确性和精密性。

5. 监测数据统计处理后的结果表达质量保证

保证监测结果具有完整性、科学性、可靠性。主要包括测试、记录的真实性和完整性，记录整理、修约工作的正确性以及数据处理和统计检验所采取的方法等方面的质量保证。

6. 综合评价质量保证

主要包括数据资料分类、筛选、综合分析方法，评价模型选择，评价精度、范围，评价工作程序等方面的质量保证。

第二节　环境监测实验室基础

监测实验室是保证监测结果准确度和精密度的关键。为使监测质量达到规定水平，必须具备合格的监测实验室。

合格的监测实验室包括合格的基本物质条件和合格的分析操作人员两大方面。

(一) 实验室物质条件基础

合格的监测实验室物质条件基础主要有以下几个方面。

1. 实验室建筑要求

主要指实验室的采光、给排水、通风排气、废弃物处理、防水防爆、防毒、照明电、动力电等方面要符合监测实验室的特别要求。特别强调的是，对微生物及放射性物质监测实验室有一些特殊要求。

微生物监测实验室的特殊要求如下。

① 应通风良好，但要避免灰尘以及对流风和温度的急骤变化。

② 要有准备室和供应室，专供制备培养基和对培养基、玻璃器皿以及使用器材进行洗刷、消毒和灭菌用。

③ 实验台应用惰性器材制成，光滑而不透水，并能抗腐蚀，无接缝（或少接缝）。照明要均匀而不炫目。

④ 墙壁最好刷漆覆盖，以便于清洗和消毒。地面应使用光滑、易刷洗而不透水的材料。

放射性实验室建筑的特殊要求如下。

（1）布局要求

① 放射性实验室应相对集中，与非放射性工作场所分开。

② 实验室应有单独的出入口，在出入口应有洗涤设施和更衣室，并应配置污染监测仪器。

③ 工作区域内应按非放射性工作室、弱放射性工作室（天平室、计数室等）、强放射性工

作室和放射源贮存室的次序布置。

④ 各计数室应与放射性操作室分开并尽可能远离放射室，以降低计数本底。

⑤ 放射源贮存室应单独设置，不得作为工作人员经常停留和工作的地点。

（2）结构要求

① 地面应光滑无缝，结构有良好的承重性，有一定坡度并设地漏以便洗清。不宜直接使用木制及水泥地面，地面应铺以易去污的材料，且铺盖物的块与块之间要密合平整，边缘应折到墙面上 20cm 处。

② 墙面、天花板、门窗均应光滑。墙角与地面、墙面与天花板交接处应做成圆角。近地 2m 内的墙面应涂浅色涂料。若室内有可能产生放射性粉尘与蒸气，则墙面与天花板应全部涂以浅色涂料（最好用氯化橡胶基涂料）。

③ 置于实验室内的工作台、橱、柜、椅等物件的结构应力求简单、易去污。工作台面应铺耐酸碱的光滑材料，接缝应严密。室内木制品应用涂料涂刷。

④ 室内的电线、水管等应埋设于墙内或集中铺设于管道竖井内。

⑤ 凡可能产生较强贯穿辐射的实验室或设备，应设计足够的屏蔽物（水泥、铅等），设计时尤应注意地板与天花板的屏蔽厚度，以免上、下楼层的工作人员受影响。

⑥ 实验室内的工作台、通风橱与地面均应有足够的承重能力，以支承必要的屏蔽物重量。

⑦ 在实验室门口的显著位置，应设有与该室总电源相连通的工作指示灯。

⑧ 建造放射性实验室的建筑材料应先经辐射检查，尽量选用放射性小的材料，这对于建在高本底地区的实验室尤为重要。

（3）通风与上、下水要求

① 整体通风。实验室应有良好通风，采用自然通风，每小时换气次数不少于 3～4 次。使用机械通风时气流从清洁区流经污染较轻的工作区，再经污染较重的各区排出。排风管道应尽量短，以减少放射性尘埃的积存。管道应采用耐酸碱的钢管或塑料管等，排风口应高出周围 50m 内的最高屋脊 3m 以上。选用离心式通风机，不要用轴流式通风机，以免机身受污染。

② 通风橱与操作箱。能产生气体、气溶胶和粉尘的实验室应设通风橱，必要时应设操作箱。

通风橱内应有倾泻池，橱内工作台面应铺以耐酸碱、易去污的材料。

通风橱应靠近排风口一侧。若室内设两个通风橱，应各自单独排风，通风机由各自开关控制。通风橱的操作口处风速不得小于 1m/s。

密闭操作箱内应保持 98～196 Pa 的气压。

③ 上、下水。实验室应分别设放射性水池与非放射性水池。放射性水池应有明显标志，并要装肘式或脚踏式自来水开关。

实验室应设放射性废水衰变贮存池，或采取其他措施确保所排放废水低于国家允许排放标准。

2. 分析仪器使用要求

监测实验室分析仪器主要有天平和各种常用分析仪器、微生物监测及放射性监测仪器。

① 分析天平。它是监测实验室基本必备的质量计量工具，通常广泛使用双盘阻尼电光分析天平 TG328A 和 TG328B 以及能快速准确称重的电子天平，其精度应不低于三级。天平计

量性质的稳定性、不等臂性、灵敏性三项指标及砝码应定期由计量部门按国家天平检定规程检定，合格后才能使用。

实验室对分析天平应定期校准、维护，以保证称量准确。

② 常用分析仪器。主要有 pH 计、电导率仪、溶解氧测定仪、紫外-可见分光光度计、原子吸收分光光度计、冷原子吸收测汞仪、气相色谱仪等。

③ 微生物实验室常用仪器有高压蒸汽灭菌器、冰箱、培养箱、显微镜，玻璃器皿主要有培养皿、发酵管。

④ 放射性实验室仪器主要有电离检测器、闪烁检测器、半导体检测器 3 类。

这些分析仪器放置地点、操作程序及维护必须符合各自的规范要求，性能检验也必须由有关部门按检验规定程序定期进行。

3. 玻璃仪器的使用要求

监测实验室基本仪器以玻璃仪器为主，这主要取决于玻璃的化学稳定性、耐腐蚀性、易洗涤性和经济性。

玻璃仪器洗涤液配制、使用、洗涤、干燥、保存方法必须适应各种分析检测实验具体要求，量器的容量应按规定校准，保证其精度要求。

4. 化学试剂与试液要求

化学试剂主要用于定性、定量分析，分为一般试剂和高纯试剂。一般试剂又分为一级（优级纯）、二级（分析纯）、三级（化学纯）。不同质量规格试剂具体用途不同。

试液由试剂按规定要求配成，其稳定性较试剂差。试液主要有指示液、缓冲溶液、标准溶液等。

监测实验室试剂使用、保存、提纯与精制，试液的配制、使用、贮存都应严格按要求执行。

5. 实验室用水要求

水是实验室常用溶剂，实验用水纯度对分析质量影响很大。实验室用水主要有常用纯水、一般要求及特殊要求蒸馏水、去离子水。几种用水的制备、处理方法都应符合规程，达到具体使用要求。

6. 实验室环境条件要求

环境监测实验室经常要进行痕量和超痕量分析，如果实验室空气有一定程度的污染物质存在，分析结果将会有很大误差。某些高灵敏度的仪器使用也会受到影响。为适应痕量和超痕量分析及高灵敏度仪器使用要求，设置超净实验室，其空气清洁度采用 100 号。超净实验室多用空调，空气入口使用高效过滤器。无超净实验室，可采取相应措施，如一般实验室与仪器室分开；同时，进行分析应注意防止交叉污染；一些实验在专门毒气柜中进行。

（二）对实验室分析操作人员的要求

环境监测实验室操作人员应受过专门培训，集丰富的环境监测理论知识和熟练实验操作技能于一身。除熟练掌握一般分析操作技能外,还要熟悉环境监测实验特点,掌握各种监测方法的原理、操作步骤以及各种环境监测仪器使用方法。

一些国家采取环境监测实验员资格证制度,只有通过严格考试获得资格证的实验人员,才能在监测实验室上岗操作,所获得实验结果才具有一定效力,得到社会承认。

对分析测试人员的具体要求如下:

① 经过良好的训练,操作正确熟练。

② 对本专业有足够的技术知识,对承担的测试项目理解原理,正确操作,严守规程,准确无误。

③ 接受新项目前,应在测试工作中完成规定的各种质量控制实验,达到要求,才能进行新项目的测试。

④ 应懂得基本统计知识和技术,正确使用有效数字和统计方法,掌握分析测试结果的表达形式和统计推断的有关知识。

(三) 实验室管理制度要求

环境监测实验室必须具备各项管理制度,以保证实验室正常运转,所有人员必须严格遵守这些规章制度。

① 《监测分析人员岗位责任制》;
② 《监测质量保证人员岗位责任制》;
③ 《安全操作制度》(特别对放射性监测和微生物监测实验室);
④ 《化学试剂的使用管理制度》;
⑤ 《仪器的使用管理制度》;
⑥ 《样品管理制度》;
⑦ 《数据管理制度》;
⑧ 《监测结果的审核制度》;
⑨ 《技术资料管理制度》。

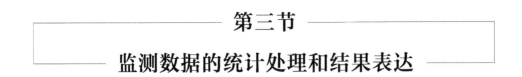

第三节 监测数据的统计处理和结果表达

一、基本概念及名词解释

1. 真值(true value)

在某一时刻和某一位置或状态下,某量的效应体现出的客观值或实际值称为真值。真值包括理论真值、约定真值、标准器(包括标准物质)的相对真值。

理论真值：例三角形内角之和等于180°。

约定真值：由国际单位制所定义的真值。它由基本单位、辅助单位和导出单位组成。

标准器的相对真值：高一级标准器的误差为低一级标准器或普通仪器误差的1/5（或1/3～1/20）时，则可认为前者是后者的相对真值。

2. 误差（error）

误差是指测定结果与真实值之间的差值。如果测定结果大于真实值误差为正，反之，误差为负。误差分为**系统误差、随机误差和过失误差**。

（1）系统误差（systematic error）[可测误差、恒定误差、偏倚（bias）]

系统误差指测量值的总体均值与真值之间的差别，是由测量过程中某些恒定因素造成的。在一定的测量条件下，系统误差会重复地表现出来，即误差的大小和方向在多次重复测量中几乎相同，因此增加测量次数不能减少系统误差。

系统误差主要来源于方法误差、仪器误差、试剂误差、恒定的个人误差、恒定的环境误差。减少系统误差的办法主要如下：

① 进行仪器校准：测量前预先对仪器进行校准，并将校正值应用到测量结果的修正中去。

② 进行对照分析：一是将实际样品与标准物质在同样条件下进行测定。当标准物质的保证值与其测定值一致时，可认为该方法的系统误差已基本消除。二是采用不同的分析方法。

③ 进行回收试验：用人工合成的方法制成与实际样品组成类似的物质，或在实际样品中加入已知量的标准物质，在相同条件下进行测量，观察所测得结果能否定量回收，并以回收率作校正因子。

（2）随机误差（random error）（偶然误差，不可测误差）

随机误差是由测量过程中各种随机因素共同作用造成的，遵从正态分布。具有如下特点：

① 有界性：在一定条件下的有限测量中，其误差的绝对值不会超过一定界限；

② 单峰性：绝对值小的误差出现的次数比绝对值大的误差出现的次数多；

③ 对称性：在测量次数足够多时，绝对值相等的正误差与负误差出现的次数大致相等；

④ 抵偿性：在一定条件下对同一量进行测量，随机误差的算术平均值随着测量次数的无限增加而趋于零，即误差平均极限为零。

为减小随机误差，应严格控制实验条件，按照分析操作规程正确进行各种操作，还可以利用随机误差的抵偿性，用增加测量次数的办法减少随机误差。

（3）过失误差（mistake）（粗差）

过失误差是由于测量中出现了不应有错误而造成的，它歪曲测量结果，无一定规律可循，必须舍弃其结果。

误差的表示方法如下：

绝对误差是测量值（单一测量值或多次测量值的均值）与真值之差：

$$绝对误差 = 测量值 - 真值$$

相对误差指绝对误差与真值之比：

$$相对误差 = \frac{绝对误差}{真值} \times 100\%$$

绝对偏差即某一测量值 X_i 与系统测量均值 $\bar{X}$ 之差,以 d_i 表示:

$$d_i = X_i - \bar{X}$$

相对偏差为绝对偏差与均值之比:

$$相对误差 = \frac{d_i}{\bar{X}} \times 100\%$$

平均偏差为绝对偏差的绝对值之和的平均值,以 $\bar{d}$ 表示:

$$\bar{d} = \frac{1}{n}\sum_{i=1}^{n}|d_i|$$

相对平均偏差为平均偏差与测量均值之比:

$$相对平均偏差 = \frac{\bar{d}}{\bar{X}} \times 100\%$$

极差为一组测量值中最大值与最小值之差,表示误差的范围:

$$R = X_{\max} - X_{\min}$$

差方和(离差平方和、平方和),指绝对偏差的平方之和,以 S 表示:

$$S = \sum_{i=1}^{n}(X_i - \bar{X})^2 = \sum_{i=1}^{n}d_i^2$$

样本标准偏差用 S 或 SD 表示:

$$\mathrm{SD} = \sqrt{\frac{1}{n-1}\sum_{i=1}^{n}(X_i - \bar{X})^2} = \sqrt{S^2} = \sqrt{\frac{1}{n-1}S}$$

样本相对标准偏差 RSD(变异系数 CV)是样本标准偏差在样本均值中所占的百分数:

$$\mathrm{RSD} = \frac{\mathrm{SD}}{\bar{X}} \times 100\%$$

总体方差:$\sigma^2 = \dfrac{1}{N}\sum_{i=1}^{n}(X_i - \mu)^2$

总体标准偏差:$\sigma = \sqrt{\sigma^2}$

式中,N 为总体总量;μ 为总体均值,$\mu = \sum_{i=1}^{n}X_i$。

3. 准确度(accuracy)

准确度是用一个特定的分析程序所获得的分析结果与假定的或公认的真值之间符合程度的度量。

一个分析方法或分析测量系统的准确度是反映该方法或该测量系统存在的系统误差和随机误差两者的综合指标,它决定着分析结果的可靠性。

准确度用绝对误差或相对误差表示。

准确度可用测量标准物质或以标准物质作回收率测定的办法来评价。

4. 精密度(precision)

精密度是指用特定的分析程序在受控条件下重复分析同一样品所得测定值的一致程度。

精密度反映了分析方法或测量系统存在的随机误差大小。

精密度应用极差、平均偏差和相对平均偏差、标准偏差和相对标准偏差表示。

精密度3个专用术语如下。

① 平行性（replicability）。系指在同一实验室中，当分析人员、分析设备和分析时间都相同时，用同一分析方法对同一样品进行双份或多份平行样测定结果之间的符合程度。

② 重复性（repeatability）。系指同一实验室内，当分析人员、分析设备和分析时间中至少有一项不相同时，用同一分析方法对同一样品进行的两次或两次以上独立测定结果之间的符合程度。

③ 再现性（reproducibility）。系指在不同实验室（分析人员、分析设备甚至分析时间均不同），用同一分析方法对同一样品进行的多次测定结果之间的符合程度。

因此，实验室内精密度即平行性和重复性的总和；实验室间精密度即再现性。

5. 灵敏度（sensitivity）

灵敏度是指一种方法对单位质量浓度或单位质量待测物质的变化所引起的响应量变化的程度。灵敏度可用仪器的响应量或其他指示量与对应的待测物质的质量浓度或量之比等描述，在实际工作中灵敏度常以校准曲线的斜率度量。

6. 空白试验

空白试验是指除用水代替样品外，其他所加试剂和操作步骤均与样品测定完全相同的操作过程。空白试验应与样品测定同时进行。

7. 校准曲线（calibration curve）

校准曲线是用于描述待测物质的质量浓度或量与相应的测量仪器的响应量或其他指示量之间的定量关系的曲线。

校准曲线包括"工作曲线"和"标准曲线"。

工作曲线：绘制校准曲线的标准溶液的分析步骤与样品分析步骤完全相同。

标准曲线：绘制校准曲线的标准溶液的分析步骤与样品分析步骤相比有所省略，如省略样品的前处理。

8. 检测限（limit of detection 或 minimum detectability）

检测限是指对某一特定的分析方法在给定的可靠程度内可以从样品中检测的待测物质的最小质量浓度或最小量。所谓"检测"是指定性检测，即断定样品中确实存在有质量浓度高于空白的待测物质。

9. 检测上限

检测上限系指与校准曲线直线部分的最高界限点相对应的限度值。

10. 方法适用范围

方法适用范围是指某一特定方法的检测限至检测上限之间的质量浓度范围，在此范围内可作定性或定量的测定。

11. 测定限（limit of determination）

测定限可分为测定下限与测定上限。

在限定误差能满足预定要求的前提下，用特定方法能够准确地定量测定待测物质的最小（最大）质量浓度或量，称为该方法的测定下限（上限）。

测定下限反映出定量分析方法能准确测定低质量浓度水平待测物质的极限可能性。在没有（或消除了）系统误差的前提下，它受精密度要求的限制，对特定的分析方法来说，精密度要求越高，测定下限高于检出限越多。同样，精密度要求不同，测定上限亦可能有所不同。要求越高，则测定上限低于检测上限越多。

12. 最佳测定范围（optimum concentration range 或 determination range）

最佳测定范围亦称有效测定范围，系指在限定误差能满足预定要求的前提下，特定方法的测定下限至测定上限之间的限定范围，在此范围内能够准确地定量测定待测物质的限度或量。

最佳测定范围应小于方法的适用范围。对测量结果的精密度要求越高，相应的最佳测定范围越小。

13. 总体和个体

总体是所有研究对象的全体，其中的一个单位叫作个体。

14. 样本和样本容量

总体的一部分称为样本，样本中所含个体的数目，称为样本容量。

15. 统计量

样本的函数称为统计量。常用的有样本的均值 $\overline{X}$、样本的方差 S^2、标准偏差 S 和相对标准偏差 RSD、极差 R 等。

16. 正态分布

相同条件下重复试验的结果和测量中的随机误差，均遵从正态分布。

17. 统计检验

在实际工作中，对不完全了解甚至完全不了解的研究对象的总体作出统计假设（简称假设，以 H_0 表示），然后利用实际得到的样本值，通过一定的统计方法来检验所作的假设是否合理，从而决定接受还是否定这些假设。检验统计假设的方法称为统计检验、假设检验或显著性检验。

18. 显著性水平和置信水平

统计检验中给定的很小的概率 α 称为显著性水平，它表示要否定一个假设所犯错误的概率有多大。能包含在置信区间中的总体参数的概率称为置信水平，以 $1-\alpha$ 表示，它表示可以有多大的把握去否定一个假设。

19. 临界值

统计检验中，根据 H_0 确定的统计量的 T_a 称为显著性水平 α 时的临界值。

20. 区间估计

区间估计是指当以某一概率估计总体参数时，这个总体参数将被包含于什么样的区间之中。

21. 置信区间

进行区间估计时，以一定的概率来估计总体参数，使之含在某个区间之中，则这一区间即为总体参数的置信区间。

22. 方差分析

方差分析即通过分析数据，弄清与研究对象有关的各个因素对该对象是否存在影响以及影响的程度和性质。

23. 回归分析

回归分析是研究变量间相互关系的统计方法。

二、监测数据的统计处理

1. 有效数字及其使用规则

有效数字指测量中实际能测得的数字，即表示数字的有效意义。一个由有效数字构成的数值，以最后一位算起的第二位以上的数字应认定是可靠的、正确的，只有末位数字是可疑的、不正确的。因此，有效数字是由全部确定数字和一位不确定数字构成的。

记录和报告的测量结果只应包含有效数字。对有效数字的位数不能任意增删，必须遵循一定规则。

（1）数字的修约规则

① 在拟舍弃的数字中，若左边第一个数字小于5（不包括5），则舍去，即所拟保留的末位数字不变，若左边第一个数字大于5（不包括5），则进一，即所拟保留的末位数字加一。

② 在拟舍弃的数字中，若左边第一个数字等于5而且右边的数字并非全部为零，则进一，即所拟保留的末位数字加一；若其右边的数字皆为零，所拟保留的末位数字若为奇数，则进一，若为偶数（包括"0"）则不进。

③ 所拟舍弃的数字若为2位以上的数字，不得连续多次修约，应根据拟舍弃数字中左边第一个数字的大小，按上述规则一次修约出结果。

（2）记数规则

① 记录测量数据时，只保留1位可疑（不确定）数字。

② 表示精密度时通常只取1位有效数字。只有测定次数很多时，方可取2位有效数字，且最多只取2位。

③ 在数值计算中，当有效数字位数确定后，其余数字应按修约规则一律舍去。

④ 在数值计算中，某些倍数、分数、不连续物理量的数目，以及不经测量而完全根据理论计算或定义得到的数值，其商数数字的位数可视为无限，全部保留。

⑤ 测量结果的有效数字所能表达到的数字不能低于方法检出限的有效数字所能达到的位数。

（3）近似计算规则

① 加法和减法。几个近似值相加减，所得和或差的有效数字取决于绝对误差最大的数值，

即最后结果的有效数字自左起不超过参加计算的近似值中第一个出现的可疑数字。如在小数的加减计算中，结果所保留的小数点后的位数与各近似值中小数点后位数最少者相同。在实际计算时，保留的位数常比各数值中小数点后位数最少者多留一位小数，而计算结果则按上述规则处理。

② 乘法和除法。近似值相乘除时，所得积或商的有效数字位数取决于相对误差最大的近似值，即最后结果有效数字位数要与各近似值中有效数字位数最少者相同。在实际计算中，先将各近似值修约至比有效数字位数最少者多保留一位有效数字，再将计算结果按上述规则处理。

③ 乘方和开方。近似值乘方或开方时，原近似值有几位有效数字，计算结果就可以保留几位有效数字。

④ 对数和反对数。在近似值的对数计算中，所取对数的小数点后的位数（不包括首数）应与真数的有效数字位数相同。

⑤ 平均值。求 4 个或 4 个以上准确度接近的近似值的平均值时，其有效数字可增加 1 位。

⑥ 标准偏差（S）和方差（S^2）。为减少计算误差，建议采用以下公式：

$$S = \sum_{i=1}^{n} X_i^2 - \frac{1}{n}\left(\sum_{i=1}^{n} X_i^2\right)$$

$$S^2 = \frac{1}{n-1}\left[\sum_{i=1}^{n} X_i^2 - \frac{1}{n}\left(\sum_{i=1}^{n} X_i\right)^2\right]$$

在每一步计算过程中对中间结果不做修约，只将最后结果修约到要求的位数。

2. 可疑数据的取舍

与正常数据不是来自同一分布总体，明显歪曲试验结果的测量数据，称为离群数据；可能会歪曲试验结果，但尚未经检验断定其是离群数据的测量数据称为可疑数据。

在数据处理时，必须剔除离群数据以使测定结果更符合客观实际。正常数据总有一定分散性，如果人为地删去一些误差较大但并非离群的测量数据，由此得到精密度很高的测量结果并不符合客观实际。因此对可疑数据的取舍必须遵循一定的原则。

测量中发现明显的系统误差和过失误差产生的数据应随时剔除。而可疑数据的取舍应采用统计方法判别，即离群数据的统计检验。

离群数据检验方法主要有用于一组测量值的一致性检验和剔除离群值的 Dixon 检验法；用于多组测量值的均值的一致性检验和剔除离群均值以及用于一组测量值的一致性检验和剔除离群值的 Grubbs 检验法；用于系统测量值的方差的一致性和剔除离群方差的 Cochran 最大方差检验法。

（1）离群数据统计检验判别规则

① 若计算的统计量不大于显著性水平 $\alpha = 0.05$ 时的临界值，则可疑数据为正常数据。

② 统计量大于 $\alpha = 0.05$ 时的临界值且同时不大于 $\alpha = 0.01$ 时的临界值，则可疑数据为偏离数据。

③ 若统计量大于 $\alpha = 0.01$ 时的临界值，则可疑数据为离群数据并应予以剔除。

④ 对②中偏离数据的处理应慎重，只有能找到原因的偏离数据才可作为离群数据来处理，否则应先按正常数据处理。

⑤ 如出现③的情况，应对剔除后剩余的数据继续检验，直至其中不再有离群数据方可认

为这些试验数据具有一致性。

（2）Dixon 检验法检验步骤

① 重复测量的 n 个测量值按从小到大的顺序排列为 $x_1, x_2, \cdots, x_{n-1}, x_n$。

② 按照附表 1 Dixon 检验统计量 Q 的计算公式求出表中的 Q 值。

③ 根据给定的显著性水平 α 和测量次数 n，由附表 2 Dixon 检验临界值 Q_a 表查得临界值。

④ 若 $Q > Q_{0.01}$，则可疑值为离群值；若 $Q_{0.05} < Q_{0.01}$，则可疑值为偏离值；若 $Q \leqslant Q_{0.05}$，则可疑值为正常值。

（3）Grubbs 检验法检验步骤

设有 L 组的测定值，每组 n 个测定值的均值分别为：

$$x_1, x_2, \cdots, x_{n-1}, x_n$$

① 将 L 个均值按大小顺序排列，其中最大的均值记为 $\bar{x}_{\max}$，最小记为 $\bar{x}_{\min}$。

② 由 L 个均值计算总均值 $\overline{X}$ 和标准偏差 $S_{\bar{x}}$：

$$\overline{X} = \frac{1}{L}\sum_{i=1}^{n}\bar{x}_i$$

$$S_{\bar{x}} = \sqrt{\frac{1}{L-1}\sum_{i=1}^{n}(\bar{x}_i - \bar{x})^2}$$

③ 可疑均值为最大值 $\bar{x}_{\max}$ 时，按下式计算统计量 T：

$$T = \frac{\bar{x}_{\max} - \bar{x}}{S_{\bar{x}}}$$

④ 根据给定的显著性水平 α 和测定值的组数 L，由附表 3 Grubbs 检验临界值 T_a 表查得临界值 T_a。

⑤ 若 $T > T_{0.01}$，则可疑均值为离群均值，应予剔除，即剔除含有该均值的一组数据；若 $T_{0.05} < T \leqslant T_{0.01}$，则可疑均值为偏离均值；若 $T \leqslant T_{0.05}$，则可疑均值为正常值。

（4）Cochran 最大方差检验法检验步骤

设有 L 组测定值，每组 n 次测定的标准偏差分别为 S_1，$S_2, \cdots, S_i, \cdots, S_L$。

① 将 L 个标准偏差按大小顺序排列，其中最大者 L 为 $S_{\max}$。

② 计算统计量 C：

$$C = \frac{S_{\max}^2}{\sum_{i=1}^{n}S_i^2}$$

若 $n=2$，每组两次测定值的极差分别为 R_1，$R_2, \cdots, R_i, \cdots, R_L$，亦可按下式计算统计量 C：

$$C = \frac{R_{\max}^2}{\sum_{i=1}^{n}R_i^2}$$

式中，$R_{\max}$ 为 R_i（$i=1$，2，$\cdots$，L）中的最大值。

③ 根据给定的显著性水平 α，测定值的组数 L，每组测定次数 n，由附表 4 Cochran 最大方差检验临界值 C_a 表，查得临界值 C_a。

④ 若 $C > C_{0.01}$，则可疑方差为离群方差，即该组数据精密度过低，应予剔除；若 $C_{0.05} <$

$C \leqslant C_{0.01}$，则可疑方差为偏离方差；若 $C \leqslant C_{0.05}$，则可疑方差为正常方差，即 L 组测定值为等精度测定值。

三、监测结果表达

（1）用算术均数 $\overline{X}$ 代表集中趋势

测定过程中排除系统误差和过失误差后，只存在随机误差，根据正态分布的原理，当测定次数无限多（$n \to \infty$）时的总体均值，μ 应与真值 X_t 很接近。但实际只能测定有限次数，因此，样本的算术均数是代表集中趋势监测结果的最常用方式。

（2）用算术均数和标准偏差表示测定结果的精密度 $\overline{X} \pm S$

算术均值代表集中趋势，标准偏差表示离散程度。算术均值代表性的大小与标准偏差的大小有关，即标准偏差大，算术均数代表性小，反之亦然。因此，监测结果常以 $\overline{X} \pm S$ 表示。

（3）用变异系数 CV 表示结果

标准偏差大小还与所测均数的水平或测量单位有关，不同水平或单位的测定结果之间，其标准偏差是无法进行比较的。而变异系数是相对值，故可在一定范围内用来比较不同水平或单位的测定结果之间的变异程度。

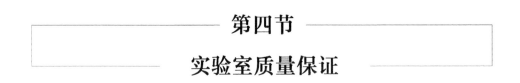

第四节 实验室质量保证

为保证环境监测质量，把监测分析误差控制在容许限度内，保证测量结果有一定的精密度和准确度，使分析数据在给定的置信水平内确保达到所要求的质量，作为监测质量保证极为重要一个方面的实验室质量保证十分重要。

实验室质量保证是建立在合格的实验室基础之上的。实验室质量保证分为实验室内部质量控制（内部控制）和实验室之间质量控制（外部控制），内部控制是保证实验室提供可靠监测结果的关键，也是保证外部控制顺利进行的基础。

一、实验室内部质量控制

实验室内部质量控制是指实验室分析人员对分析质量进行自我控制的过程。它主要反映的是分析质量的稳定性如何，以便及时发现某些偶然的异常现象，随时采取相应的校正措施。

实验室内部控制主要方法如下。

1. 空白试验

在环境监测的痕量分析中，由于样品测定值很小，常与空白试验值处于同一数量级，空白试验值的大小及其分散程度，对分析结果的精密度和分析方法的检测限都有很大影响。而且空白试验值的大小及其重复性如何在相当大的程度上能较全面地反映一个环境监测实验室及其分析人员的水平。

实验用水及化学试剂的纯度、玻璃容器的洁净度、分析仪器的精度及操作、实验室内的环境污染状况及分析人员的水平和经验等，都将影响空白试验值。

空白试验值的测定步骤如下。

（1）每天测定两个空白试验平行样（共测 5 天）。
（2）计算标准偏差或批内标准偏差。
（3）根据空白试验值计算检测限。

检测限规定方法如下：

① 在《全球环境监测系统水监测操作指南》中规定：给定置信水平为95%时，样品质量浓度的一次测定值与零质量浓度样品的一次测定值有显著性差异者即为检测限 L。

当空白测定次数 $n>20$ 时：

$$L = 4.6\sigma_{wb}$$

式中　σ_{wb}——空白平行测定（批内）标准偏差。

当空白测定次数 $n<20$ 时：

$$L = 2\sqrt{2}t_f S_{wb}$$

式中　S_{wb}——空白平行测定（批内）标准偏差；
　　　f——批内自由度，$f = m(n-1)$；
　　　m——重复测量次数；
　　　n——平行测定次数；
　　　t_f——显著性水平为 0.05（单测）、自由度为 f 时的 t 值。

② 国际理论与应用化学联合会（IUPAC）对检测限 L 作如下规定。

对各种光学分析方法，可测量的最小分析信号 x_L 以下式确定：

$$x_L = \overline{x_b} + KS_b$$

式中　$\overline{x_b}$——空白多次测量的平均值；
　　　S_b——空白多次测量的标准偏差；
　　　K——根据一定置信水平确定的系数。

与 $x_L - \overline{x_b}$（即 KS_b）相应的限度或量即为检测限 L：

$$L = \frac{x_L - \overline{x_b}}{S} = \frac{KS_b}{S}$$

式中　S——方法的灵敏度，建议 $K=3$，相应置信水平值为 90%。

③ 分光光度法的规定。在某些分光光度法中以扣除空白值后的吸光度为 0.01，相对应的质量浓度值为检测限。

④ 气相色谱法的规定。气相色谱分析的最小检测量，指检测器恰能产生与噪声相区别的响应信号时所需进入色谱柱的物质的最小量。通常认为恰能辨别的响应信号最小应为噪声的 2 倍。最小检测质量浓度系指最小检测量与进样量（体积）之比。

⑤ 离子选择电极法的规定。当某一方法的曲线的直线部分外延的延长线与通过空白电位

且平行于质量浓度轴的直线相交时，其交点所对应的质量浓度值即为这些离子选择电极法的检测限。

（4）判断结果

① 如 L 等于或略小于标准分析方法所规定的检测限，则采用规定值。

② 如 L 显著偏低并被多次测定证实其稳定性很好，也可改用此实测值，但必须在报告中加以说明。

③ 如 L 大于标准分析方法的规定值，则表明空白试验值不合格，应找出原因并加以改正，直至 L 小于或等于规定值后，实验才能继续进行。

2. 绘制校准曲线

每种应用校准曲线法的分析方法在初次使用时，可通过绘制校准曲线以确定它的检测上限，并结合检测下限确定其检测范围（线性范围）。但为使监测分析结果的误差限定在要求的范围内，测定范围可规定在测定下限和上限之间。

校准曲线绘制步骤如下：

① 配制在测量范围内的一系列已知质量浓度的标准溶液。标准溶液分析处理应与样品完全相同。

② 按照与样品相同的测定步骤，测定各质量浓度标准溶液的响应值。同时做空白试验，扣除空白试验值。

③ 选择适当的坐标纸，以响应值为纵坐标，以质量浓度（或量）为横坐标，绘图。

④ 校准曲线亦可由最小二乘法的原理计算求出然后绘图，此法不受分析人员绘图时主观判断影响。

在实验工作中，由于质量浓度因素影响校准曲线控制，测得 5~7 个对应值后，还要进行线性关系的检验。

若有一组测定值，相关变量分别为 $x_1, x_2, x_3, \ldots, x_n; y_1, y_2, y_3, \ldots, y_n$。

变量 x 与 y 之间线性关系的密切程度可以用相关系数 r 来表示：

$$r = \frac{S_{xy}}{\sqrt{S_{xx}S_{yy}}}$$

式中：

$$S_{xx} = \sum(x_i - \bar{x})^2 = \sum x_i^2 - \frac{1}{n}(\sum x_i)^2$$

$$S_{yy} = \sum(y_i - \bar{y})^2 = \sum y_i^2 - \frac{1}{n}(\sum y_i)^2$$

$$S_{xy} = \sum(x_i - \bar{x})(y_i - \bar{x}) = \sum x_i y_i^2 - \frac{1}{n}\sum x_i \sum y_i$$

$$\bar{x} = \frac{1}{n}\sum x_i, \quad \bar{y} = \frac{1}{n}\sum y_i$$

当 $|r|=0$ 时，y 与 x 毫无线性关系；

当 $0<|r|<1$ 时，y 与 x 间存在一定线性关系；

当 $|r|=1$ 时，y 与 x 为完全线性关系。

$|r|$ 越接近于 1，线性相关越好。

对于环境监测分析工作中校准曲线，应力求$|r|\geqslant 0.999$。否则应找出原因加以纠正，并重新进行测定和绘制。

3. 回收试验

为确定一个方法的准确度，可向未知样品中加入已知量的标准待测物质，并同时测定该样品以及样品加标准物质后待测物质的质量分数，然后计算回收率。回收率越接近100%，说明该方法越准确。

回收率=[（样品加标准物质的测量值−样品的测量值）/加入标准物质的量]×100%

加入标准物质的量最好与样品中待测物质的质量浓度水平相等或接近，在任何情况下要求加标量不大于样品中待测物质质量分数的3倍。回收试验具体步骤如下。

① 根据分析方法、测定仪器、样品情况和操作水平等，随机抽取10%～20%的样品进行加标回收率测定。

② 比较判断。对于有准确度控制图的监测项目，将测定结果点入图中进行判断，无此控制图者其测定结果不得超出监测分析方法中规定的加标回收率范围。

若监测分析方法中无规定范围值时，则可规定其目标值为95%～105%。当超过此范围时，应再根据其测定的$S/\sqrt{n}$，自由度f，测定次数n，给定的置信水平值（95%）和加标量D，按照如下公式计算出可以接受的上、下限。

$$P_{下限} = 0.95 - \frac{t_{0.05}(f)\frac{s}{\sqrt{n}}}{D}$$

$$P_{上限} = 1.05 + \frac{t_{0.05}(f)\frac{s}{\sqrt{n}}}{D}$$

③ 当抽样合格率<95%时，除对不合格者重新进行加标回收率测定外，应再增加测定10%～20%样品的加标回收率，如此累进，直至总合格率≥95%为止。

4. 比较实验

对于分析准确度的判断，加标回收率实验虽然方法简单，结果明确，但由于在分析过程中对样品和加标样品的操作完全相同，以致干扰的影响、操作损失或环境污染对二者影响可能也是相同的，造成误差互相抵消，因而对分析中的某些问题尚难发现。

比较实验是用具有可比性的不同分析方法，对同一样品进行分析，将所测得的值互相比较，根据其符合程度来估计测定的准确度。由于采用的分析方法不同，甚至操作人员也不同，误差不能抵消。故它比应用加标回收率实验判断测定的准确度更为可靠。

5. 对照分析

对照分析即在进行环境样品分析同时，实验室应用权威部门制备和分发的标准物质进行平行分析，并将此分析结果与已知质量浓度进行对照，以控制分析结果的准确度。

6. 质量控制图

在日常的环境监测工作中，为了连续不断地监视和控制分析测定过程中可能出现的误差，对经常性的分析项目需用质量控制图来控制质量。

质量控制图制定原理是分析结果之间的变异服从正态分布。它的纵坐标为统计值，横坐标为测定次数。一张质量控制图通常包括有中心线、上下警告线和上下控制线。

常用质量控制图有均数控制图（$\overline{X}$图），均数-极差控制图（$\overline{X}-R$图）和多样控制图。

编制质量控制图时首先要对质量控制样品进行分析测定。质量控制样品通常模拟环境样品的基本组成和相应质量浓度，由同种纯物质和纯水制成，或在一定量的环境样品中加入一定量的与待测物质相同的纯物质混合均匀而成，以保证质量控制样品组成与环境样品相近，且性质稳定，分布均匀。

(1) $\overline{X}$图编制步骤

① 在一段时间内，测定质量控制样品，至少取20个数据，每个数据由一对平行样品的测定结果求得。

② 求出平均值$\overline{X}$和标准偏差S。

③ 绘图以$\overline{X}$为中心线，$\overline{X}\pm 2S$为上下警告线，$\overline{X}\pm 3S$为上下控制线。

④ 将测定数据按顺序点在图上，数据应满足以下要求：

a. 超出上、下控制线的数据视为离群值予以剔除，剔除后不足20个数据时应再测补足。并重新计算S和$\overline{X}$，重绘质量控制图，直至20个数据全部落在控制线内。

b. 落在$\overline{X}\pm S$范围内的点应占总数的2/3以上。如果少于50%，则说明分散度太大，不可靠，应重作。

c. 如果按测定顺序连续7点出现在中心线的同一侧，则表示所得数据不是充分随机的，亦应重作。

质量控制图绘成后，应标明测定项目，质量控制样品质量浓度、分析方法、实验条件、分析人员、绘制日期等。

(2) $\overline{X}-R$图编制步骤

① 至少测定20天质量控制样品，每天平行测定2份，共得20对数据。

② 求出$\overline{X}$，R，$\overline{\overline{X}}$，$\overline{R}$。

③ 按下列统计值作出$\overline{X}-R$质量控制图。

$\overline{X}$图：中心线$\overline{\overline{X}}$，警告线$\overline{\overline{X}}\pm 1.25\overline{R}$，控制线$\overline{\overline{X}}+1.88\overline{R}$。

R图：中心线$\overline{R}$，上控制线$3.27\overline{R}$，下控制线0。

$\overline{X}$图表明采样分析准确度及控制情况，$\overline{R}$图表明测定精密度控制情况。正常情况下要求两者都在控制范围内。

$\overline{X}-R$图对质量控制较为灵敏。

(3) 多样控制图编制步骤

① 对不同质量浓度的质量控制样品进行至少20次测定，记录结果。

② 计算出平均质量浓度和标准偏差S。

③ 以0为中心线，以$\pm 2S$作为上下警告线，以$\pm 3S$作为上、下控制线绘图。

采用多样控制图能适应环境样品质量浓度多变的情况，避免分析人员对单一质量浓度质量控制样品测定值的习惯性误差。

二、实验室间质量控制

实验室间质量控制由实验室外部的上级监测机构，对实验室及其分析人员的分析质量进行的定期或不定期的考查过程，这对提高实验室的监测分析水平，增加各实验室之间测定结果的可比性有重大意义。

外部控制主要方法如下。

（一）统一分析方法

各实验室在常规监测和质量控制活动中，均应首先从我国已建立的标准方法和等效采用的国际标准方法中选定统一的分析方法，采用其他方法，必须向上级主管部门报交分析方法的书面资料，并提供方法验证的分析数据，经批准后使用。统一分析方法能减少各实验室的系统误差，使所得数据具有可比性。

（二）质量保证样品分发使用

标准样品应逐级自上而下分发。

一级标准物质，作为环境监测质量保证的基准物质，由国家环境监测总站分发给各省、自治区、直辖市的环境监测中心。

各省、自治区、直辖市的环境监测中心配制的二级标准物质应严格按要求的配制方法配制，经过检验证明质量达要求，经国家环境监测总站确认后，分发给各实验室作为基准使用。

有特定用途时，各省、自治区、直辖市在具备合格实验室基础的条件下，可自行配制所需统一样品，分发给所属网、站。

（三）实验室质量考核

在实验室完成内部质量控制基础上，由上级监测中心实验室对下级监测实验室进行考核。只有考试成绩合格的实验室，常规监测分析数据可被承认和接受，而对于不合格实验室，将给予技术上指导和帮助，尽快提高其分析监测质量。

质量考核方案一般包括质量考核测定项目、分析方法、参加单位、统一程序、结果评定几部分。

质量考核执行部门将被考核实验室数据进行统计处理后作出评价并予公布。

各被考核实验室从考核中发现自身问题，及时校正，从而保证监测质量。

（四）实验室误差测验

在实验室质量保证中起支配作用的误差为系统误差。应对实验室不定期进行误差测验，以确定系统误差的大小对分析结果是否有显著影响，并及时采取必要纠正措施，保证实验室间分析结果的可比性。

第五节 标准分析方法与分析方法标准化

一、名词解释

（1）标准（standard）

国际标准化组织定义的标准是经公认的权威机构批准的一项特定标准化工作成果。

标准的表现形式如下：

① 一项文件，规定一整套必须满足的条件；

② 一个基本单位或物理常数；

③ 可用作实体比较的物体。

（2）标准分析方法（standard analysising method）

标准分析方法又称分析方法标准，是技术标准中的一种。标准分析方法是一项文件，是权威机构对某项分析所作的统一规定的技术准则，是各方面共同遵守的技术依据。

作为标准分析方法，必须满足以下条件：

① 按规定的程序编制；

② 按照规定的格式编写；

③ 方法的成熟性得到公认，通过协作试验确定了方法的误差范围；

④ 由权威机构审批发布。

（3）标准化（standardization）

标准化是为了所有有关方面的利益，特别是为了促进最佳的全面经济效果，并适当考虑产品使用条件与安全要求，在所有有关方面的协作下，进行有秩序的特定活动，制订并实施各项规则的过程。这是国际标准化组织给标准化的定义，标准化活动的结果是标准。

（4）协作试验

协作试验指实验室间为了一个特定的目的和按照预定的程序所进行的合作研究活动。协作试验可用于分析方法标准化、标准物质质量浓度定值、实验室间分析争议的解决和分析人员技术评定等工作。

在标准分析方法的文件中，用规范化的术语和准确的文字对分析程序的各个环节进行描述和作出规定。如对实验条件的明确规定、结果的计算方式和表达方式规定、结果好坏判断准则等。

二、标准分析方法

在环境监测活动中，为使同一实验室的分析人员分析同一样品的结果及不同实验室的分析人员分析同一样品的结果一致，保证分析结果的重要性、再现性和准确性，各级监测实验室应积极采用标准分析方法，严格执行标准分析方法的各项规定。

分析方法标准大致可分为以下 5 级。

① 国际级：一般是指由国际标准化组织（ISO）颁发标准。

② 国家级：由各国家标准局颁发。如中国标准（GB），美国标准（ANSI）。

③ 行业（专业）或协会级，由某行业（专业）组织或协会颁布，如我国部颁标准，美国公共卫生协会标准等。

④ 公司（企业）或地方级。

⑤ 个别或特殊级。

我国标准分析方法分国家级、专业（部）级和企业级 3 级。

三、分析方法标准化

标准化工作涉及方面较广，必须依靠各部门通过执行一定程序协作完成。为保证具有高度政策性、经济性、技术性、严密性和连续性的标准化工作的顺利进行，制定出高质量的标准，必须建立严密的组织机构，以标准化条例约束其职能和权限。

国外标准化工作的一般程序如下。

① 由一个专家委员会根据需要选择方法，确定准确度、精密度和检测限指标。

② 专家委员会指定一个任务组（通常是有关的中央实验室）负责设计实验方案，编写详细的实验程序，制备和分发实验样品和标准物质。

③ 任务组负责抽选 6~10 个参加实验室。其任务是熟悉任务组提供的实验步骤和样品，并按任务要求进行测定，将测定结果写出报告，交给任务组。

④ 任务组整理各实验室报告，如果各项指标均达到设计要求，则上报权威机构出版公布；如达不到预定指标，需修正实验方案，重做实验，直到达到预定指标为止。

四、监测实验室间的协作试验

在分析方法标准化工作中，为了确定拟作为标准的分析方法在实际应用条件下可以达到的精密度和准确度，制定实际应用中分析误差的允许界限，以作为方法选择、质量控制和分析结果仲裁的依据，通常对实验室间协作试验进行监测。

（1）协作试验的技术术语

① 平行测定。在同一实验室内，当分析人员、分析设备和分析时间完全相同时，用同一分析方法对同一样品进行的双份或多份平行样测定。

② 重复测定。在同一实验室内，当分析人员、分析设备和分析时间中至少有一项不相同时，用同一分析方法对同一样品进行 2 次或 2 次以上的独立测定。

③ 平行测定的精密度。对同一样品进行测定时所得分析结果的符合程度。用平行测定标准偏差 S_n 表示。

④ 重复测定的精密度。对同一样品进行重复测定时所得分析结果的符合程度。用重复测定标准偏差 S_r 表示。

⑤ 室内精密度。包括平行测定精密度和重复测定精密度。

⑥ 室间精密度。不同实验室用同一分析方法，对同一样品进行各项测定，所得分析结果的符合程度。用室间总标准偏差 S_R 表示。

⑦ 室内平行测定误差。在 95%的置信水平下，某一分析人员用同一分析方法和分析设备，在同一时间对同一样品进行 n_0 份平行样分析，所测得的结果的极差允许界限，记为 r_p。

⑧ 室内重复测定允许差。包括单个分析结果允许差和均值允许差。在 95%置信水平下，同一实验室（分析人员、分析设备和分析时间中，至少有一项不同）用同一分析方法对同一样品进行 m_0 次测定。每次平行样数为 n_0，所得 q（$q=m_0 n_0$）个分析结果的极差的允许界限称为重复测定单个分析结果允许差，记为 r_0。m_0 个重复测定分析结果均值的极差允许界限称为重复测定均值允许差，记为 r_A。

⑨ 室间允许差。在 95%的置信水平下，L_0 个实验室（分析人员、分析设备以及分析时间都不相同）用同一分析方法对同一样品进行 m_0 次重复测定（平行样数为 n_0），其分析结果均值的极差允许界限称为室间允许差，记为 R。

⑩ 标准物质测定的允许差。在 95%的置信水平下，某一分析人员用同一分析方法对同一标准物质进行 n_0 份平行测定，分析结果均值与标准物质保证值之绝对差的允许界限即为标准物质测定的允许差，记为 B。

（2）协作试验的组织

标准化组织一般包括标准化主管部门、技术委员会、技术归口单位和技术工作组 4 级。方法标准化协作试验是方法标准化工作的一部分，在技术归口单位的领导下由技术工作组完成。一个技术工作组由一名组长负责技术工作组织，他必须熟悉标准化的分析方法，并具备必要的数理统计知识，必要时也可请一名数理统计工作者协助工作。不同分析方法的标准化由不同的技术工作组完成。技术工作组是临时性的，任务完成后自行撤销。

（3）协作试验程序

① 协作试验设计书编制与审批。根据协作试验目标要求，由技术工作组组长设计协作试验协议书，并经技术归口单位审批。

② 协作试验实施和质量控制。

③ 协作试验的数据处理。

（4）协作试验的设计

协作试验设计，要根据影响方法精密度和准确度的主要因素和数理统计学的要求，选择试验参数，并作出定性和定量的规定，以保证试验结果具有最好的代表性和最大的应用性。

在方法标准化协作试验中，常考虑下列因素。

① 参加实验室。参加协作试验的实验室要选择在地区和技术上有代表性，并具备参加协作试验的基本条件，避免选择技术水平太高或太低的实验室；实验室数目以多为好，至少选 5 个。

② 分析方法。选择能满足确定的分析目的，并已完成了较严格条件下的测验的成熟或较成熟的分析方法。

③ 分析人员。参加协作试验的实验室指定具有中等技术水平并对被估价的方法具有实际

经验的分析人员参加工作。

④ 实验设备。参加的实验室要尽可能用已有的可互换的同等设备，各种量具、仪器等按规定校准。如同一实验室有 2 人以上参加，除专用设备外，其他常用设备（如天平、玻璃器皿和分光光度计等）不得共用。

⑤ 样品的类型和质量浓度（或质量分数）。样品基体应有代表性，在整个试验期间必须均匀稳定。由于精密度往往与样品中被测物质质量浓度水平有关，至少要包括高、中、低 3 种质量浓度。如要确定精密度随质量浓度变化的回归方程，则至少要使用 5 种不同质量浓度的样品。只向参加实验室分送必需的样品量，不得多余。样品中待测物质量分数不应为整数或一系列有规则的数，作为商品或限定值已知的标准物质不宜作为方法标准化协作试验样品，使用密码样品可避免"习惯性偏差"。

⑥ 分析时间和测定次数。同一名分析人员至少要在 2 个不同的时间进行同一样品的重复分析。一次平行测量的平行样数目不得少于 2 个。每个实验室对每种质量浓度（或质量分数）的样品的总测定次数不应少于 6 次。

（5）协作试验实施

① 技术工作组编写实验方法说明。内容包括待测组分名称、使用分析方法、样品个数、待测组分的质量分数范围、样品保存方法和分析前的处理方法、测定次数（平行、重复）、分析起讫期、分析结果有效位数、单位、数据报表上报日期等。

② 由技术工作组将实验方法说明和分析方法分发到各参加实验室有关分析人员。

③ 技术工作组根据要求准备分析用样品，按时分送到各参加实验室。样品容器上要注明编号、待测物名称及大致质量分数范围和分送日期。对于不可能统一分发样品的不稳定化合物测定，分析用样可由技术工作组委托当地实验室根据技术工作组规定的配制方法配制。

④ 参加试验各实验室按要求进行实验，同时采用质量保证措施。

⑤ 各参加实验室将分析结果报表按期送到技术工作组。

⑥ 技术工作组对上报结果进行统计分析，计算出精密度、准确度等指标，写出总结报告。总结报告包括全部原始数据、数据计算、分析过程以及对分析结果和数据处理的说明。

⑦ 总结报告上报技术归口单位。

⑧ 技术归口单位审查分析结果报告后，对方法标准化工作确定方法精密度和准确度的表达方式，制定切实可行的允许差或允许差表达方式，报技术委员会通过。

⑨ 协作试验的数据处理。

a. 整理原始数据，汇总成便于计算的表格。

b. 检查数据并进行离群值检验。

c. 计算精密度及准确度，进行质量浓度（或质量分数）之间相关性的检验。

d. 计算允许差。

e. 计算准确度。

第六节 环境标准物质

一、名词解释

（1）环境计量

环境计量是定量地描述环境中有害物质或物理量在不同介质中的分布及质量浓度（或强度）的一种计量系统。

环境计量包括环境化学计量和环境物理计量两大类。

环境化学计量是指以测定大气、水体、土壤以及人和生物中有害物质为中心的化学物质计量系统。

环境物理计量是指以测定噪声、振动、电磁波、放射性、热污染等为中心的物理量的计量系统。

（2）基体和基体效应

在环境样品中，各种环境污染物的质量分数一般都在10^{-6}或10^{-9}的水平，而大量存在的其他物质则称为基体。

目前在环境监测中所用的分析测定方法绝大多数是将基准试剂或标准溶液与待测样品在相同条件下进行比较测定的相对分析方法。由于单一组分的标准溶液与实际样品间的基体差异很大，因而把标准溶液作为"标准"来测定实际样品时，常会产生很大的误差。这种由于基体因素给测定结果带来的影响，称为基体效应。

（3）环境标准物质（material of environmental standard）

环境标准物质定义为按规定的准确度和精密度确定了某些物理特性值或组分质量分数值，在相当长时间内具有可被接受的均匀性和稳定性，并在组成的性质上接近于环境样品的物质。使用环境标准物质，可避免基体效应产生的误差。

二、环境样品的特性

环境样品从其化学计量来看具有如下特性。

① 样品的种类和形态具有多样性。

② 样品的基体组成极其复杂，而且样品的种类来源、采样地点和采样时间不同，其组成也大不相同。

③ 样品中待测物质的质量浓度（或质量分数）范围很广，而且很多环境污染物即使在低质量浓度（分数）下仍具有很强的毒性，因此，对质量浓度（分数）极低的样品也不能忽视。

④ 样品容易受物理、化学及生物等因素的影响而变化，不易保存。

三、环境标准物质的特性

环境标准物质与其他标准物质相比，具有以下几个特性。
① 环境标准物质是直接用环境样品或模拟环境样品制得的一种混合物。
② 环境标准物质的基体组成很复杂。
③ 环境标准物质应具有良好的均匀性，选定标准物质成为测量标准的基本条件，也是传递准确度的必要条件。

当某些元素或化合物在环境样品中天然分布不均匀时，就不能直接从环境样品获得该元素或化合物的环境标准物质。
④ 待测组分或元素质量浓度（或质量分数）不能过低，以免测定结果受测定方法的检测限和精密度的影响。
⑤ 环境标准物质应具有良好的稳定性和长期保存性。为满足用户需要，避免频繁制备而造成的人力和材料的浪费。
⑥ 环境标准物质是一种消耗性物质，每次制备量要大些。

四、标准物质的分类

国际上常用的标准物质分类方法如下。
（1）国际理论与应用化学联合会（IUPAC）的分类
① 原子量标准的参比物质（reference of atomic weight standard）；
② 基准标准物质（ultimate standard）；
③ 一级标准物质（primary standard）；
④ 工作标准物质（working standard）；
⑤ 二级标准物质（secondary standard）；
⑥ 标准参考物质（standard reference material）。
（2）按审批者的权限水平分类
① 国际级标准物质。由各国专家共同审定并在国际上通用的标准物质。
② 国家一级标准物质。由各国政府中的权威机构审定的标准物质。如美国国家标准局的标准物质（SKM），英国的 BAS 标准物质。
③ 地方标准物质。由某一地区、某一学会或某一科学团体制定的标准物质。如美国材料与试验协会（ASTM）标准物质。

五、我国的标准物质

我国标准物质以 BW 为代号，我国标准物质等级按照从国际制单位传递下来的准确度等级分为国家一级标准物质和二级标准物质（部颁标准物质）。

（1）一级标准物质

一级标准物质是指用绝对测量法或其他准确可靠的方法确定物质特性量，准确度达到国内最高水平并相当于国际水平，经国家权威机构审定的标准物质。量局批准而颁布的，附有证书的标准物质。

一级标准物质具备基本条件规定如下。

① 用绝对测量法或两种以上不同原理的准确可靠的测量方法进行定值。此外，亦可在各个实验室中分别使用准确可靠的方法进行协作定值。

② 定值的准确度应具有国内最高的水平。

③ 应具有国家统一编号的标准物质证书。

④ 稳定时间在一年以上。

⑤ 应保证其均匀度在定值的精度范围内。

⑥ 应具有规定的合格形式。

（2）二级标准物质

二级标准物质（secondary reference material）系指各工业部门或科研单位为满足本部门及有关使用单位的需要而研制出来的工作标准物质。

二级标准物质的特性量值通过与一级标准物质直接对比或用其他准确可靠的分析方法测试而获得，并经有关主管部门审查批准。其中性能良好的、准确度高的、具备批量制备条件的二级标准物质，经审批后亦可上升为一级标准物质。划分标准物质的关键在于定值的准确度水平。因此，对一级标准物质和二级标准物质的定值的准确度要求有所不同。一般来说，一级标准物质应具有 0.3%～1% 的准确度。而二级标准物质则应具有 1%～3% 的准确度。但环境标准物质因基体、待测组分质量分数低，其准确度要求可适当修正。

我国已有的环境标准物质为：

① 标准水样，如镉、铅、汞标准水样。

② 固体标准物质，如土壤、头发等。

③ 标准气体，如环境大气、测定用标准气体和汽车排气测定用标准气体 CO_2，SO_2 等。

六、环境标准物质在环境监测中的作用

环境标准物质的使用，保证了环境监测结果的可靠性。因此，环境标准物质的作用受到各个方面的重视。

环境标准物质在分析测试中应用如下。

① 研究和验证分析测试的标准方法，发展分析测试的新方法。把标准物质作为方法鉴定的标准，即以标准物质的保证值作为"真值"。如果方法测试结果（或是一种新仪器测试的结果）在要求的准确度范围内与标准物质的保证值一致，则认为这种方法（或这种仪器）是可靠的，可以推广应用。

② 用于校准各种测试仪器。

③ 作为分析测试的标准或参照物。

④ 作为标准传递。

⑤ 用作实验室内部和实验室间质量保证。
⑥ 作为技术仲裁依据。
⑦ 提高合作实验数据的精密度。

七、标准物质的制备

环境标准物质一般用人工合成法制备，步骤如下。

① 根据环境监测的需要，确定与所要制备的标准物质相对应的环境样品类型，调查这些样品的组成和质量浓度（或质量分数），据此确定标准物质的组成。

② 按所确定的组成和质量浓度（或质量分数）范围，制备模拟环境样品，进行均匀度和稳定性试验。固体标准物质的均匀度和液体、气体标准物质的稳定性是关键性指标。稳定性试验是在保存条件下对模拟环境样品中待测组分的质量浓度（或质量分数）进行定期的持续测定，了解其变化的情况，如发生超过规定的变化，则需改变保存条件，调整组分的质量浓度（或质量分数）。

③ 制备一定数量环境标准物质，分装和包装后，再进行稳定性试验。

④ 确定保证值。保证值是通过已排除了系统误差，用准确度比实际使用方法更高的分析方法测定所得之值，这是最接近于真值的标准物质特性量值。

确定保证值工作是通过一定数量的实验室协作试验，数据按统计处理所得。

制备标准样品时，对所用试剂的级别、纯度、天平的准确度和精密度、保存容器的性能、测定方法的准确度和精密度及操作环境等均有一定的要求。

复习与思考题

1. 为什么在环境监测中要开展质量保证工作？它包括哪些内容？
2. 误差的来源主要有哪几个方面？
3. 什么是准确度和精密度？
4. 为什么在环境监测中必须采用国家规定的标准方法，并严格按规范操作？
5. 什么叫基体效应？为什么在环境监测中必须考虑基体效应的影响？如何消除？
6. 标准物质具有哪些特点？用途是什么？
7. 简述实验室质量控制的意义、内容和方法。
8. 监测实验室间协作试验的目的是什么？

附录 主要公式及临界值表

表1 Dixon检验统计量计算公式

范围	可疑数值为最小值 X_1 时	可疑数值为最大值 X_n 时
3～7	$Q=(X_2-X_1)/(X_n-X_1)$	$Q=(X_n-X_{n-1})/(X_n-X_1)$
8～10	$Q=(X_2-X_1)/(X_{n-1}-X_1)$	$Q=(X_n-X_{n-1})/(X_n-X_2)$
11～13	$Q=(X_3-X_1)/(X_{n-1}-X_1)$	$Q=(X_n-X_{n-2})/(X_n-X_2)$
14～25	$Q=(X_3-X_1)/(X_{n-2}-X_1)$	$Q=(X_n-X_{n-2})/(X_n-X_3)$

表2 Dixon检验临界值 Q_a 表

n	显著水平 α 0.10	显著水平 α 0.05	显著水平 α 0.01	n	显著水平 α 0.10	显著水平 α 0.05	显著水平 α 0.01
3	0.886	0.941	0.988	15	0.472	0.525	0.616
4	0.679	0.765	0.889	16	0.454	0.507	0.595
5	0.557	0.642	0.780	17	0.438	0.490	0.577
6	0.482	0.560	0.698	18	0.424	0.475	0.561
7	0.434	0.507	0.637	19	0.412	0.462	0.547
8	0.479	0.554	0.683	20	0.401	0.450	0.535
9	0.441	0.512	0.635	21	0.391	0.440	0.524
10	0.409	0.477	0.597	22	0.382	0.430	0.514
11	0.517	0.576	0.679	23	0.374	0.421	0.505
12	0.490	0.546	0.642	24	0.367	0.413	0.497
13	0.467	0.521	0.615	25	0.360	0.406	0.489
14	0.492	0.546	0.641				

表3 Grubbs 检验临界值 T_a 表

L	显著水平 α				L	显著水平 α			
	α=0.01	α=0.05	α=0.01	α=0.05		α=0.01	α=0.05	α=0.01	α=0.05
3	1.153	1.155	1.155	1.155	30	2.745	2.980	3.103	3.236
4	1.463	1.481	1.492	1.496	31	2.759	2.2924	3.119	3.253
5	1.672	1.715	1.749	1.764	32	2.773	2.938	3.135	3.270
6	1.822	1.887	1.944	1.973	33	2.786	2.952	3.150	3.286
7	1.938	2.020	2.079	2.139	34	2.799	2.965	3.164	3.301
8	2.032	2.126	2.221	2.274	35	2.811	2.979	3.178	3.316
9	2.110	2.215	2.323	2.387	36	2.823	2.991	3.191	3.330
10	2.176	2.290	2.410	2.482	37	2.835	3.003	3.204	3.343
11	2.234	2.355	2.485	2.564	38	2.846	3.014	3.216	3.356
12	2.285	2.412	2.550	2.636	39	2.857	3.025	3.228	3.369
13	2.331	2.462	2.607	2.699	40	2.866	3.036	3.240	3.381
14	2.371	2.507	2.659	2.755	41	2.877	3.046	3.251	3.393
15	2.409	2.549	2.705	2.806	42	2.887	3.057	3.261	3.404
16	2.443	2.585	2.747	2.852	43	2.896	3.067	3.271	3.415
17	2.475	2.620	2.785	2.894	44	2.905	3.075	3.282	3.425
18	2.504	2.651	2.821	2.932	45	2.914	3.085	3.292	3.435
19	2.532	2.681	2.854	2.968	46	2.923	3.094	3.302	3.445
20	2.557	2.709	2.884	3.001	47	2.931	3.103	3.310	3.455
21	2.580	2.733	2.912	3.031	48	2.940	3.111	3.319	3.464
22	2.603	2.758	2.939	3.060	49	2.948	3.120	3.329	3.474
23	2.624	2.781	2.913	3.087	50	2.956	3.128	3.336	3.483
24	2.644	2.802	2.987	3.112	60	3.025	3.199	3.411	3.560
25	2.663	2.822	3.009	3.135	70	3.082	3.257	3.471	3.622
26	2.681	2.841	3.029	3.157	80	3.130	3.305	3.521	3.673
27	2.698	2.859	3.049	3.178	90	3.171	3.347	3.563	3.716
28	2.714	2.876	3.068	3.199	100	3.207	3.383	3.600	3.754
29	2.730	2.893	3.085	3.218					

表4　Cochran最大方差检验临界值C_a表

L	L=2		L=3		L=4		L=5		L=6	
	$\alpha=0.01$	$\alpha=0.05$	$\alpha=0.01$	$\alpha=0.05$	$\alpha=0.01$	$\alpha=0.05$	$\alpha=0.01$	$\alpha=0.05$	$\alpha=0.01$	$\alpha=0.05$
2			0.995	0.975	0.979	0.939	0.959	0.906	0.937	0.887
3	0.993	0.967	0.942	0.871	0.883	0.798	0.834	0.746	0.793	0.707
4	0.968	0.960	0.864	0.768	0.781	0.684	0.721	0.629	0.676	0.590
5	0.928	0.841	0.788	0.684	0.696	0.598	0.633	0.544	0.588	0.506
6	0.883	0.781	0.722	0.616	0.626	0.532	0.564	0.480	0.520	0.445
7	0.838	0.727	0.664	0.561	0.586	0.480	0.508	0.431	0.466	0.397
8	0.794	0.680	0.615	0.516	0.521	0.438	0.463	0.391	0.423	0.360
9	0.754	0.683	0.573	0.478	0.481	0.403	0.425	0.358	0.387	0.329
10	0.718	0.602	5.536	0.445	0.447	0.373	0.393	0.331	0.357	0.303
11	0.684	0.570	0.504	0.417	0.418	0.48	0.366	0.308	0.332	0.281
12	0.653	0.541	0.475	0.392	0.392	0.326	0.343	0.288	0.310	0.262
13	0.624	0.515	0.450	0.371	0.369	0.307	0.322	0.271	0.291	0.246
14	0.599	0.492	0.427	0.352	0.349	0.291	0.304	0.255	0.274	0.232
15	0.575	0.471	0.407	0.335	0.332	0.276	0.288	0.242	0.259	0.220
16	0.553	0.452	0.388	0.319	0.316	0.262	0.274	0.230	0.246	0.208
17	0.532	0.434	0.372	0.305	0.301	0.250	0.261	0.219	0.243	0.198
18	0.514	0.418	0.356	0.293	0.228	0.240	0.249	0.209	0.223	0.189
19	0.496	0.403	0.343	0.281	0.276	0.230	0.238	0.200	0.214	0.181
20	0.480	0.389	0.330	0.270	0.265	0.220	0.229	0.192	0.205	0.174
21	0.465	0.377	0.318	0.261	0.255	0.212	0.220	0.185	0.197	0.167
22	0.450	0.365	0.307	0.252	0.246	0.204	0.212	0.178	0.189	0.160
23	0.437	0.354	0.297	0.243	0.238	0.197	0.204	0.172	0.182	0.155
24	0.425	0.343	0.287	0.235	0.230	0.191	0.197	0.166	0.176	0.149
25	0.413	0.334	0.287	0.228	0.222	0.185	0.190	0.160	0.170	0.144
26	0.402	0.325	0.270	0.221	0.215	0.179	0.184	0.155	0.164	0.140
27	0.391	0.316	0.262	0.215	0.209	0.173	0.179	0.150	0.159	0.135
28	0.382	0.308	0.255	0.209	0.202	0.168	0.173	0.146	0.154	0.131
29	0.373	0.300	0.248	0.203	0.196	0.164	0.169	0.142	0.150	0.127
30	0.363	0.293	0.241	0.198	0.191	0.159	0.164	0.138	0.145	0.124
31	0.355	0.286	0.235	0.193	0.186	0.155	0.159	0.134	0.141	0.120
32	0.347	0.280	0.229	0.188	0.181	0.151	0.155	0.131	0.138	0.117
33	0.339	0.273	0.224	0.184	0.177	0.147	0.151	0.127	0.134	0.114
34	0.332	0.267	0.218	0.179	0.172	0.144	0.147	0.124	0.131	0.111
35	0.325	0.262	0.213	0.175	0.168	0.140	0.144	0.121	0.127	0.108
36	0.318	0.256	0.208	0.172	0.165	0.137	0.140	0.118	0.124	0.106
37	0.312	0.251	0.204	0.168	0.161	0.134	0.137	0.116	0.121	0.103
38	0.306	0.246	0.200	0.164	0.157	0.131	0.134	0.113	0.119	0.101
39	0.300	0.242	0.196	0.161	0.154	0.129	0.131	0.111	0.116	0.099
40	0.294	0.237	0.192	0.158	0.151	0.126	0.128	0.108	0.114	0.097